全国技工院校数控加工类专业通用教材（中级技能层级）

数控加工技术

（第二版）

人力资源社会保障部教材办公室组织编写

中国劳动社会保障出版社

简　介

本书主要内容有数控技术基础知识、数控车削加工、数控铣削加工、数控电火花加工。

本书由洪惠良任主编，高进祥、吉琳任副主编。

图书在版编目(CIP)数据

数控加工技术 / 人力资源社会保障部教材办公室组织编写. -- 2 版. -- 北京：中国劳动社会保障出版社，2019

全国技工院校数控加工类专业通用教材：中级技能层级

ISBN 978-7-5167-4030-9

Ⅰ.①数…　Ⅱ.①人…　Ⅲ.①数控机床-加工-技工学校-教材　Ⅳ.①TG659

中国版本图书馆 CIP 数据核字(2019)第 116959 号

中国劳动社会保障出版社出版发行

（北京市惠新东街 1 号　邮政编码：100029）

*

北京汇林印务有限公司印刷装订　　新华书店经销

787 毫米×1092 毫米　16 开本　13.5 印张　302 千字

2019 年 7 月第 2 版　　2025 年 6 月第 5 次印刷

定价：26.00 元

营销中心电话：400-606-6496

出版社网址：http://www.class.com.cn

http://jg.class.com.cn

前言

为了更好地适应全国技工院校数控加工类专业的教学要求，全面提升教学质量，人力资源社会保障部教材办公室组织有关学校的一线教师和行业、企业专家，在充分调研企业生产和学校教学情况、广泛听取教师对教材使用反馈意见的基础上，对全国技工院校数控加工类专业中级阶段通用教材进行了修订。

教材体系

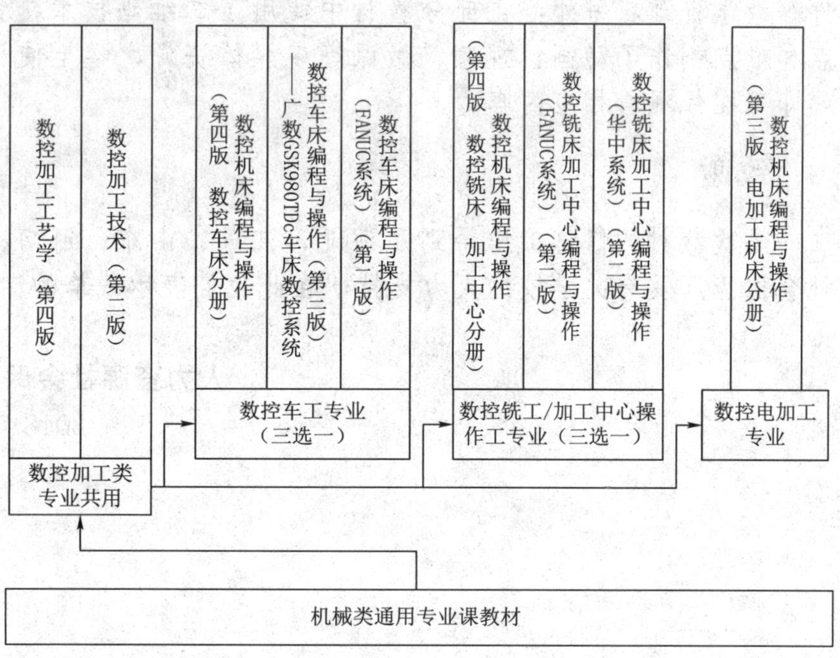

编写特色

◆ 紧贴教学实际情况　根据数控加工类专业毕业生所从事岗位的实际需要和教学实际情况的变化，合理确定学生应具备的能力与知识结构，对部分教材内容及其深度、难度做了适当调整；充分考虑教材的适用性，选择当今数控教学中广泛使用的数控系统。

◆ 体现行业技术发展　根据相关专业领域的最新发展，在教材中充实新知识、新技术、新设备、新材料等方面的内容，体现教材的先进性。

◆ 更新国家技术标准　采用最新的国家技术标准，使教材内容更加科学和规范。

◆ 符合学生阅读习惯　在教材内容的呈现形式上，较多地利用图片、实物照片和表格等形式将知识点生动地展示出来，力求让学生更直观地理解和掌握所学内容。

教学服务

本套教材配有习题册和方便教师上课使用的多媒体电子课件，可以通过职业教育教学资源和数字学习中心网站（http://zyjy.class.com.cn）下载电子课件等教学资源。另外，在部分教材中使用了二维码技术，针对教材中的教学重点和难点制作了动画、视频、微课等多媒体资源，学生使用移动终端扫描二维码即可在线观看相应内容。

致谢

本次教材的修订工作得到了河北、江苏、山东、河南、广东等省人力资源社会保障厅及有关学校的大力支持，在此我们表示诚挚的谢意。

人力资源社会保障部教材办公室

2018 年 8 月

目录

第一章

数控技术基础知识

第一节　数控技术基本概念

一、数控技术、数控系统、数控机床

随着科技进步和机械制造要求的提高，数控加工技术有了很大发展，数控车削、数控铣削、数控电火花加工等得到普遍应用，发挥着越来越大的作用。

1. 数控技术

数控技术简称数控（Numerical Control，NC），是利用数字化信息对机械运动及加工过程进行控制的一种方法。由于现代数控都采用计算机进行控制，因此，也可以称为计算机数控（Computer Numerical Control，CNC）。需要指出的是，机床控制是CNC应用最早、最广泛的领域，本章内容主要围绕数控车削、数控铣削展开。

2. 数控系统

为了实现对机械运动及加工过程进行数字化信息控制，必须配备相应的硬件和软件，这些用来实现数字化信息控制的硬件和软件构成的有机整体称为数控系统（Numerical Control System）。

目前世界上的数控系统产品种类繁多，形式各异，组成结构上有着各自的特点。国内常用的数控系统产品包括FANUC公司产品、SIEMENS公司产品、MITSUBISHI（三菱）公司产品、德国 HEIDENHAIN 公司产品等。图 1—1—1 所示为 FANUC 公司数控系统（FS0i—D）的基本构成。

3. 数控机床

采用CNC控制的机床称为数控机床（NC机床），如图 1—1—2 所示，它是一种综合应用了计算机技术、自动控制技术、精密测量技术和机床设计等先进技术的典型机电一体化产品，是现代制造技术的基础。

数控机床的水平代表了当前数控技术的性能、水平和发展方向，因此，人们在介绍数控技术时，往往以数控机床为代表来介绍有关内容。

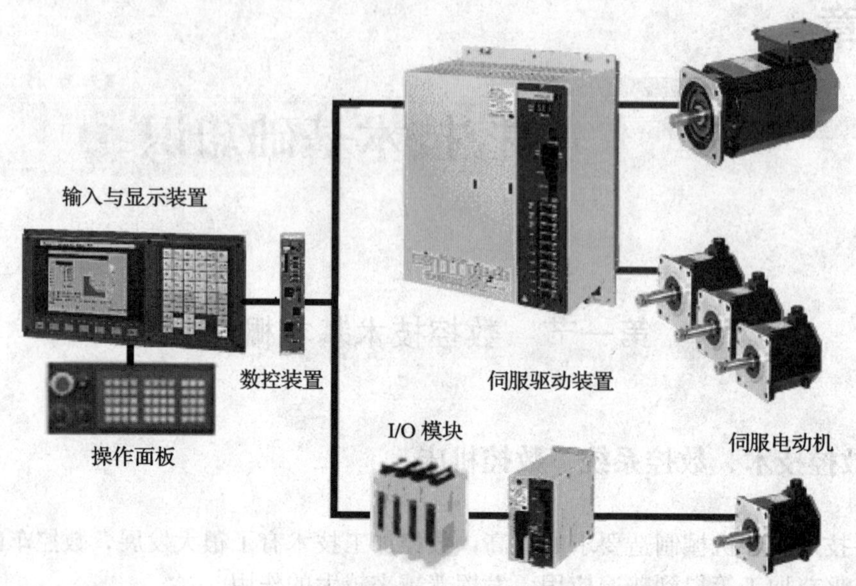

图 1—1—1　数控系统（FS0i—D）的基本构成

图 1—1—2　数控机床

二、数控系统的组成

数控系统是所有数控设备（如数控机床）的核心。数控系统的主要控制对象是坐标轴的位移（包括移动速度、方向、位置等），其控制指令来自数控加工程序。因此，作为数控系统的最基本组成应包括输入与显示装置、数控装置、伺服驱动装置等硬件与配套的软件，其基本组成结构框图如图 1—1—3 所示。

1. 输入与显示装置

输入与显示装置（见图 1—1—4）的作用是进行数控加工程序、加工与控制数据、机床参数以及坐标轴位置、检测开关状态等数据的输入与显示。

键盘和显示器是任何数控设备必备的最基本输入/输出装置。键盘的主要作用是进行手动数据输入。为了便于操作，数控系统的键盘与显示器通常被制成一体，这样的一个完整单元称为 MDI/CRT（显像管显示器）单元或 MDI/LCD（液晶显示器）单元。

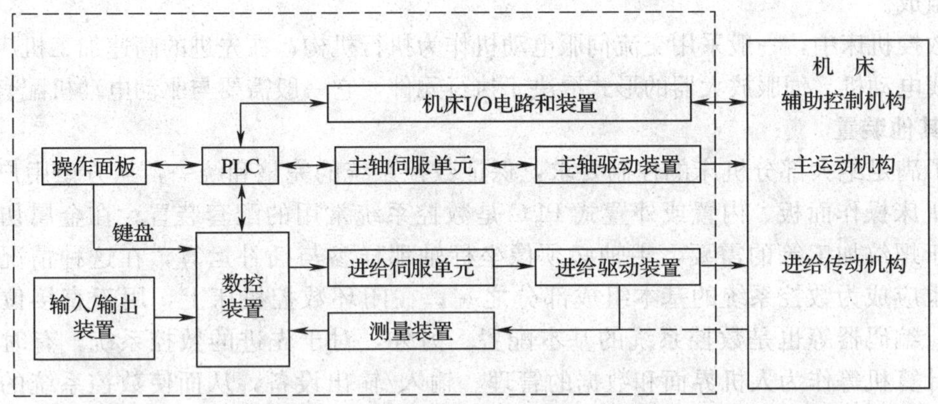

图 1—1—3　数控系统基本组成结构框图

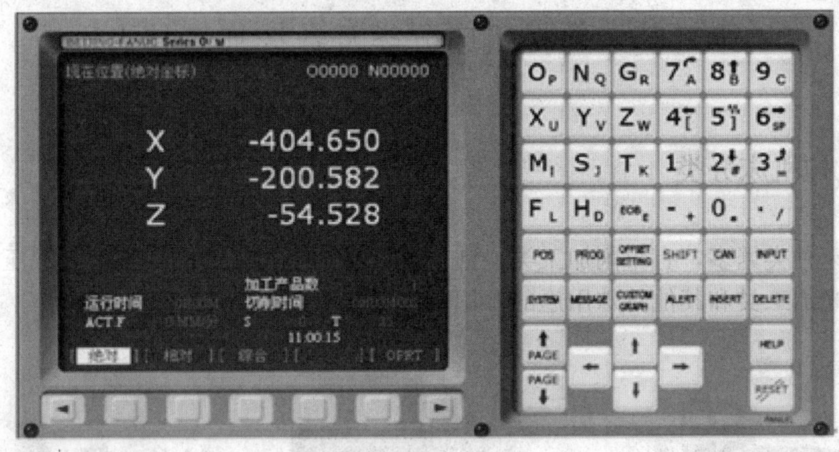

图 1—1—4　数据输入与显示装置

2. **数控装置**

作为数控系统的核心，数控装置的作用是将输入装置输入的数据，通过内部的逻辑电路或控制软件进行编译、运算和处理，并输出各种信息和指令（包括最基本的坐标轴进给速度、进给方向和进给位移量指令），提供给伺服驱动装置，经驱动器放大，最终控制机床设备的各部分进行规定的动作（如刀具的移动等）。

记一记

根据系统和设备的不同，还可能有更多的辅助控制指令，如数控机床的主轴转速、主轴转向和主轴启动/停止指令；刀具的选择和交换指令；冷却、润滑装置的启动/停止指令；工件的松开、夹紧指令；工作台的分度指令等。对于不同的数控系统（例如，简易的或功能较强的），辅助指令功能通常采用不同的实现方式。

3. **伺服驱动装置**

伺服驱动装置通常由伺服放大器（也称驱动器、伺服单元）和执行机构（伺服电动机）

等部分组成。

在数控机床中，一般采用交流伺服电动机作为执行机构；在先进的高速加工机床上，已使用直线电动机。伺服放大器的形式取决于执行元件，它一般需要与驱动电动机配套使用。

4. 其他装置

为了满足绝大部分机床的控制要求，保证数控系统的完整和统一，从方便用户使用的角度，机床操作面板、内置或外置式 PLC 是数控系统常用的配套装置；在金属切削机床上，由于螺纹加工等的需要，主轴必须像坐标轴那样参与插补运算，在这种情况下，主轴驱动也应成为数控系统的基本组成部分之一；在闭环数控机床上，用于直接位置测量的光栅、编码器等也是数控系统的基本配置。另外，对于先进的数控系统，有时直接采用个人计算机等作为人机界面和数据的管理、输入/输出设备，从而使数控系统的功能更强，性能更完善。

第二节　数控机床分类及数控加工特点

一、数控机床分类

数控机床种类繁多，有车削加工类，钻、铣、镗加工类，磨削加工类，锻压加工类，电加工类，激光加工类和其他特殊用途的专用数控机床等，如图 1—2—1 所示。

a）

b）

c）

图 1—2—1　数控机床分类

a）数控车床　b）数控铣床　c）数控电加工机床

为了提高数控机床的工作效率，缩短辅助加工时间，人们借鉴普通车床上通过回转刀架交换刀具的思路，开发了如图 1—2—2 所示的具有自动刀具交换（Automatic Tool Changer，ATC）功能的铣、镗类数控机床——加工中心（Machining Center，MC）以及能自动更换电极的电火花成形加工机床——电火花成形加工中心。通过刀具的自动交换，加工中心可以在一次装夹中完成多工序加工，从而实现工序的集中和工艺复合，提高机床的效率，它是目前产量最大、应用最广的数控机床之一。

a）

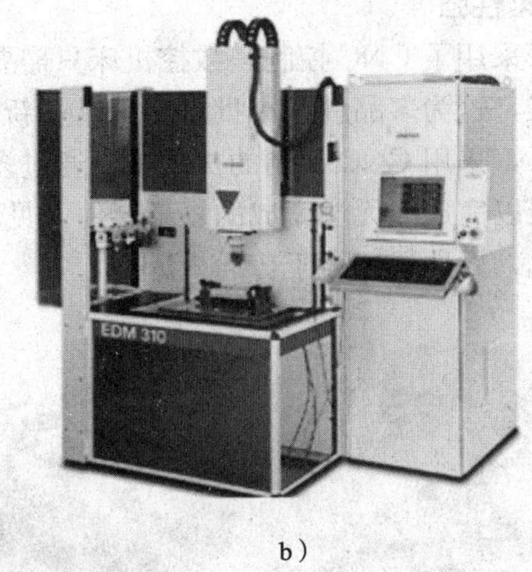

b）

图 1—2—2　加工中心

a）铣、镗类加工中心　b）电火花成形加工中心

近年来，随着技术的不断进步，功能复合（如车、铣复合，车、磨复合等）的“万能”加工中心、高速高精度加工中心等不断出现，它们已成为当前装备制造业的发展方向和国家制造技术水平的标志之一。

二、数控加工特点

一般来说，与普通机床相比，采用数控机床加工具有如下显著特点。

1. 位置控制精度高

采用 CNC 控制的机床或其他设备，其位置控制精度普遍高于普通机床或设备。其根本原因见表 1—2—1。

表 1—2—1　　CNC 控制机床或设备具有较高位置控制精度的原因

主要原因	相关说明
位置分辨率高	数控装置对坐标轴的运动控制一般使用脉冲信号，其输出的一个进给脉冲所对应的机床坐标轴位移量，称为机床的最小移动单位（脉冲当量）。脉冲当量决定了机床理论上可以达到的定位精度，采用 CNC 控制后，脉冲当量值一般都在 0.001～0.000 1 mm，因此能实现比普通位置控制更精确的定位
具备误差自动补偿功能	机床进给传动系统的反向间隙与丝杠的螺距误差等均可由 CNC 进行自动补偿，因此，在同等条件下，能提高系统的位置控制精度
驱动系统具有足够的进给力	CNC 控制机床的进给系统，采用了伺服电动机等大功率驱动部件，在机械结构上比普通机床具有更高的刚度、精度和稳定性
采用了自动加工	可避免加工过程中的人为误差，如在加工中心上，通过一次安装，可完成多工序的加工，零件尺寸一致性好，产品合格率高，加工质量稳定

2. 柔性强

由于采用了 CNC 控制，数控机床只需要重新编制（更换）加工程序，就能实现不同零件的加工，这为多品种、小批量加工以及新产品试制提供了极大的便利。

另外，采用 CNC 控制的机床可以通过多轴联动功能，进行曲线、曲面的加工，完成普通机床难以完成或无法完成的复杂零件（见图 1—2—3）加工，因此，可以灵活适应加工对象的变化，柔性远远强于普通机床。

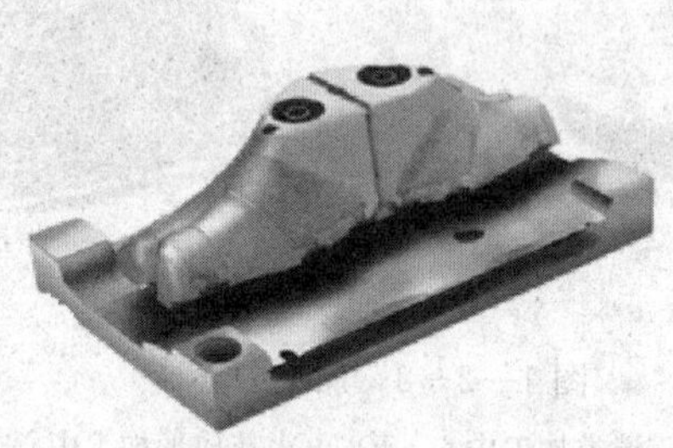

图 1—2—3　复杂零件示例

3. 生产效率高

零件加工效率主要取决于零件的实际加工时间和辅助加工时间。数控机床或设备的加工效率可以通过表 1—2—2 所列几个方面予以体现。

表 1—2—2　　数控加工高效率的具体体现

具体体现	相关说明
切削用量调整方便	机床主轴的转速和进给量的选择限制少，因此，每一道工序都可以选择最合适的切削用量以提高加工效率。此外，由于数控设备刚度好，一般都允许进行大切削用量的强力切削，设备的切削效率高，实际加工时间短
能实现空程高速移动	移动部件的空程移动速度大大高于普通设备，一般都在 30 m/min 以上，在高速加工机床上，可以超过 100 m/min，加工定位时间非常短，加工辅助时间比普通设备要小得多
装夹调整工作量减少	更换被加工零件不需要重新调整，在加工中心上，还可一次安装完成多工序加工，节省了大量时间
工件尺寸一致性好	加工零件通常只需要进行首检与抽检，节省了零件检验时间
可以实现精确、高速定位	不必像普通加工设备，需要在加工前对零件进行划线找正

4. 有利于现代化管理

采用 CNC 机床或设备加工能准确地计算零件加工工时和费用，有利于生产管理的现代化。对于使用网络与信息技术的 CNC 机床，还可以方便地将其连接到工厂自动化网络或信息管理网络中，从而为计算机辅助设计、制造及管理一体化奠定基础。

第三节　数控机床的基本工作原理和坐标系

一、数控机床的基本工作原理

为了更好地理解数控机床的基本工作原理，我们应首先了解数控机床加工零件的工作过程。

1. 数控机床的工作过程

由于数控机床是在普通机床的基础上发展起来的自动化加工设备，所以，在数控机床上加工零件与在普通机床上加工零件本质相同，只不过工作方式不同而已。前者由数控系统通过加工程序控制，后者则由机床操作者人工控制。

在数控机床上进行零件的加工，可以通过如图 1—3—1 所示步骤进行。

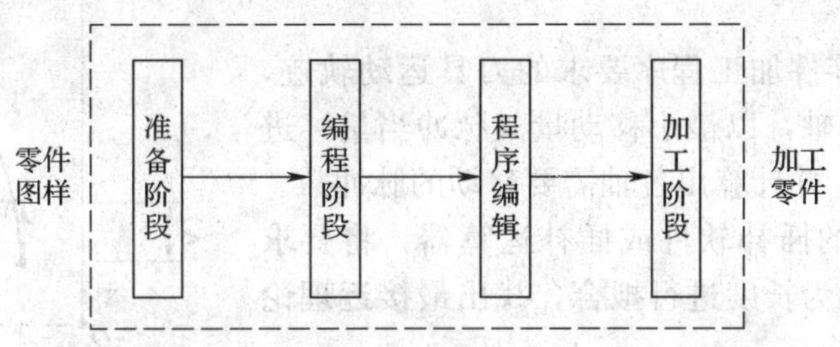

图 1—3—1　在数控机床上加工零件的一般过程框图

（1）数控加工前对加工零件进行工艺设计是必不可少的准备工作。无论是手工编程还是自动编程都要对所加工零件逐一确定各表面的加工方法，并按一定原则排列成先后顺序，制定出相应的工艺方案，例如，刀具相对于被加工坯料的移动路线、工艺参数、切削用量等。

记一记

当选择并决定对某个零件进行数控加工后，并非意味着其全部加工内容都采用数控加工，数控加工可能只是零件加工工序中的一部分。因此，在工艺设计中，一定要兼顾普通机床加工的常规工序、辅助工序、热处理工序的安排，使之与零件加工整个工艺过程协调吻合。

（2）用规定的代码和格式（相应数控系统能够识别）来描述根据被加工零件图样所制定的工艺方案（例如，刀具的更换、刀具的移动路线、加工工艺过程、工艺参数、切削用量等），即编写零件加工程序，其示例（节选及简单说明）如图 1—3—2

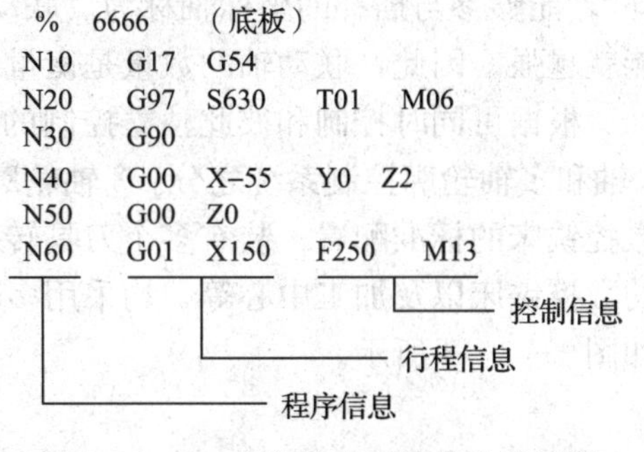

图 1—3—2　程序节选及简单说明示例

所示。

（3）将所编写的零件加工程序输入数控机床的数控装置，并确认准确无误。

（4）数控装置对输入的零件加工程序（代码）进行编译、运算处理，并向各坐标轴的伺服驱动装置和辅助功能控制装置发出相应的控制信号，以控制机床各部件的运动。在运动过程中，数控系统随时检测机床的坐标轴位置、行程开关的状态等，并与零件加工程序的要求相比较，以决定下一步动作，直到符合要求为止。

操作者应该随时对机床的加工情况、工作状态进行观察、检查，必要时还要对机床动作和加工程序进行调整，以确保机床安全、可靠地运行。

2. 插补原理

在普通机床上加工零件时，操作者需要根据零件图样的要求，通过不断改变刀具的运动轨迹和运动速度等参数，切除坯料上多余的材料，最终加工出合格的零件。

数控机床的加工、控制实质是应用了数学上的微分原理。其工作原理与过程如图 1—3—3 所示，现简要描述如下。

（1）CNC 根据零件加工程序要求的刀具运动轨迹，按机床所对应的坐标轴，以最小移动量（脉冲当量）进行微分（ΔX、ΔY），并计算出各轴需要移动的脉冲数。

（2）通过 CNC 的插补软件或插补运算器，将要求的轨迹以最小移动量为长度进行拟合，找出最接近理论轨迹的拟合线。

（3）CNC 根据拟合线的轨迹，给相应的坐标轴连续不断地分配进给脉冲，并通过伺服驱动装置使机床坐标轴按所分配的脉冲运动。

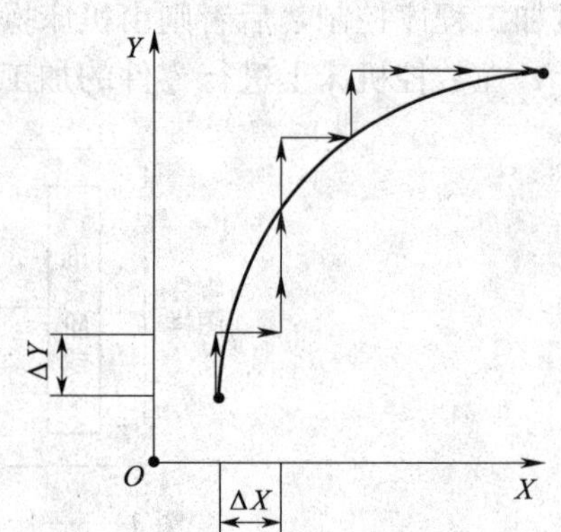

图 1—3—3 数控机床工作原理与过程示意

由此可见，只要数控机床的脉冲当量足够小，拟合线即可代替理论轨迹；只要改变坐标轴的脉冲分配方式，即可改变拟合线的形状，从而达到改变加工轨迹的目的；只要改变脉冲分配的频率，即可改变坐标轴（刀具、工作台）的运动速度，最终实现对加工运动轨迹控制的根本目的。

在 CNC 中，以上所述在理论轨迹（轮廓）已知点之间，确定中间点的方法称为“插补”，能够参与插补的坐标轴称为“联动轴”。显然，数控机床的联动轴越多，加工轮廓的功能就越强。因此，联动轴的数量是衡量 CNC 性能水平的重要技术指标之一。

根据可同时控制和彼此独立控制的坐标轴数量的不同，轮廓控制系统有 2 轴、2.5 轴、3 轴和多轴轮廓控制系统之分。3 轴轮廓控制系统可形成复杂的三维行程运动，是数控车床、数控铣床的标准配置；装有多个刀具转塔的数控车床、装有数控圆工作台或 2 轴数控工作台的数控铣床以及加工中心等，均采用多轴轮廓控制系统。3 轴及多轴轮廓控制加工应用示例如图 1—3—4 所示。

a）

b）

图 1—3—4　3 轴及多轴轮廓控制加工应用示例

a）3 轴加工　b）多轴加工

二、坐标系

为统一 CNC 加工机床的运动及程序编制，国际标准化组织（ISO）制定了《工业自动化系统和集成　机床数值控制　坐标系统和运动命名》（ISO 841—2001），我国也制定了等效于该标准的《工业自动化系统与集成　机床数值控制坐标系和运动命名》（GB/T 19660—2005）。

1. 建立原则

根据上述标准，坐标系建立时将遵循下列原则。

（1）数控机床采用包含 *X*、*Y*、*Z* 坐标轴的右手直角坐标系（也称右手笛卡儿坐标系），如图 1—3—5 所示。坐标轴的排列顺序可用右手的拇指、食指、中指来表示，且三个坐标轴的方向与机床的主要导轨平行；对多轴机床来说，围绕 *X*、*Y*、*Z* 轴旋转的圆周进给坐标轴分别用 *A*、*B*、*C* 表示。

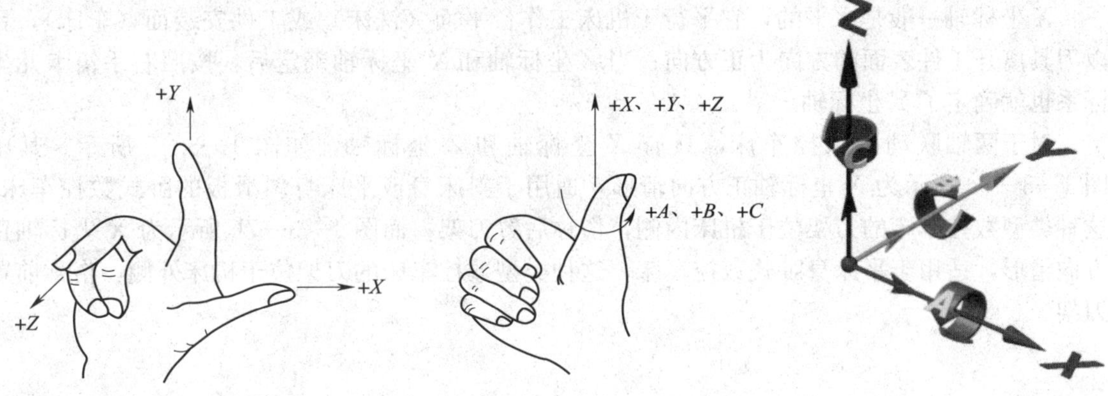

图 1—3—5　右手笛卡儿坐标系

（2）永远假定刀具相对于静止的工件而运动，并规定刀具离开工件表面的方向为坐标轴的正方向。如此假定使编程工作有了统一标准，使编程人员在无须知道是刀具运动还是工件运动的前提下确定加工工艺，且只要依据零件图样即可进行数控加工程序的编制。

（3）回转运动（主轴运动）及圆周进给轴（A、B、C）旋转运动的正方向根据右手螺旋法则确定。

2. 确定方法

确定数控机床坐标系，一般先确定 Z 坐标轴，然后确定 X 坐标轴和 Y 坐标轴。

（1）Z 坐标轴的确定

Z 坐标轴的确定由传递切削动力的机床主轴所决定，与主轴轴线平行的坐标轴即为 Z 坐标轴。Z 坐标轴的正方向则为刀具离开工件表面的方向，如图 1—3—6 所示。

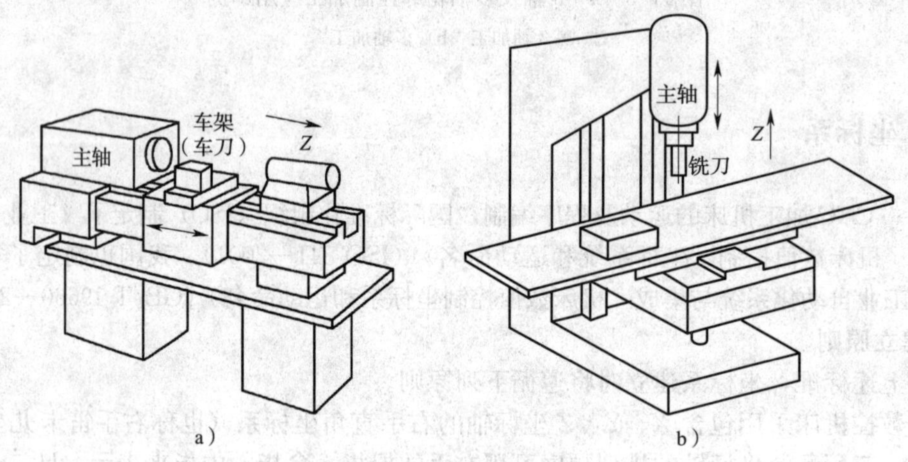

图 1—3—6　Z 坐标轴的确定

a）卧式数控车床　b）立式数控铣床

（2）X 坐标轴和 Y 坐标轴的确定

X 坐标轴一般是水平的，它平行于机床工作台平面（铣床）或工件安装面（车床），且以刀具离开工件表面的方向为正方向；当 Z 坐标轴和 X 坐标轴确定后，按照右手笛卡儿坐标系也就确定了 Y 坐标轴。

对于两轴联动的数控车床，只有 X 坐标轴和 Z 坐标轴，如图 1—3—7 所示。其中图 1—3—7a 所示为 X 坐标轴正方向情形，适用于斜床身或平床身斜滑板的卧式数控车床，这种类型数控车床的刀架位于机床内侧，俗称后置刀架；而图 1—3—7b 所示为 X 坐标轴正方向情形，适用于平床身卧式数控车床，这种类型数控车床的刀架位于机床外侧，俗称前置刀架。

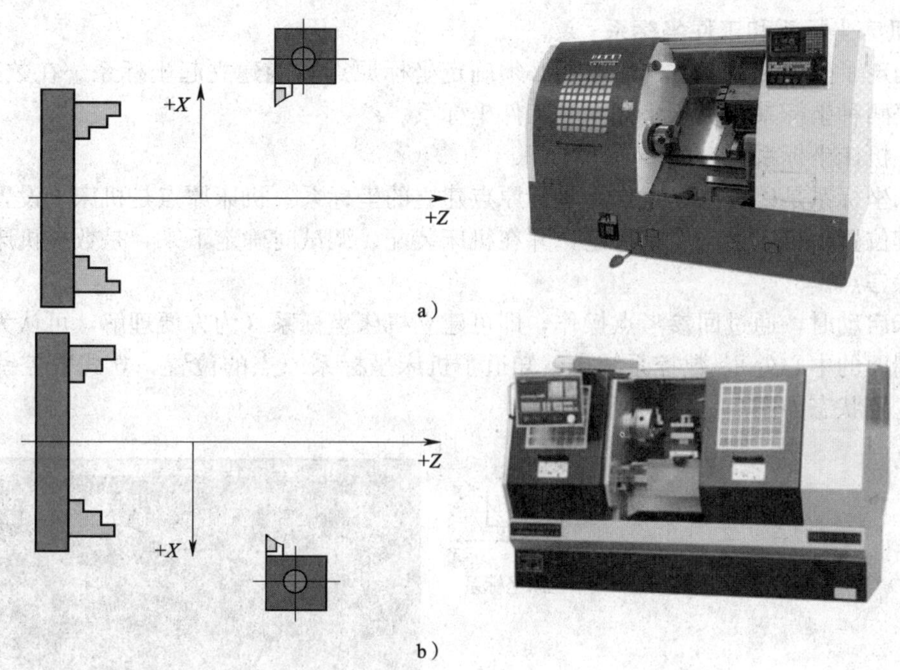

图 1—3—7 数控车床坐标系

a）后置刀架 b）前置刀架

想一想

数控车床为什么不见 Y 坐标轴？

对于数控铣床，具有 3 个坐标轴：X 坐标轴、Y 坐标轴、Z 坐标轴，如图 1—3—8 所示。其中，立式数控铣床的 Z 坐标轴垂直于工作台（呈竖直状）；卧式数控铣床的 Z 坐标轴平行于工作台（呈水平状）。

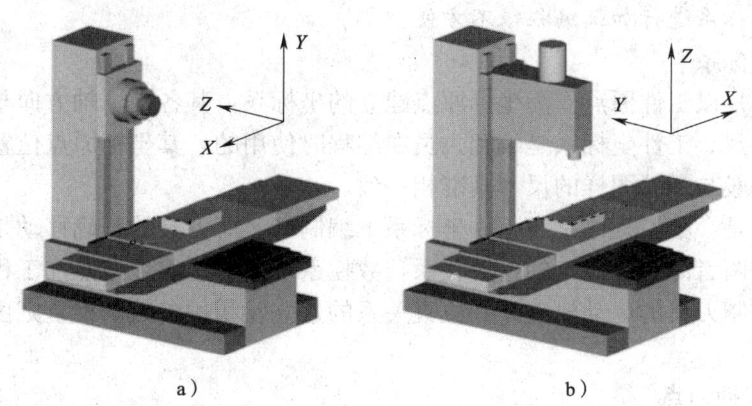

a） b）

图 1—3—8 数控铣床坐标系

a）卧式 b）立式

3. 机床坐标系和工件坐标系

在确定了坐标轴及其方向后，还必须确定坐标原点才能建立起坐标系。在数控机床上，可以建立两种坐标系：机床坐标系和工件坐标系。

（1）机床坐标系

机床坐标系是以机床原点作为坐标原点建立的坐标系。机床原点是机床上设置的一个固定点，其位置由机床生产厂家决定，并在机床装配、调试时确定下来，是数控机床进行加工的基准参考点。

机床启动时，通过回参考点操作，即可建立机床坐标系（为方便理解，可认为其原点位于主轴端面的中心处），数控系统也就知道了机床坐标系原点的位置，立式数控铣床回参考点后的位置状态如图 1—3—9 所示。

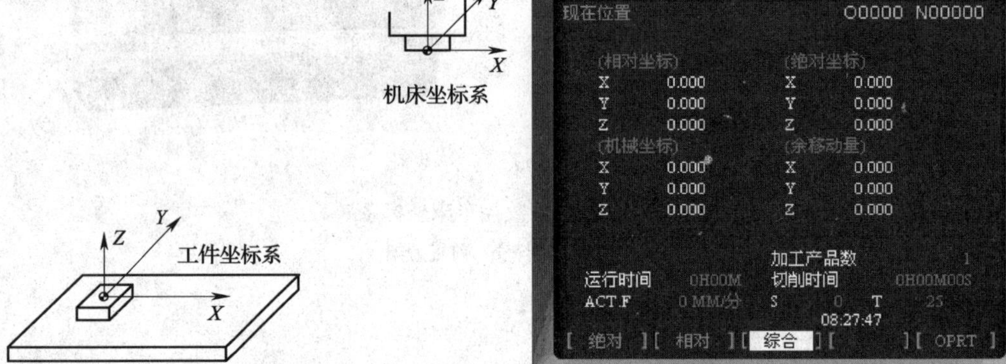

图 1—3—9　立式数控铣床回参考点后的位置状态

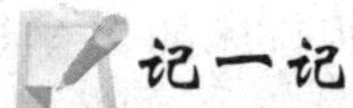

采用机床坐标系进行加工编程很不方便。

（2）工件坐标系

工件坐标系是以工件原点作为坐标原点建立的坐标系，其各坐标轴方向与机床坐标系相应坐标轴方向一致。工件坐标系是编程人员在编程时使用的，其坐标原点位置根据加工图样要求来选择，一般与零件图样的尺寸基准相一致。

需要指出的是，数控程序是在工件坐标系下编制的，而刀具的正确移动是依靠机床坐标系实现的，只有两者间建立确定的位置关系，数控系统才能正确地按照加工程序要求的插补指令及坐标值控制刀具的运动轨迹，其位置关系的建立及相关参数的设置则由加工人员通过对刀操作来完成。

4. 刀位点和换刀点

（1）刀位点

机械加工时，刀具与工件的相对切削运动决定了工件的形状。刀具在机床上的位置由其

"刀位点"位置来表示，并由加工程序（指令）来描述。所谓刀位点，是指编制程序和加工时，用于表示刀具特征的点，也是对刀和加工的基准点。不同的刀具，刀位点不同。对于钻头，刀位点为钻尖；对于车刀、镗孔类刀具，刀位点为其刀尖；对于平底立铣刀、端铣刀等，刀位点为它们的底面中心；对于球头铣刀，其球心或球面顶点为刀位点，如图 1—3—10 所示。

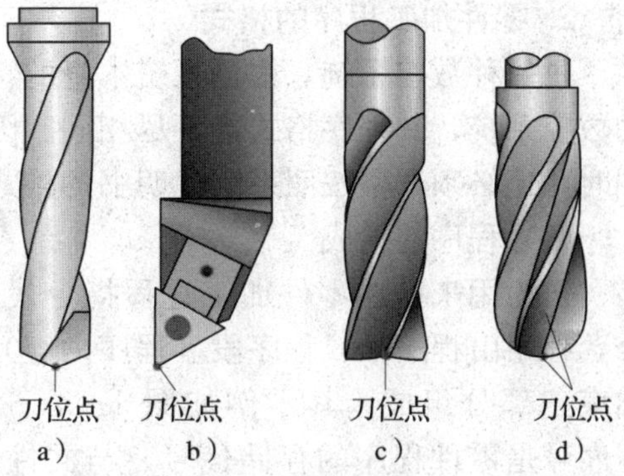

刀位点 a） 刀位点 b） 刀位点 c） 刀位点 d）

图 1—3—10　刀位点

a）钻头　b）车刀　c）平底立铣刀　d）球头铣刀

不难理解，刀位点的运动轨迹和移动精度对零件的加工精度至关重要。

（2）换刀点

数控加工过程中常需要换刀，为避免在换刀时与工件或机床附件发生碰撞，编程时应设置一个换刀点。换刀点一般设置在被加工零件的外部，以防止换刀时刀具与工件或夹具发生碰撞。加工中心的换刀自动进行，该点是一个固定的点，是由机床制造厂家精确调整好的。

第四节　数控加工编程概述

一、数控编程基础知识

在普通机床上加工零件时，一般应由工艺人员按照零件图样事先制定好零件的加工工艺方案，其中包括零件的加工工序、切削用量、机床的规格、刀具、夹具等内容。然后由机床操作人员根据工艺方案要求，完成对零件的加工。

在数控机床上加工零件时，数控机床则按照事先编制好的加工程序，自动完成对零件的加工。显然，加工程序的编制是数控加工的关键。

1. 数控编程及其步骤

用数控系统规定的代码和格式来描述根据被加工零件图样所制定的工艺方案，并进行编辑、校验的全过程称为数控编程，其流程如图 1—4—1 所示。其中，数值处理的目的，是根据工艺路线及工件坐标系，得到加工所用刀具的刀位点数据。

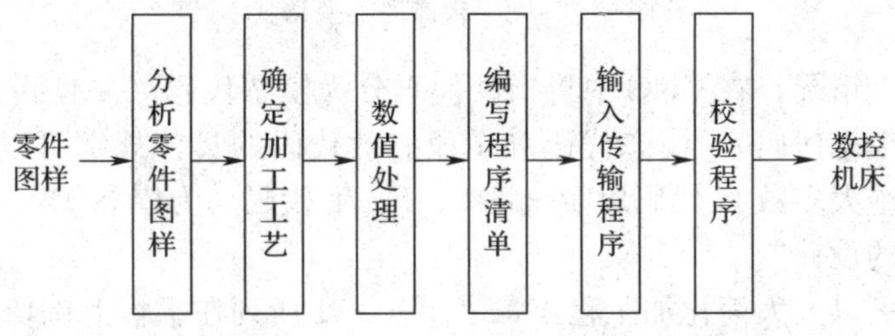

图 1—4—1　数控编程流程

2. 零件加工程序的格式

每一种数控系统，根据系统本身的特点与编程的需要，都有一定的程序格式。对于不同的数控系统，其程序格式也不尽相同。因此，编程人员在按数控程序的常规格式进行编程的同时，还必须严格按照系统说明书的格式进行编程。

（1）程序的组成

作为用来描述零件加工过程指令代码的集合，程序由程序号、程序段（程序内容）、程序结束三部分组成，其示例如图 1—4—2 所示。程序号是零件程序的存储代号，与文件名的作用相似，它一般以特殊符号开头，后续数字码，以 FANUC 系统为例，其程序号以字母“O”开头，后续 4 位数字为“0000～9999”，例如，“O1234”；程序内容包括初始化指令及描述工艺方案的指令（如加工路线等），是程序的主要部分；程序结束部分位于程序的最后一段，FANUC 系统常用 M30 指令，表示加工完毕，机床运动停止，数控系统复位，并返回至程序段开始。

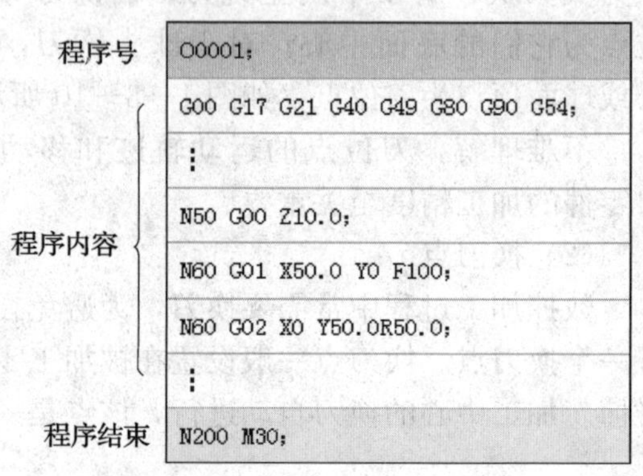

图 1—4—2　程序组成示例

（2）程序段的组成

程序段是程序的主要组成部分，一个程序段由若干个功能指令字组成，用来指定一个加工（操作）步骤。一个完整的程序段应具备六个要素，即必须在程序段中明确以下几点：刀具移动的目标位置、刀具移动的轨迹路径、刀具移动的速度、主轴转速、选用的刀具、机床需要的其他动作。为此，程序段一般格式如图 1—4—3 所示，例如，“N50 G01 X30.0 Y30.0 Z30.0 F100 S800 T01 M03;”，不难理解，为了满足加工程序段的要求，保证动作的正确执行，在实际程序中必将出现大量的重复指令，使程序显得十分复杂和冗长。

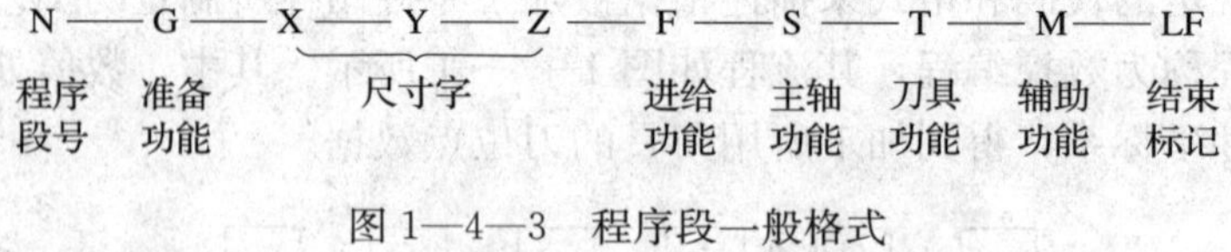

图 1—4—3　程序段一般格式

为避免出现以上情况，在 CNC 中将指令代码分为模态代码（一旦指定，一直有效）和单段有效代码（非模态代码）。模态代码和单段有效代码的具体规定可以查阅 CNC 编程说明书。一般来说，绝大多数 G 代码以及全部 S、F、T 代码均为模态代码，M 代码的情况取决于机床生产厂家的设计。

利用模态代码可以大大简化加工程序，表 1—4—1 所列在平板上铣切圆弧槽加工程序就是例证。

表 1—4—1 平板上铣切圆弧槽加工程序

加工程序	相关说明
O100；	程序号
N10 G21 G40 G49 G80 G90 G94；	初始化指令
N20 G54；	建立工件坐标系
N30 G00 X10 Y25 Z1 S1250 M03；	主轴启动，快速定位到（10，25，1）
N40 G01 Z－5 F100；	进给到（10，25，－5）
N50 G02 X10 Y25 I20 J0 F125；	*X*—*Y* 平面顺时针铣圆弧
N60 G00 Z100 M05；	快速退回，主轴停止
N70 X－20；	快速退回
N80 M30；	程序结束

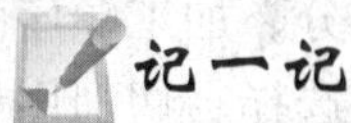

记一记

为防止编程时出现指令代码遗漏现象，在 CNC 中设立了开机默认代码，这些代码在开机或系统复位时可以自动生效。例如，数控铣床常用的开机默认代码有 G01、G17、G40、G49、G54、G80、G90、G95、G97 等。

3．数控编程的种类

数控编程一般分为手工编程和自动编程两种。

对手工编程来说，分析零件图样、确定加工工艺过程、数值处理、编写程序清单等都由人工完成。对于几何形状简单、指令不多的零件，采用手工编程比较方便。

自动编程是指借助 CAD/CAM 软件（例如，UG NX、MasterCAM、CAXA 等）进行数控加工程序的编制，其基本流程如图 1—4—4 所示。

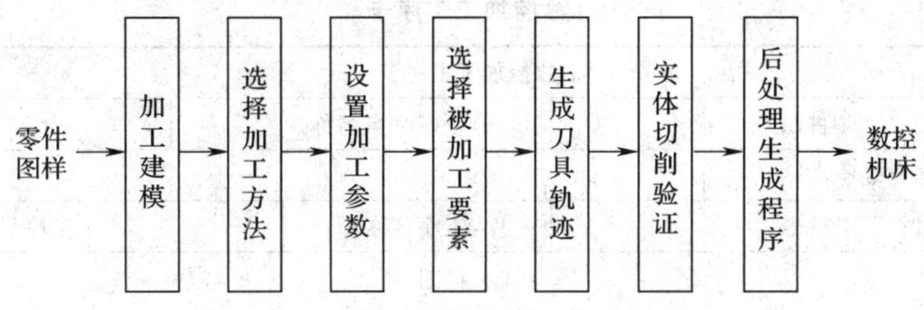

图 1—4—4 自动编程基本流程

对于几何形状复杂零件（例如，由非圆曲线、曲面等构成轮廓、表面的零件），或者几何形状并不复杂，但程序编制工作量大，或者需要进行复杂工艺处理的零件，通常采用自动编程。

二、数控编程中的工艺设计

1. 工艺设计准备

首先，应确定零件加工时需要进行数控加工的内容。对某个零件进行数控加工，并不等于要加工该零件的所有加工内容，而可能只是对其中的一部分内容进行数控加工。通常考虑如下：

（1）通用机床无法加工的内容应作为优先选择的内容。

（2）通用机床难以加工，质量也难以保证的内容应作为重点选择的内容。

（3）通用机床加工效率低下，人工操作强度较高的内容可作为选择内容。

一般来说，上述加工内容采用数控加工后，产品质量、生产效率与综合经济效益都会得到明显提高。

其次，对加工零件图样进行数控加工工艺分析。通常包括的内容有：审查和分析零件图样中的尺寸标注是否适应数控加工的特点、审查和分析零件图样中构成轮廓的几何元素是否充分、审查和分析定位基准是否可靠、审查和分析零件图样所要求的加工要求是否可以得到保证。

2. 工艺设计过程

数控加工工艺设计过程涉及的内容包括：机床的选择、加工工序的划分、加工顺序的安排、工件装夹方式的确定、换刀点的确定、走刀路线的选择、加工刀具的选择、切削用量的确定、编程误差的控制等。

就机床的选择而言，应根据零件的形状、尺寸、加工数量及各项技术要求等合理选用。对于轴类、盘类、成形回转类零件，可选用数控车床；对于箱体类、盖板类、壳体类、平面凸轮类、一般曲面类零件可选用数控铣床或加工中心；对于复杂曲面、叶轮、复杂模具零件等可采用多轴加工设备。

3. 专用技术文件的编写

在加工内容不十分复杂的情况下，专用技术文件往往采用数控加工工序卡（见表1—4—2）的形式，这样可以把零件工序图、尺寸、技术要求、工序内容及程序要说明的问题集中反映在一张卡片上，令使用者一目了然。

表1—4—2　　数控加工工序卡

<table>
<tr><td colspan="8">数控加工工序卡</td></tr>
<tr><td>零件名称</td><td></td><td>零件图号</td><td></td><td colspan="2">夹具名称</td><td colspan="2"></td></tr>
<tr><td colspan="3">设备名称及型号</td><td colspan="5"></td></tr>
<tr><td>材料名称</td><td></td><td>牌号</td><td></td><td>工序名称</td><td></td><td>工序号</td><td></td></tr>
<tr><td colspan="8">工艺插图</td></tr>
</table>

续表

工步号	工步内容	切削用量				刀具		量具	
		v_f (mm/min)	n (r/min)	f (mm/min)	a_p (mm)	编号	名称	编号	名称
1									
2									
3									
					共 页		第 页		

数控加工工序卡与普通加工工序卡有许多相似之处，其不同之处在于：工序图中应注明编程原点与对刀点，要进行编程简要说明（所用控制系统型号、程序编号、镜像加工对称方式、刀具半径补偿界限等）及切削参数（主轴转速、进给速度、最大切削深度或宽度等）的选定。

三、数控编程中的数值确定

1. 确定零件几何元素的基点坐标

任何一个零件的轮廓都是由不同的几何元素（如直线、圆弧、二次曲线、阿基米德螺线等）组成，各几何元素间的连接点称为基点，例如，两直线间的交点、直线与圆弧或圆弧与圆弧间的交点或切点，圆弧与二次曲线的交点或切点等。基点坐标值是编程中的主要数据，对于由直线、圆弧构成的平面轮廓零件或回转类零件，由于一般数控系统都具有直线、圆弧插补功能，数据确定比较简单。此时，主要应确定基点坐标值与圆弧的圆心坐标值，如图 1—4—5 所示。

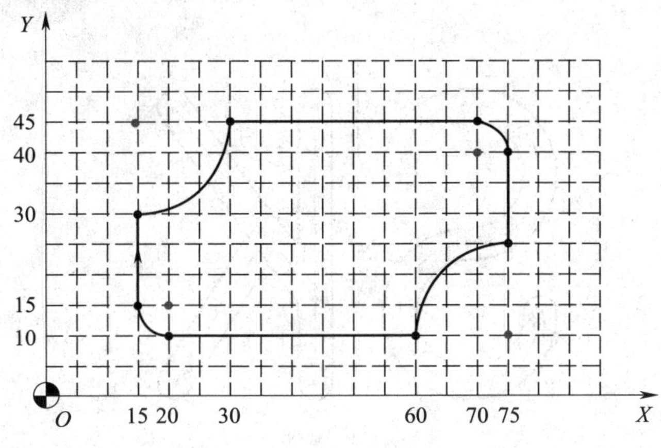

图 1—4—5 基点与圆心坐标

2. 确定曲线节点坐标

当零件的轮廓或表面中存在非直线段或圆弧段时，如双曲线、抛物线、阿基米德螺线等，在只有直线和圆弧插补功能的数控机床上加工时，我们通常采用逼近法，即采用多个直线段或圆弧段去逼近被加工曲线。这时，逼近曲线与被加工曲线的交点就称为节点。节点的多少取决于允许的编程误差，选取的节点越多，逼近精度越高。对于这类曲线的数控加工通常采用自动编程或宏程序编程。

练一练

试根据如图 1—4—6 所示零件加工图样及加工路线，完成各基点坐标值的确定，并填写表 1—4—3。

a）

b）

图 1—4—6　零件加工图样及加工路线

a）零件加工图样　b）加工路线

表 1—4—3 各基点坐标值

基点	X	Y
1		
2		
3		
4		
5		
6		
7		
8		
9		

第二章

数控车削加工

第一节　数控车床操作

一、数控车床的组成

数控车床主要由车床本体和数控系统两大部分组成。车床本体主要包括床身部件、主轴箱、电气控制箱、刀架、面板、尾座、进给系统、冷却系统和润滑系统等。图 2—1—1 所示为 CKA 61100 型数控车床外观。

图 2—1—1　CKA 61100 型数控车床外观

1—床身部件　2—主轴箱　3—电气控制箱　4—刀架　5—防护板　6—面板　7—尾座　8—导轨　9—丝杠

1. 床身部件

床身部件如图 2—1—2 所示，包括床身与底座。底座为整台机床的支承与基础，所有的机床部件均安装于其上，主电动机与冷却箱分别置于床身左侧和右侧的底座内部。

2. 主轴箱

主轴箱用于固定机床主轴。主电动机通过三角带直接把运动传给主轴。主轴通过同步齿形带与编码器（见图 2—1—3）相连，通过编码器测出主轴的实际转速，主轴直接通过主轴变频器进行调速。

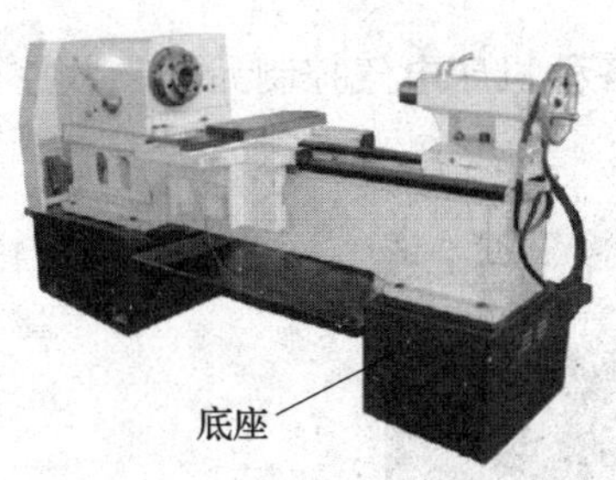

图 2—1—2　床身部件

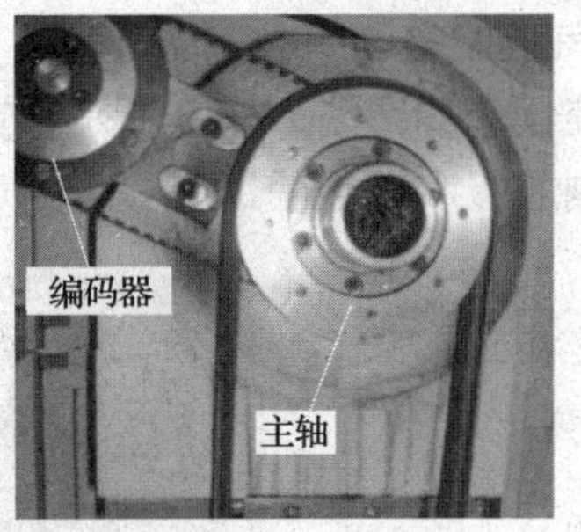

图 2—1—3　主轴与编码器

3. 刀架

刀架固定在中滑板上，常用的有四工位立式电动刀架和六工位电动刀架（见图 2—1—4），用于安装车削刀具，通过自动转位来实现刀具的交换。

a）　　b）

图 2—1—4　数控车床刀架

a）四工位　b）六工位

4. 尾座

尾座在长轴类零件加工时，通过安装顶尖对工件起支撑等作用，或者用于安装钻头进行孔加工。

5. 进给系统

数控车床的纵向、横向进给均由伺服电动机通过联轴器直接与滚珠丝杠（见图 2—1—5）连接来实现。

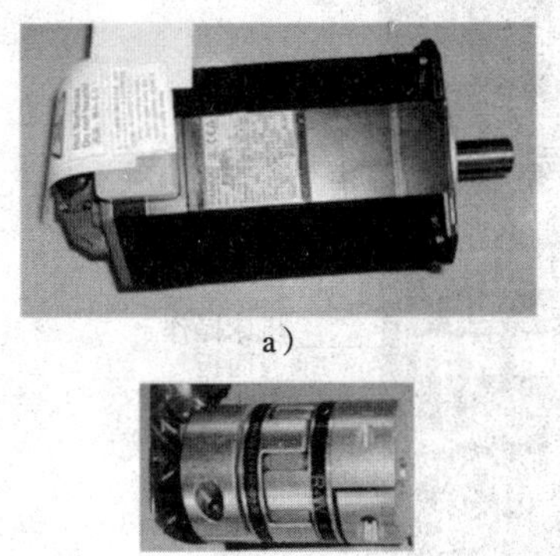

a）

b）

c）

图 2—1—5　伺服电动机、弹性联轴器和各种滚珠丝杠

a）伺服电动机　b）弹性联轴器　c）滚珠丝杠

6. 电气控制箱

电气控制箱如图 2—1—6 所示，其内部用于安装各种机床电气控制元件、数控伺服控制单元、控制芯板和其他辅助装置。

图 2—1—6　电气控制箱

7. 面板

数控车床面板是数控车床的人机交互操作界面，由数控系统面板和机床操作面板两部分组成。FANUC 0i Mate－TD 系统数控车床面板如图 2—1—7 所示。

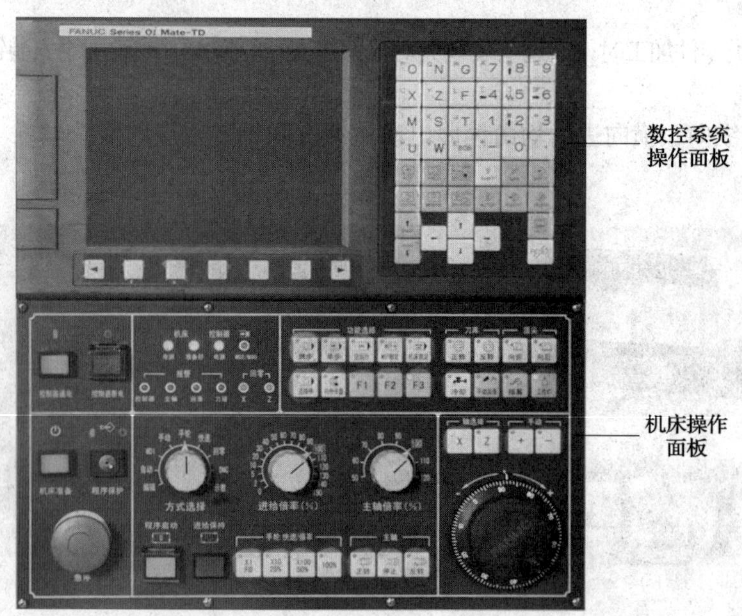

图 2—1—7　FANUC 0i Mate－TD 系统数控车床面板

(1) 数控系统面板

数控系统面板主要由数控系统生产厂家原装配置，只要系统型号相同，其功能键的含义及位置也相同。FANUC 0i Mate－TD 系统操作面板主要由显示屏和 MDI 功能按键组成。

1) 显示屏。显示屏位于面板左上方，主要用于显示坐标轴位置、数控加工程序、机床参数等，通常有显像管显示器（CRT）和液晶显示器（LCD）两种。

2) MDI 功能按键。MDI 功能按键位于显示屏幕右侧，主要用于手动数据输入，其详细功能见表 2—1—1。

表 2—1—1　　MDI 按键功能

按键图例	名称	功能
	数字键	用于数字 0～9 及运算符“＋”“-”“＊”“/”“[”等字符的输入
	运算键	
	字母键	用于 A、B、C、X、Y、Z、I、J、K 等字母的输入
POS	位置显示	显示当前加工位置的机床坐标值/工件坐标值
PROG	程序	显示正在执行或编辑的程序内容
OFFSET SETTING	参数设置	用于设置、显示刀具补偿值和工件坐标系
SYSTEM	诊断	显示诊断页面，显示 PLC 状态、PLC 数据等
MESSAGE	报警	显示报警界面，显示报警时间、类型等
CUSTOM GRAPH	图形显示	可用于自动方式下检测程序的刀具轨迹是否正确
SHIFT	上挡键	用于输入上挡功能
CAN	取消键	用于取消正在输入中的程序字
ALERT	替换键	用于程序编辑过程中程序字的替代
EOB E	EOB 键	用于程序段结束符“;”的输入

续表

按键图例	名称	功能
DELETE	删除键	用于删除程序中的程序字
INSERT	插入键	用于程序编辑中的程序字的插入
PAGE↑ PAGE↓	翻页键	用于同一显示界面下页面的前后翻页
← ↑ ↓ →	光标移动	用于使光标上下或前后移动
HELP	HELP	为操作者提供报警信息与帮助
RESET	复位键	CNC 复位，进给、转速、输出停止等

（2）机床操作面板

数控机床操作面板主要由机床制造商根据机床所配置的系统及机床具体功能而设计。机床厂家、型号、规格不同，往往控制面板也有很大差异，FANUC 0i Mate－TD 系统数控车床操作面板位于系统操作面板下方，其功能介绍见表 2—1—2。

表 2—1—2　　FANUC 0i Mate－TD 系统数控车床操作面板功能介绍

名称	按键图例	功能
机床总电源开关		总电源开关不在面板上，一般位于机床的背面。旋至“ON”位置时，总电源开启；旋至“OFF”位置时，总电源关闭
控制器电源开关	控制器通电　控制器断电	按下“控制器通电”按钮，向机床润滑、冷却等机械部分及数控系统供电
机床准备	机床准备	解除开机后的机床急停报警，将 CNC 复位，准备操作

续表

名称	按键图例	功能
程序保护开关	程序保护	程序编辑功能保护开关，旋至“1”时，程序编辑功能开启，可正常输入程序字符；旋至“0”时，该功能关闭
紧急停止	急停	当出现紧急情况按下“急停”按钮时，在屏幕上出现“EMG”字样，机床报警指示灯亮，机床停止动作
指示状态灯	机床 控制器 电源 准备灯 电源 报警 回零 X Z	①机床电源指示灯状态；②机床准备指示灯状态；③控制器电源指示灯状态；④程序结束指示灯状态；⑤机床报警类型指示灯状态；⑥回零指示灯状态
机床自动运动形式及装夹功能	功能选择 跳步 单步 空运行 MST锁定 机床锁定 选择停 内外卡盘 F1 F2 F3	跳步：跳步键。该功能键打开时指示灯亮，有“/”符号的程序段跳跃不读
		单步：单步键。该功能键打开时指示灯亮。执行一段程序后，系统暂停，按下循环启动按钮后，继续执行下一程序段
		空运行：空运行键。该功能键打开时指示灯亮，加工程序、MDI 代码段空运行
		MST锁定：MST 锁定键。辅助功能锁住开关，该功能键打开时指示灯亮，M、S、T 功能输出无效
		机床锁定：机床锁定键。该功能键打开时指示灯亮，X、Z 轴输出无效
		选择停：选择停止键。该功能键打开时指示灯亮，指令 M01 有效，其功能与指令 M00 的功能相同
		内外卡盘：内外卡盘键，按该键后，通过液压踏板可控制卡爪夹紧/松开工件
		F1 F2 F3：特定功能或用户指定功能

续表

名称	按键图例	功能
机床辅助功能		：按“正转”或“反转”键，刀架顺时针或逆时针旋转至使用刀具位置 ：按“向前”或“向后”键，顶尖向前或向后伸出 ：控制冷却液打开和关闭，可对刀具或工件进行冷却 ：控制润滑功能打开和关闭，对机床导轨等进行润滑 ：可启动或关闭排屑电动机对机床进行自动排屑 ：机床照明灯开或关闭
机床功能方式选择	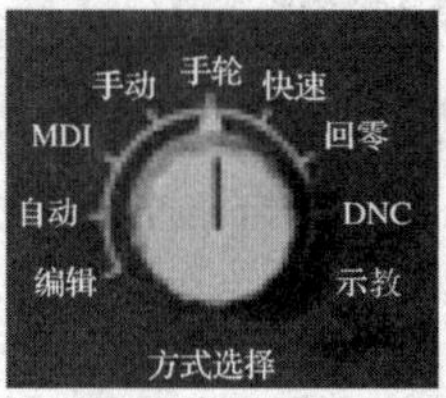	①编辑：用于显示和编辑存储器里的程序，可编辑完整程序 ②自动：此方式下根据面板上程序，机床自动运行加工 ③MDI：程序单段录入方式，可编辑单段程序 ④手动：手动方式下，可轴向进给、主轴旋转 ⑤手轮：手摇方式轴向进给操作 ⑥快速：可轴向快速进给操作 ⑦回零：轴向回参考点操作 ⑧DNC：在线传输加工 ⑨示教：用于示教功能
主轴功能		：选中后主轴正转方有效 ：选中后主轴停止方有效 ：选中后主轴反转方有效 备注：该操作必须手动或手轮方式下才有效
进给速度倍率控制旋钮		轴向进给速度可通过此旋钮进行调节，调节范围为0～150% 备注：此功能在自动加工中也可调节进给速度
主轴转速倍率控制旋钮		主轴旋转速度可通过此旋钮进行调节，调节范围为50%～120% 备注：此功能在自动加工中也可调节主轴转速

续表

名称	按键图例	功能
轴向选择	X Z + -	X Z：实现轴向进给功能，必须在“手动”或“手轮”方式下，选择目标轴（X/Z），轴向（+、-）方可移动 + -：“手动”方式下，目标轴确定后选择轴向方可移动。此方式只适用“手动”方式下轴向选择
增量步长选择	×1 F0　×10 25%　×100 50%　100%	增量进给步长：“×1”“×10”“×100”“100%”适用于“手轮”或“手动”方式 快速倍率：“F0”“25%”“50%”“100%”为四种不同快速进给倍率，适用于“手动”方式下轴向进给快慢的选择
手轮脉冲控制器		机床手轮操作，顺时针方向为轴向正方向进给，反之为负。进给速度以“×1”“×10”“×100”“100%”为进给单位，“×1”为一格进给 0.001 mm，“×10”为一格进给 0.01 mm，“×100”为一格进给 0.1 mm，“100%”为一格进给 1 mm
加工控制	循环启动　进给保持	：在“自动”运行方式下，按此键，机床执行选中程序自动加工 ：在机床自动加工的状态下，按此键，机床暂停程序运行及刀具切削加工功能，光标停在当前程序段位置，主轴、冷却等功能不变。再次按程序启动键，机床继续当前段往后的自动加工

二、数控车床的基本操作

数控车床的一般操作内容及大致步骤如图 2—1—8 所示。

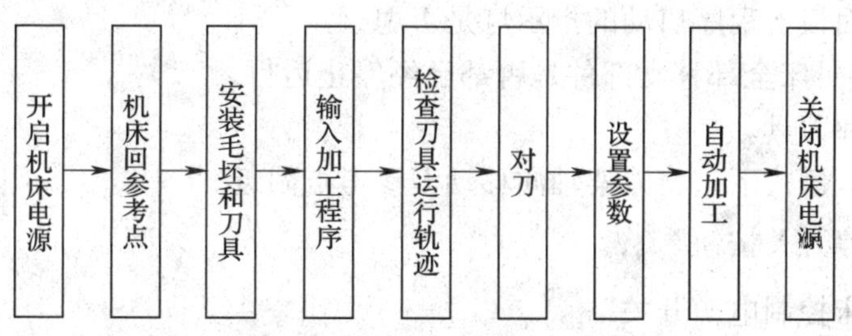

图 2—1—8　数控车床的一般操作内容及大致步骤

1. 开机与关机操作

开机是操作数控车床的第一步，开机前必须做好充分的准备。

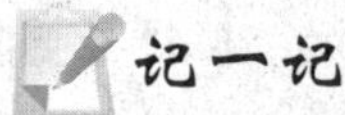

记一记

了解机床性能、结构、操作顺序及紧急停车方法；检查润滑油油位高度，确保其位于高位刻线和低位刻线之间（见图 2—1—9）；检查切削液液面高度是否合适；检查机床防护门、电气控制柜门是否关闭。

（1）开机步骤

1）检查机床和 CNC 系统各部分初始状态是否正常。

2）旋转机床背面总电源开关至“ON”，接通机床电源。

3）打开“机床控制电源开关”。NC 系统开始启动，显示如图 2—1—10 所示的 CRT 屏开机画面。

图 2—1—9　润滑油油高标准

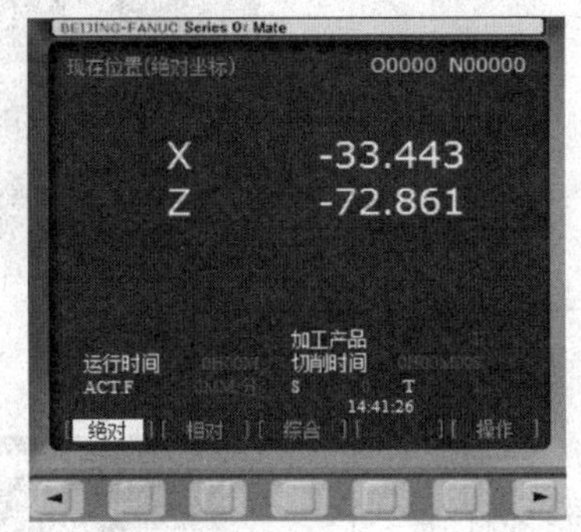

图 2—1—10　开机 CRT 显示屏画面

4）开机后机床屏幕下方闪烁“EX1000 EMERGENCY BUTTON & OVERTRAVEL”报警信息，则顺时针方向松开机床操作面板上的“急停开关按钮”。打开“机床准备开关”，解除报警。

5）检查电动机风扇是否正常旋转。

（2）关机步骤

1）检查操作面板上程序启动的指示灯是否熄灭。

2）检查 CNC 机床全部移动部件是否都已经停止运行。

3）卸下工件和刀具。

4）在“手动”模式下，将刀架轴向移动至参考点附近。

5）按下“急停开关按钮”。

6）关闭“机床控制电源开关”。

7）将机床背面电气柜上“机床总电源开关”旋至“OFF”位置，机床断电。

练一练

按要求步骤进行开机、关机操作。

2. 回参考点操作

机床通电后，通常先执行手动返回参考点操作，如果机床没有执行手动返回参考点操作，机床的运动将不可预料。手动返回参考点必须在“回零”模式下进行。回参考点操作的目的是建立机床坐标系。当然，对某些无须进行回参考点操作的机床除外。

手动回参考点操作步骤如下：

（1）“方式选择”功能旋至“回零”模式。

（2）“轴选择”功能选择“X”。

（3）“手动”轴向选择功能中长按“+”向，直至“回零”灯 X 轴显示状态灯亮，代表 X 轴回零完成。

（4）“轴选择”功能选择“Z”。

（5）“手动”轴向选择功能长按“+”向，直至“回零”灯 Z 轴显示状态灯亮，代表 Z 轴回零完成。轴向全部回零后，CRT 显示屏界面如图 2—1—11 所示。

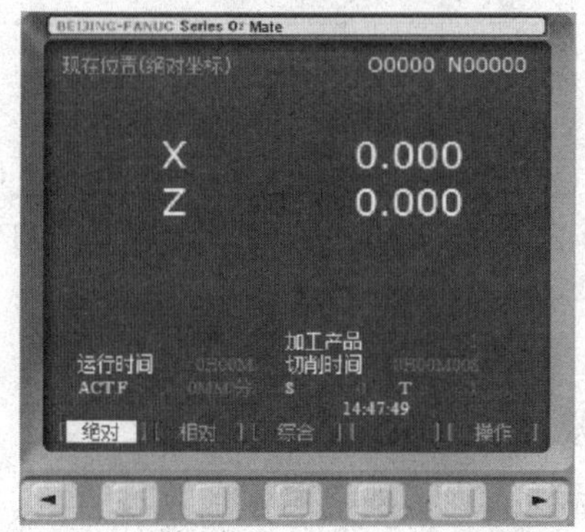

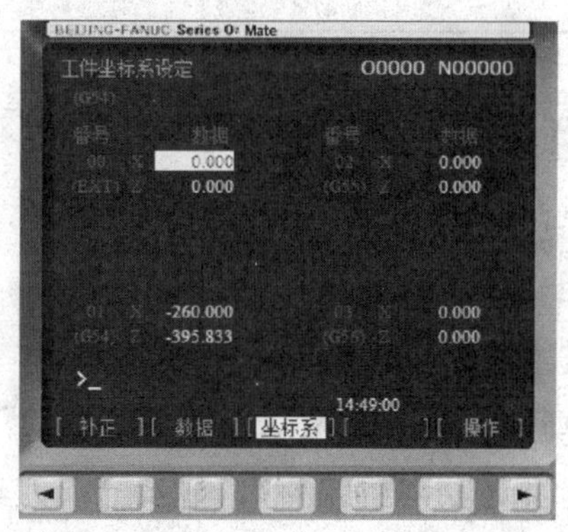

图 2—1—11　回零后 CRT 屏界面

记一记

回零过程中，为防止当前刀架位置在 $+Z$ 向回参考点时与尾座发生干涉，一般回参考点时先回 X 轴，再回 Z 轴。

3. 手动操作

手动操作主要包括手轮进给操作、手动进给操作、手动快速进给操作、增量进给操作、MDI 操作、主轴旋转操作等。

（1）手轮进给操作

手轮进给包括 X 向手轮进给和 Z 向手轮进给，其操作步骤见表 2—1—3。

表 2—1—3　　手轮进给操作

操作项目	操作步骤
X 向手轮进给	“方式选择”功能旋至“手轮”模式，按坐标显示键，查看轴向移动方向和距离
	“轴选择”方式选中“X”
	“手轮快速倍率”选择相应倍率（“×1”为一格进给 0.001 mm，“×10”为一格进给 0.01 mm，“×100”为一格进给 0.1 mm，“100%”为一格进给 1 mm）
	旋转手轮脉冲控制器，按顺时针或逆时针旋转移动刀具轴向运动（“+”为顺时针正向，“-”为逆时针负向）
Z 向手轮进给	“方式选择”功能旋至“手轮”模式，按坐标显示键，查看轴向移动方向和距离
	“轴选择”方式选中“Z”
	“手轮快速倍率”中选择相应倍率
	旋转手轮脉冲控制器，按顺时针或逆时针旋转移动刀具轴向运动（“+”为顺时针正向，“-”为逆时针负向）

练一练

通过手轮进给操作，使刀架沿 X 轴正向移动 20.376 mm，Z 轴负向移动 5.346 mm。

(2) 手动进给操作

手动进给操作步骤如下：

1）“方式选择”功能旋转至“手动”模式。

2）按坐标显示功能键，显示当前刀具坐标位置，以观看移动轴向距离。

3）“轴选择”方式中选中相应移动轴（X/Z）。

4）“手动”轴向选择方式中选中相应方向（+/-），按住可连续移动，松开则停止移动。

(3) 手动快速进给操作

手动快速进给操作能够在手动进给操作的基础上加快轴向移动速度。其操作步骤如下：

1）“方式选择”功能旋至“快速”模式。

2）按坐标显示功能键，显示当前刀具坐标位置。

3）“轴选择”方式中选中相应移动轴（X/Z）。

4）“手动”轴向选择方式中选中相应方向（+/-），按住可连续快速移动，松开则停止移动。

记一记

手动方式下，轴向移动中“进给倍率”旋钮和“手动快速倍率”开关不可为“0”位。

（4）增量进给操作

手动进给方式下，除了能够实现连续进给运动，也可按照指定增量倍率进给要求实现点动，其操作步骤示例如下：

1）“方式选择”功能旋至“手动”模式。

2）按坐标显示功能键，显示当前刀具坐标位置。

3）“轴选择”方式中选中相应移动轴（X/Z）。

4）“手轮快速倍率”中选择相应倍率。

5）“手动”轴向选择方式中选中相应方向（+/-），每按一下 Z 轴正向/负向移动 1 mm。

练一练

通过增量进给操作，使刀具沿 X 轴正向移动 0.5 mm，Z 轴负向移动 0.03 mm。

（5）MDI 操作

MDI 方式适用于简单程序段的操作，如指定主轴的转速、更换刀具等。这些程序段在执行后将不能被存储，其操作步骤如下：

1）将模式选择旋钮旋至“MDI”处，系统进入 MDI 模式。

2）在系统控制面板上，按下按钮，CRT 显示器的左上角显示“程序 MDI”的字样，再按中左下方“MDI”字样对应空白软键，其界面如图 2—1—12 所示。

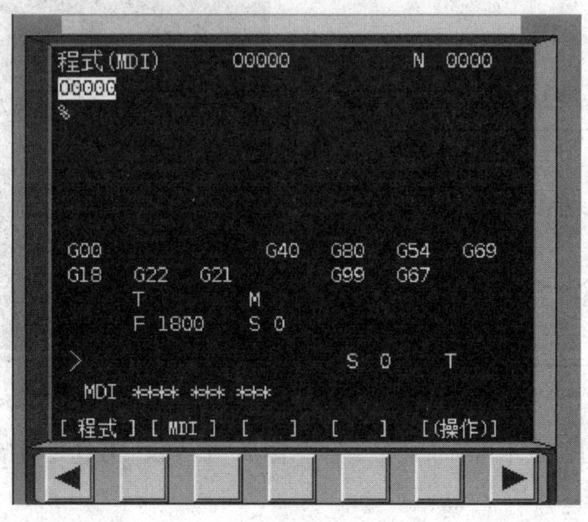

图 2—1—12　MDI 模式显示屏界面

3）输入要运行的程序段。

4）按下机床控制面板上的程序启动按钮，系统自动执行这些程序段。

练一练

通过 MDI 操作，输入“M03 S600”，使主轴按 600 r/min 正转。

（6）主轴旋转操作

在手轮进给操作或手动进给操作模式下，按下机床控制面板上的主轴正转按钮，主轴将顺时针旋转；按下主轴停止按钮，主轴将停止转动；按下主轴反转按钮，主轴将逆时针旋转。

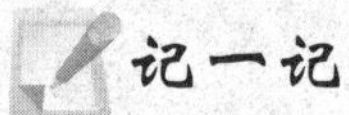

记一记

开机时，机床状态为静止状态，必须先在 MDI 方式下设定主轴转速。后续手动模式下主轴旋转功能才有效。

自动运行时，主轴的转速、转向由程序中 S 代码和 M 代码指定。

4. 对刀操作

刀位点是数控编程和加工中用以表示刀具位置的点。由于结构、尺寸、安装等方面的差异，换刀（刀具转位）后，其刀位点不可能完全重合，如图 2—1—13 所示。所以，在加工程序执行前，必须通过对刀操作，“调整”每把刀具的刀位点，使其尽量“重合”于某一理想基准点，这一过程称为对刀。

通过对刀或刀具预调，可以测定各号刀的刀位偏差，并进行刀具几何偏移量（X 方向和 Z 方向偏移量）的设定（见图 2—1—14），使每把刀具刀位点重合。

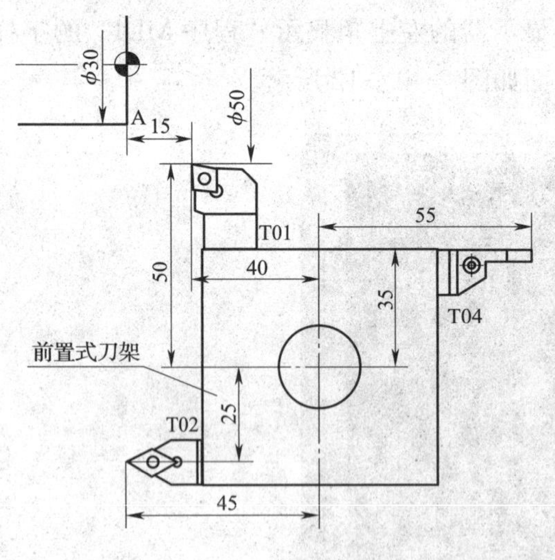

图 2—1—13　刀位点不重合

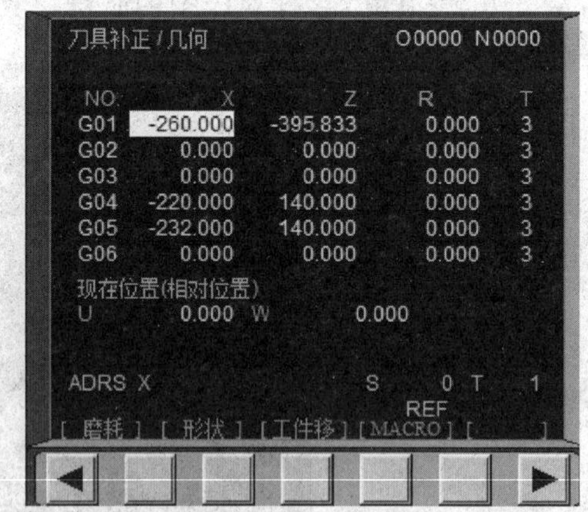

图 2—1—14　刀具几何偏移补偿参数设定界面

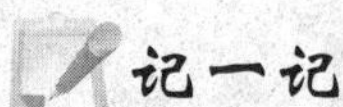

记一记

除刀具几何偏移外，数控系统还提供了刀具磨损（磨耗）偏移，以补偿因车刀刀尖磨损产生的刀具偏移。

(1) 对刀准备

对刀前，应做好相应的准备工作，其中包括毛坯的装夹、刀具的安装、对刀时切削用量的选择等。

1) 毛坯的装夹。在数控车床上，毛坯一般装夹于三爪自定心卡盘上，如有需要，可借助尾座及顶尖进行装夹，其操作步骤见表 2—1—4。

表 2—1—4 毛坯的装夹

操作项目	操作步骤
装夹毛坯	将工件表面和接触卡爪表面擦拭干净
	根据所需零件加工的总长选择合适的夹持长度，确保在让刀时和卡盘保留一定的安全距离
	通过液压卡盘开关预夹紧工件，根据工件的一个表面用划针或指示表找正工件准确位置；毛坯中心尽量与主轴中心线重合，用游标卡尺检验各点装夹伸出长度是否一致
	确认无误后再次夹紧工件

想一想

如果所夹持部分已经过加工，如何装夹才能防止所夹持外圆表面损伤?

2) 刀具的安装。数控车刀一般由刀柄、刀片垫片、刀片、压紧机构四部分组成，如图 2—1—15 所示。数控车刀安装包括两个阶段：刀片在刀柄上的安装、刀柄在刀架上的安装。

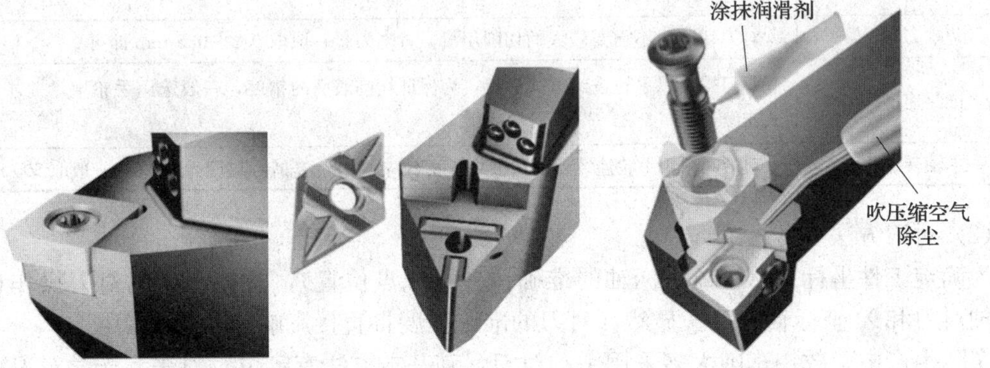

图 2—1—15 数控车刀的组成

数控车刀刀片在刀柄上的安装步骤见表 2—1—5。

表 2—1—5 数控车刀刀片在刀柄上的安装

操作项目	操作步骤
安装刀片	根据加工需要，选择相应的刀柄和刀片
	将刀柄的锁紧螺母、刀片垫片、刀片和刀头装夹位置擦拭干净，确保无损伤
	将刀片准确装正至刀头位置中，一手固定刀片位置，一手用内六角扳手旋进螺母，压紧刀片

刀柄在数控车床刀架上的安装步骤见表 2—1—6。

表 2—1—6　　刀柄在数控车床刀架上的安装

操作项目	操作步骤
安装刀柄	操作刀库正转或反转按钮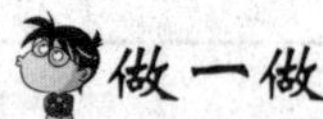，将刀架的当前装夹位置旋转至操作者需要的刀具号位置（如 1 号）
	将车刀刀杆正向装入 1 号位置，刀具的伸出长度大于工件的切削深度即可，以免影响刀具的刚度及切削性能
	用刀架扳手预旋紧刀架压紧螺母，固定刀具位置
	将刀具移近工件轴心线，保证刀尖点（切削点）与工件中心在一条水平线上
	确认无误后再次夹紧刀具

做一做

1. 采用“MDI”方式将刀架 3 号位置旋转至当前刀具位置。

2. 按照要求步骤完成对刀准备操作和刀具安装。

3）对刀时切削用量的选择。对刀是一项较为复杂的工艺准备工作，需要考虑切削用量的选择，见表 2—1—7。

表 2—1—7　　对刀时切削用量的选择

项目	选择说明
背吃刀量	对刀切削时不需要较大的切削用量，背吃刀量一般取 0.2～0.5 mm 即可
进给速度	对刀操作以手轮进给方式进行，为保证切削表面的精度，一般选用手轮增量“×10”方式连续进给
主轴转速	对刀时采用手轮连续切削，进给速度不高，因此主轴转速也不可较高，一般取 500 r/min

（2）对刀方法

为确定工件坐标系 X、Z 坐标轴的准确位置（原点位置），数控车床的对刀操作包括 Z 坐标轴对刀和 X 坐标轴对刀。显然，对刀的准确程度将直接影响零件加工精度。

实际生产中，数控车削大多采用手动对刀，其基本方法有定位对刀法、光学对刀法、试切对刀法等，见表 2—1—8。

表 2—1—8　　数控车削基本对刀方法

对刀方法	相关说明
定位对刀法	定位对刀法的实质是按接触式设定基准重合原理而进行的一种粗定位对刀方法，其定位基准由预设的对刀基准点来体现。对刀时，只要将各号刀的刀位点调整至与对刀基准点重合即可 该方法简便易行，因而得到较广泛的应用，但其对刀精度受到操作者技术熟练程度的影响，一般情况下其精度都不高，还须在加工或试切中修正

续表

对刀方法	相关说明
光学对刀法	光学对刀法是一种按非接触式设定基准重合原理而进行的对刀方法，其定位基准通常由光学显微镜（或投影放大镜）上的十字基准刻线交点来体现 这种对刀方法比定位对刀法的对刀精度高，并且不会损坏刀尖，是一种值得推广的方法
试切对刀法	各种手动对刀方法中，均因可能受到手动和目测等多种误差的影响以致其对刀精度十分有限，往往需要通过试切对刀（车削端面和外圆），以得到更加准确和可靠的结果

（3）对刀操作

数控车床对刀操作主要步骤可概括为移动、测量、设置，其主要内容见表 2—1—9。

表 2—1—9　　对刀操作主要步骤及内容

对刀步骤	主要内容
移动	将刀具刀位点直接或间接移动到工件坐标系原点。就基准刀而言，采用切削端面（确定 Z 坐标轴零点位置）、切削外圆（确定 X 坐标轴零点位置）的方法；就非基准刀而言，采用轻碰端面（或对齐端面）切削外圆的方法
测量	在确保刀位点 X 轴坐标值不变的条件下，测量切削后的外圆直径值
设置	切削（轻碰或对齐）端面后，在确保刀位点 Z 轴坐标值不变的条件下，进入"刀补"软键中"形状"补正界面，进行 Z 坐标轴零点位置设置 切削外圆后，在确保刀位点 X 轴坐标值不变的条件下，进入"刀补"软键中"形状"补正界面，进行 X 坐标轴零点位置设置

（4）应用示例

如图 2—1—16 所示的加工零件图样，毛坯尺寸 ϕ55 mm×75 mm，工件坐标系原点位于零件右端面中心，加工刀具为外圆车刀和切断刀。现采用试切对刀法进行对刀，其中外圆车刀作为基准刀具，假设对刀准备就绪，其对刀过程见表 2—1—10。

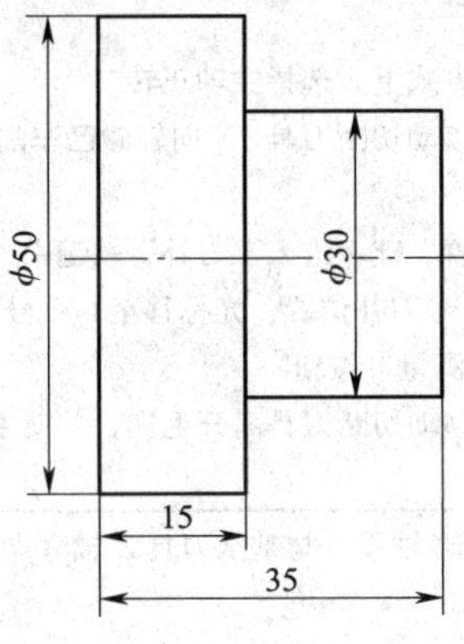

图 2—1—16　加工零件图样

表 2—1—10　　　　试切对刀法操作过程

操作内容		操作过程
外圆车刀对刀	Z 坐标轴零点位置确定	①在“手轮”方式下，选择主轴正转 ②操作手轮，移动外圆刀具完成毛坯端面车削，如图 2—1—17 所示，当前端面即为 Z 轴零平面 ③按“参数设置”键，进入“刀补”软键中“形状”补正界面（见图 2—1—18） ④选中“001”号刀补位置，光标移至 001 号 Z 轴处，输入“Z0.0”，并按“测量”按钮。此时光标处显示的数值即为刀具当前位置 Z 零点在机床坐标系中的机械坐标值 ⑤操作手轮，移动外圆刀具＋Z 向退刀，并使主轴停转
外圆车刀对刀	X 坐标轴零点位置确定	①在“手轮”方式下，选择主轴正转 ②操作手轮，移动外圆车刀切削毛坯外圆，如图 2—1—19 所示，其外圆中心线即为 X 轴零点 ③操作手轮，沿-Z 向移动刀具退出毛坯，并使主轴停转 ④用千分尺测量切削外圆直径，记下直径值 ⑤按“参数设置”键，进入“刀补”软键中“形状”补正界面 ⑥选中“001”号刀补位置，光标移至 001 号 X 轴处，输入所测直径值“X”，并按“测量”按钮。此时光标处显示的数值即为刀具当前位置 X 零点在机床坐标系中的机械坐标值
切断刀具对刀	Z 坐标轴零点位置确定	①在“手轮”方式下，选择主轴正转 ②操作手轮，移动切断刀具-Z 向轻碰已车削毛坯端面，如图 2—1—20 所示 ③按“参数设置”键，进入“刀补”软键中“形状”补正界面 ④选中“002”号刀补位置，光标移至 002 号 Z 轴处，输入“Z0.0”，并按“测量”按钮。此时光标处显示的数值即为刀具当前位置 Z 零点在机床坐标系中的机械坐标值 ⑤操作手轮，移动外圆刀具＋Z 向退刀，并使主轴停转
切断刀具对刀	X 坐标轴零点位置确定	①在“手轮”方式下，选择主轴正转 ②操作手轮，移动切断刀具-X 向轻碰已车削外圆直径面，如图 2—1—21 所示，此外圆面中心线即为 X 轴零点 ③按“参数设置”键，进入“刀补”软键中“形状”补正界面 ④选中“002”号刀补位置，光标移至 002 号 X 轴处，输入外圆车刀试切对刀时外圆直径 X 值，并按“测量”按钮 ⑤操作手轮，移动切断刀具离开毛坯，并使主轴停转

注：对刀时，非基准刀具对刀时必须保证 Z 轴零点与基准刀具 Z 轴零点一致；必要时，非基准刀具 X 坐标轴零点位置确定应采用试切方式，以保证对刀的精准性。

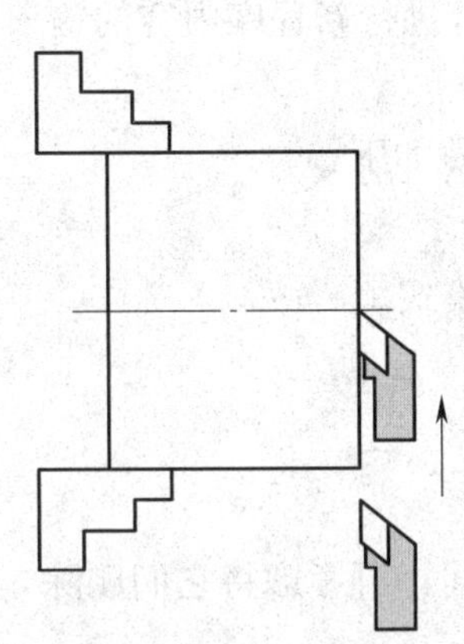

图 2—1—17　车削端面

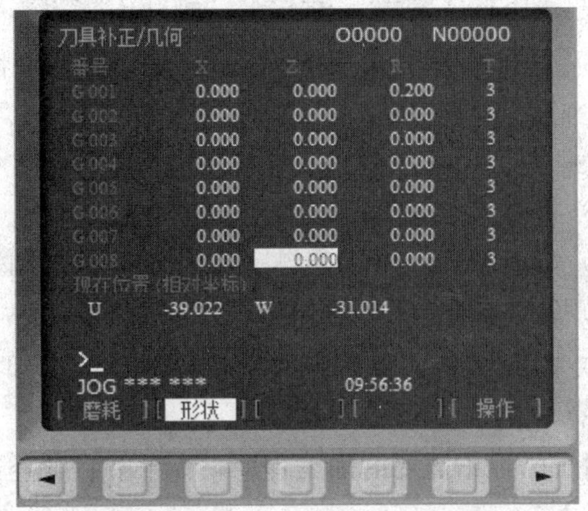

图 2—1—18　“形状”补正界面

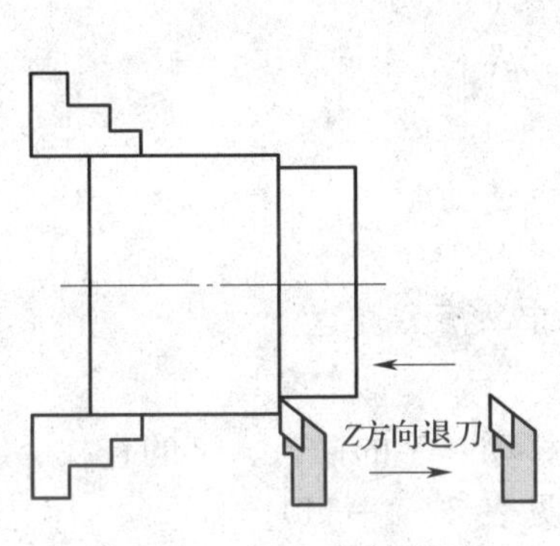

图 2—1—19　车削外圆

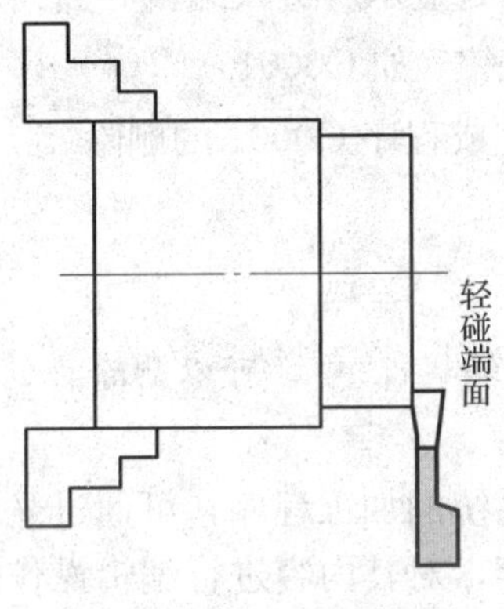

图 2—1—20　轻碰端面

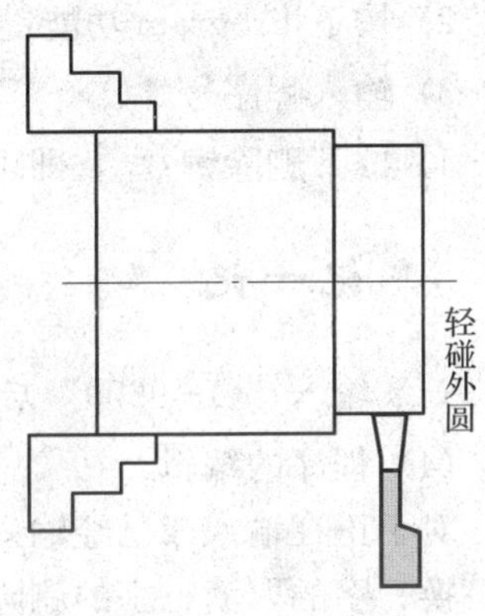

图 2—1—21　轻碰外圆

想一想

加工时如何进行螺纹车刀的 X、Z 轴对刀？

5. 程序的输入与编辑

编制完成的加工程序，一般在“编辑”模式下，通过手动数据输入单元输入数控系统。当然，对于通过自动编程软件生成的加工程序，可通过 RS232 串口通信，借助传输软件输入到数控系统，或直接通过 U 盘、CF 存储卡将程序直接导入数控系统。

（1）建立新程序

通过手动数据输入单元建立新程序的操作步骤如下：

1）将方式选择旋钮旋至“编辑”模式。

2）按下 Program 功能键 PROG，显示屏进入编辑界面。

3）输入程序名“O××××”（如 O0001，程序名不能与数控系统中已有程序名重复）。

4）按下插入键INSERT，程序名“O0001”被输入。

5）按下EOB键，再按下INSERT键，结束符“;”被输入，即可进行新程序内容的输入。

（2）程序的调用

根据需要，往往调用已有程序进行零件加工，其操作步骤如下：

1）将方式选择旋钮旋至“编辑”模式。

2）按下 Program 功能键PROG，显示屏进入编辑界面列表模式。

3）输入程序号“O××××”（如 O0001）。

4）按下↓键，即可完成程序 O0001 的调用。

（3）程序的删除

对于已经不需要的加工程序，为了节省数控系统存储空间，可考虑将它们删除，其操作步骤如下：

1）将方式选择旋钮旋至“编辑”模式。

2）按下 Program 功能键PROG，显示屏进入编辑界面列表模式。

3）输入程序号“O××××”（如 O0001）。

4）按下删除键DELETE，即可完成程序 O0001 的删除。

记一记

如果输入“O－9999”后按编辑键DELETE，可以删除存储器中所有程序。

（4）程序的编辑

对于正在输入或已经输入系统的加工程序，可通过光标移动、字的插入、字的查找、字的替换、字的取消、字的删除等，对其内容进行编辑操作（见表 2—1—11）。

表 2—1—11　　程序的编辑操作

编辑内容	操作步骤
光标移动	①按下光标键→或←时，光标逐字向前或向后移动，在所选的字处显示光标 ②按住光标键→或←时，连续移动 ③按下光标键↓或↑时，移动到下一程序段或上一程序段的第 1 个字 ④按住光标键↓或↑时，不断地移动光标至下一个程序段或上一个程序段的开头 ⑤按下翻页键PAGE↓或↑PAGE时，画面显示下一页或上一页，光标移动到第 1 个字 ⑥按住翻页键PAGE↓或↑PAGE时，一页接一页显示
字的插入	①在编辑模式下，将光标移到希望插入位置前的程序字 ②输入希望插入的地址和数据 ③按下插入键INSERT，完成程序字的插入（也可用于正在输入中程序字的插入）

续表

编辑内容	操作步骤
字的查找	①输入需要搜索的字母或代码 ②按下 ↓ 键开始在当前数控程序中光标所在位置后搜索 （代码可以是一个字母或一个完整的字，如 G01、M 等。如果此数控程序中有所搜索的代码，则光标将停留在找到的代码处；如果此数控程序中光标所在位置后没有所搜索的代码，则光标将停留在原处）
字的替换	①在编辑模式下，将光标移至希望替换字的位置 ②输入新的地址和数据 ③按下替换键 ALERT，完成程序字的替换
字的取消	在编辑模式下，对正在输入程序字的后一个字符按下取消键 CAN，完成程序字的取消
字的删除	①在编辑模式下，将光标移至需要删除字的位置 ②按下删除键 DELETE，完成程序字的删除

将表 2—1—12 所列零件加工程序输入系统，并完成以下编辑操作：

①将 S600 替换为 S500。

②删除 G18。

表 2—1—12　　练一练零件加工程序

程序	注释
O0001；	程序号
G98 G40 G21 G90 G18；	初始化
G00 X100.0 Z100.0；	快速定位到安全换刀点
M03 S600 T0101；	主轴正转，转速 600 r/min；使用 1 号刀
G00 X52.0 Z2.0；	刀具快速定位
X46.0；	刀具 X 向进刀
G01 Z0.0 F100；	刀具以 G01 速度切削至轮廓起点
X47.0 Z－0.5；	轮廓加工
Z－20.0；	
X50.0；	
Z－40.0；	
X52.0；	刀具退出工件
G00 X100.0 Z 100.0；	刀具返回安全点
M30；	程序结束

6．**程序校验与自动加工**

（1）程序校验

数控系统为用户提供了多种校验加工程序的方法，其中包括机床锁定校验、空运行校验和图形显示功能校验。

1）机床锁定校验的操作步骤如下：

①调出要校验的程序。

②将方式选择旋钮旋至“自动 ”模式。

③按下软键“检视”，使屏幕显示正在执行的程序和坐标。

④按下机床锁定按钮，按下单步运行按钮。

⑤按下程序启动按钮。

每按一下程序启动按钮，数控系统执行一个程序段，直至加工程序结束。熟练检查后也可取消单步运行校验程序，如发生报警，则在光标处或前后段查找程序错误。

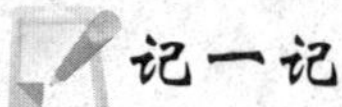

此校验方式，数控系统将检查所执行程序段是否正确，如出现错误（例如，程序格式等错误），则显示程序报警画面，机床停止运行。

校验过程中，只锁定限制轴向不能移动，M、S、T 等辅助功能仍有效执行。如要同时锁定上述功能，校验时再按下“MST 锁定”功能键。

2）空运行校验的操作步骤如下：

①调出要校验的程序。

②将方式选择旋钮旋至“自动”模式。

③按下软键“检视”，使屏幕显示正在执行的程序和坐标。

④将刀具形状补正中 Z 轴坐标值正方向偏移一段安全距离（如 100 mm）。

⑤按下空运行按钮，按下单步运行按钮。

⑥按下程序启动按钮。

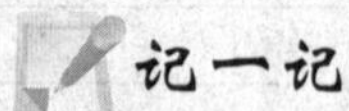

运用此种校验方式，数控系统将检查所执行程序段刀具运行轨迹是否正确，与编程设定轨迹是否一致。空运行时速度较快，Z 轴向偏移以刀具碰不上工件为安全距离。

这种校验方式走刀速度快，刀路轨迹不直观，一般不采用此种方式单独校验程序。

3）图形显示功能校验。通过数控系统的图形显示功能，可以在屏幕上绘出程序中的刀具运动轨迹，从而校验加工程序的正确性。此种运行方式校验效果最好，更直观，但需和上述两种方式配合使用。图形显示功能校验的操作步骤如下：

①选择“自动”模式。

②按下图形画面显示键，出现如图 2—1—22 所示的图形显示画面。

③依次完成各项参数的设定。

④按下屏幕软键“图形”。

⑤按下程序启动按钮，机床开始移动，在屏幕上显示出刀具的运行轨迹。

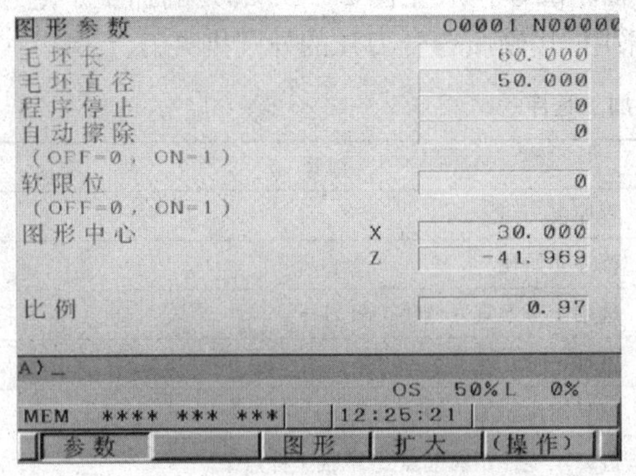

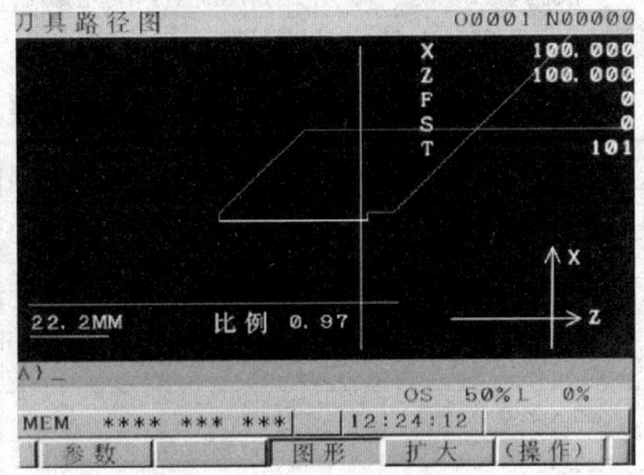

图 2—1—22 图形显示画面

需要指出的是，图形显示功能校验主要用于校验程序轨迹的正确性，该功能可以在自动运行下与机床锁定模式、MST 锁定、空运行方式配合使用。

练一练

试通过机床锁定模式下的图形显示功能校验操作，完成对表 2—1—12 所列加工程序的校验，画出加工零件的轮廓草图。

(2) 自动加工

在上述所有工作完毕后，即可进入“自动”运行加工操作模式，进行零件的自动加工。

自动加工的操作步骤如下：

1) 调出需运行的程序。

2) 将方式选择旋钮旋至“自动”模式。

3) 按下软键“检视”，使屏幕显示正在执行的程序和坐标。

4) 按下程序启动按钮，自动执行加工程序。

根据实际需要，自动加工中涉及相关按钮及开关的使用，其相关说明参见表 2—1—2。

记一记

自动加工时的注意事项：时刻监视机床运行状态，如刀具位置、切削情况等；确认切削液输出通畅，流量充足；不能打开防护门；机床运转时，切忌调整刀具、测量工件尺寸、用手靠近旋转的刀具和工件、用毛刷等工具清扫工件或刀具上的切屑。

7. 机床操作完整体验

通过数控车床基本操作内容的学习，基本具备根据已有加工程序完成零件加工的能力。

（1）体验一

根据表 2—1—13 所列加工程序，完成台阶轴轮廓零件（见图 2—1—23）的加工。毛坯材料为 45 钢，毛坯尺寸为 ϕ50 mm×90 mm。采用 90°硬质合金刀片的外圆机夹刀。

表 2—1—13　　体验一零件加工程序

程序	注释
O0001；	程序名
G98 G40 G21；	程序初始化
T0101；	选用 1 号刀具并调用 1 号刀补
M03 S600；	主轴正转，转速为 600 r/min
G00 X52. 0 Z0. 0；	刀具定位至加工轨迹点 1
X46. 0；	进刀至零件轮廓起点处 X 轴坐标点 2
G01 Z－20. 0 F100；	刀具切削至轨迹点 3
X48. 0；	刀具切削至轨迹点 4
Z－50. 0；	刀具切削至轨迹点 5
X52. 0；	刀具切削至轨迹点 6
G00 X100. 0 Z100. 0；	退刀至安全点 7
M30；	程序结束

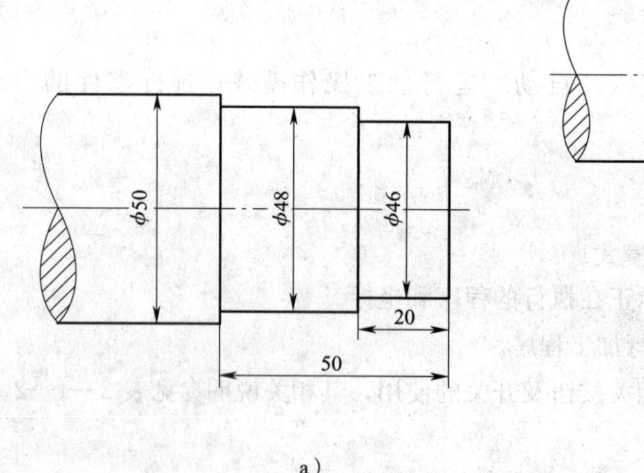

a）

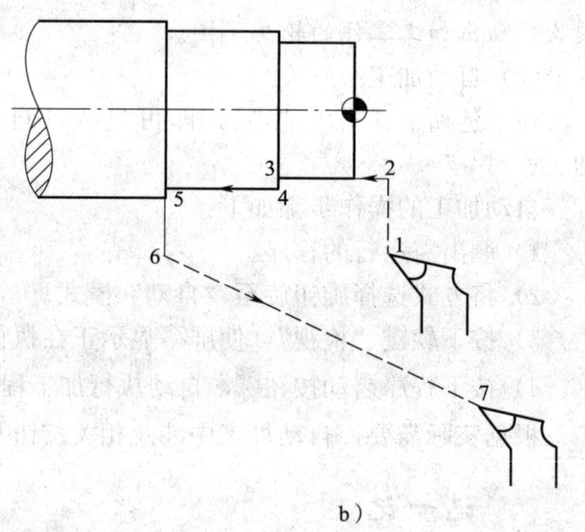

b）

图 2—1—23　体验一零件图样及刀具运动路线

a）零件图样　b）刀具运动路线

1）加工准备。选用 FANUC 0i Mate－TD 系统数控车床，装夹校正 ϕ50 mm×90 mm 毛坯于三爪自定心卡盘中，准备好工具、量具、刃具（见表 2—1—14）。

表 2—1—14　　工具、量具、刃具准备

序号	名称	规格	数量
1	游标卡尺	0～150 mm、0.02 mm	1
2	百分表	0～10 mm、0.01 mm	1
3	千分尺	25～50 mm、0.01 mm	1
4	90°外圆车刀	MCFNR 2020K16	1
5	90°外圆刀片	CNMG 120402	1
6	辅具	垫片、刀架扳手、卡盘扳手、内六角扳手、铜皮	各 1

2）零件自动加工操作步骤。零件自动加工操作步骤为：机床开电源→机床回参考点→安装毛坯→安装刀具并试切法对刀→检查对刀是否正确（MDI→输入 T0101；G00X0 Z50.0；→单段→循环启动→用游标卡尺检测刀尖点和原点距离是否与程序一致）→输入程序→轨迹校验→自动加工→零件测量。

3）机床清理。机床清理操作步骤见表 2—1—15。

表 2—1—15　　机床清理操作

项目	操作步骤
机床清理	拆卸刀具和零件，工量刀具规范放置
	机床轴向移至机床参考点附近
	用毛刷将导轨平面、刀架和卡盘间隙铁屑清扫干净
	将机床导轨及刀架擦拭干净
	清扫处理机床铁屑盘里铁屑，放至规定排放处
	导轨面、卡盘间隙处、刀架涂防锈油
	关机

（2）体验二

轴轮廓零件（见图 2—1—24）已经粗加工，并留 0.3 mm 精加工余量。根据表 2—1—16 所列精加工程序，完成最终轮廓的加工。毛坯材料为 45 钢，毛坯尺寸为 ϕ50 mm×90 mm。采用 90°硬质合金刀片的外圆机夹刀。

表 2—1—16　　体验二零件加工程序

程序	注释
O0001；	程序名
G98 G40 G21；	程序初始化
T0101；	选用 1 号刀具并调用 1 号刀补
M03 S600；	主轴正转，转速为 600 r/min
G00 X0.0 Z2.0；	刀具定位
G42 G01 X0.0 Z0.0 F100；	建立刀尖圆弧半径右补偿
G03 X40.0 Z－20.0 R20.0 F100；	刀补执行加工轮廓
G01 X46.0 Z－40.0；	

续表

程序	注释
G40 G00 X52.0；	取消刀补并退刀
G00 X100.0 Z100.0；	返回安全点
M30；	程序结束

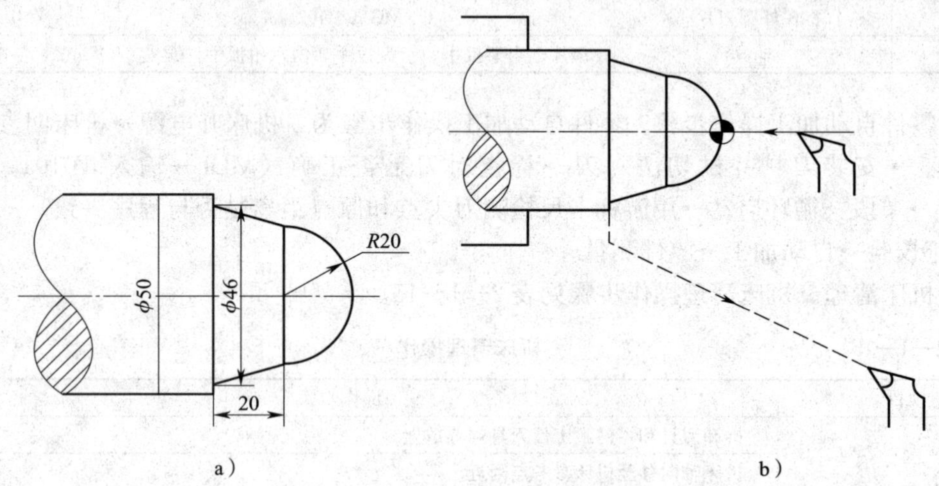

图 2—1—24　体验二零件图样及刀具运动路线

a）零件图样　b）刀具运动路线

1）加工准备。选用 FANUC 0i Mate－TD 系统数控车床，装夹校正 ϕ50 mm×90 mm 毛坯于三爪自定心卡盘中，准备好工具、量具、刃具（见表 2—1—14）。

2）零件自动加工。零件自动加工操作步骤见表 2—1—17。

表 2—1—17　**零件自动加工操作**

项目	操作步骤
自动加工	机床开电源
	机床回参考点
	安装毛坯
	安装刀具并采用碰刀法对刀
	刀具半径补偿值建立：打开刀具补偿参数键→“形状”补正→选中 1 号补偿位置，设置“3 号”刀沿→设置圆弧半径“R0.2”（见图 2—1—25）
	检测对刀是否正确（见图 2—1—26）
	输入程序
	轨迹校验
	自动加工
	零件测量

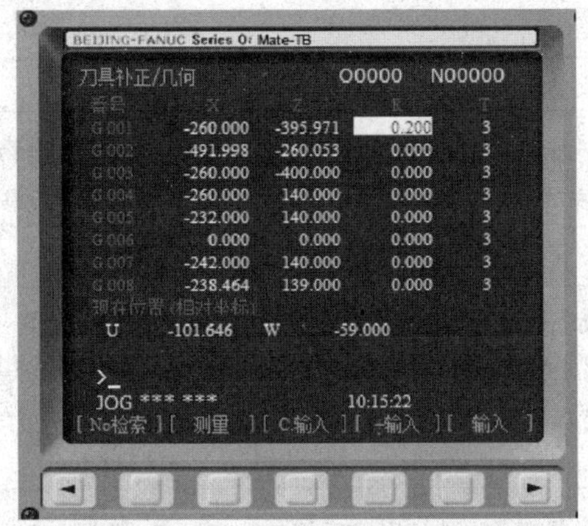

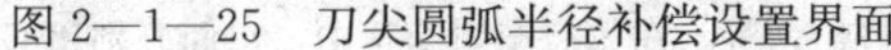
图 2—1—25 刀尖圆弧半径补偿设置界面

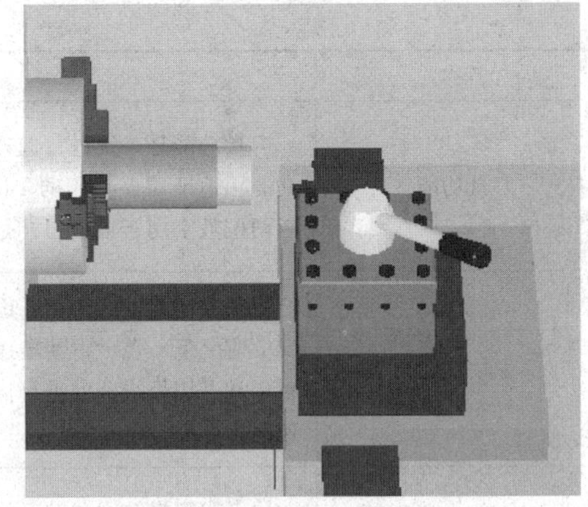
图 2—1—26 检测刀尖点和原点位置

3）机床清理。机床清理操作步骤参见表 2—1—15。

想一想

体验二工件如果不设置刀尖圆弧半径补偿，对零件加工会产生何种影响？为什么？

第二节 数控车削指令

一、编程方法及系统功能

数控车削编程是数控车削加工的重要一环。对于加工形状简单（轮廓由直线与圆弧组成）、使用指令不多的零件，采用手工编程比较方便；对于具有非圆曲线、列表曲线的零件，原则上可考虑采用自动编程，不过在数控车削加工中，一般更趋向于采用宏程序编程。

在进行加工程序编制时，编程人员必须严格按照数控系统说明书要求，并熟悉数控系统常用功能：准备功能、辅助功能、刀具功能、主轴功能、进给功能、坐标功能等，这些功能是编制数控加工程序的基础。FANUC 系统数控车床常用系统功能见表 2—2—1。

表 2—2—1 数控车床常用系统功能

名称	说明
准备功能	也称 G 功能或 G 指令，它主要是刀具或工件进给运动的指令或准备运动的指令。准备功能由地址 G 和后缀的两位数字组成，G00～G99 共 100 种，如 G00、G01 等
辅助功能	也称 M 功能或 M 指令，它主要控制主轴启停、冷却液开关、程序结束等辅助动作。辅助功能由地址 M 和后缀的两位数字组成，M00～M99 共 100 种，如 M03、M30 等。由于数控系统以及数控机床的生产厂家不同，其 M 指令的功能不尽相同，甚至有些 M 指令与 ISO 标准指令的含义也不相同，所以，编制加工程序时一定要按照机床说明书的规定进行

续表

名称	说明
刀具功能	刀具功能是系统进行选刀或换刀的功能指令，也称 T 功能。一般来说，数控车床的刀具功能用地址 T 及后缀的 4 位数字来表示，如 T0101。其中，前两位数字用于指定刀具号，后两位数字用于指定刀补号
主轴功能	用来控制主轴的转速，也称 S 功能，由地址 S 和后缀的数字组成。例如 S500，通常（在 G97 情况下）表示主轴转速为 500 r/min。需要指出的是，为了保证工件表面的车削加工质量，常采用恒线速度进行切削，这时，需用 G96 来指定，例如 G96 S100，它表示主运动线速度为 100 m/min
进给功能	用来指定进给运动的速度或螺纹的导程，由地址 F 和后缀的数字组成。根据加工的需要，进给功能分为每分钟进给和每转进给两种，在数控车削编程中，它们分别用 G98 和 G99 来指定，例如，G98 X20.0 F100 表示进给速度为 100 mm/min
坐标功能	也称尺寸功能，用来设定机床各坐标的位移量，或刀具运动的位置值。一般由 X、Z 等地址和后缀的数字表示，例如 X100.0 Z100.0 等

二、基本编程指令

数控车床的基本编程指令主要有准备功能指令和辅助功能指令。FANUC 系统数控车床常用准备功能指令（G 代码）和辅助功能指令（M 代码）分别见附表 1 和附表 2。

需要指出的是，车削加工的零件主要为回转体，其轮廓母线通常是由若干直线段、圆弧段构成。所以，就数控车削而言，最基本的指令不外乎插补指令 G01、G02、G03 等；加工内容不外乎内外圆柱面、内外圆锥面、倒角、槽、端面、内外圆弧面等。从道理上来说，掌握了 G01、G02、G03 指令，就基本掌握了除螺纹外的车削零件的编程。当然，固定循环指令的使用，将给数控车削编程带来极大的方便。

1. 初始化指令

出于加工安全，并防止出现意外，在数控车削程序开始最好进行初始化处理，即一般加入 G18、G21、G98、G40 等指令。初始化内容通常涉及平面（插补平面）选择，公制/英制选择，每分钟进给/每转进给选择，取消刀尖半径补偿与否等。

（1）平面选择指令（G17、G18、G19）

在笛卡儿坐标系中，三个相互垂直的坐标轴 *X*、*Y*、*Z* 构成了三个相互垂直的平面 *XY*、*ZX* 和 *YZ*。数控车削编程时，一般不考虑 *Y* 轴，所以采用 G18 指令选择 *ZX* 平面即可。

（2）公制/英制选择指令（G21、G20）

不同国家或地区的零件图样，可能采用不同的尺寸单位制。数控车削指令中，对于公制和英制单位，分别用 G21 和 G20 来指令。

（3）刀尖半径补偿取消指令 G40

一般情况下，数控车削编程时，刀尖半径的存在对零件尺寸（如圆柱面、端面）精度不产生影响。为此，可以不考虑刀尖半径的存在。

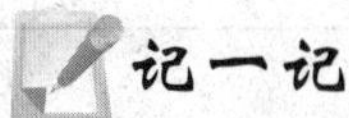

记一记

对于精度要求较高的锥面和圆弧面，则不能忽视刀尖半径的影响。

2. 插补指令（G01、G02、G03）

（1）G01

1）功用、指令格式及参数说明。执行指令 G01，将控制刀具以给定的切削进给速度，从当前（指令执行前）位置沿直线运动到目标点（指令执行后位置）。使用 G01 指令，可以实现纵向切削、横向切削、锥度切削等形式的直线插补运动；可以用于零件的粗加工、精加工，其指令格式及参数说明见表 2—2—2。

表 2—2—2　　G01 指令格式及参数说明

指令格式	G01 X（U）_ Z（W）_ F_；
参数说明	X、Z——绝对编程时的目标点坐标，单位为 mm U、W——相对编程时的目标点坐标，单位为 mm F——切削进给速度，单位为 mm/min 或 mm/r

2）运动轨迹。G01 指令运动轨迹为从当前位置到目标位置的一直线段，如图 2—2—1 所示。

3）应用示例。如图 2—2—2 所示，零件已经粗加工，且各表面留有 0.3 mm 余量，根据给定精加工刀具路线：刀具起点（80，80）→*A*（15，2）→*B*→*C*→*D*→*E*（52，- 35）→刀具起点，其对应指令代码见表 2—2—3，已知切削进给速度 F 为 50 mm/min。

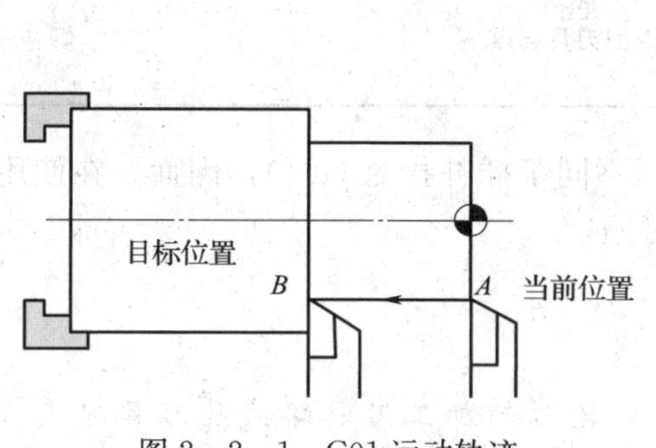

图 2—2—1　G01 运动轨迹

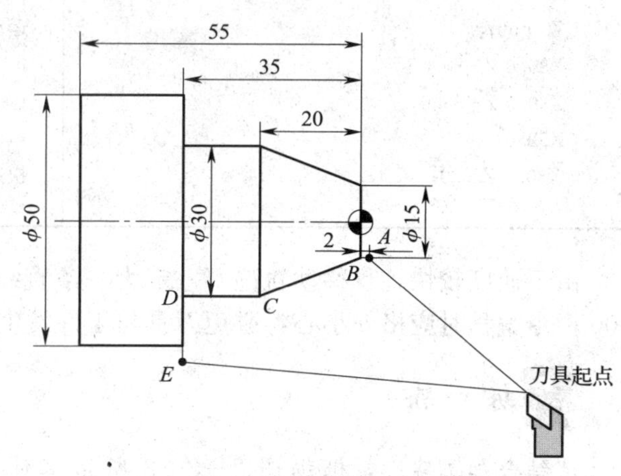

图 2—2—2　G01 应用示例零件图样及精加工刀具路线

表 2—2—3　　G01 应用示例精加工刀具路线对应指令代码

程序段	注释
G01 X15.0 Z2.0 F50；	运动到 A 点
Z0；	运动到 B 点
X30.0 Z-20.0；	运动到 C 点
X30.0 Z-35.0；	运动到 D 点
X52.0；	运动到 E 点
X80.0 Z80.0；	返回刀具起点

练一练

试写出上述精加工刀具路线的相对坐标编程指令代码。

从精加工路线不难看出，从刀具起点运动到 A 点（开始准备切削加工），以及结束加工后（从 E 点返回刀具起点），这两个阶段刀具并不对零件进行切削，为提高加工效率，可考虑采用快速定位指令 G00。

指令 G00 的格式为“G00 X _ Y _ Z _；”，执行 G00，将控制刀具以数控系统预先设定的移动速度，从当前位置快速移动到程序段指定的目标点（X，Z）。采用 G00 指令后的精加工刀具路线对应指令代码见表 2—2—4。

表 2—2—4　　采用 G00 指令后精加工刀具路线对应指令代码

程序段	注释
G00 X15.0 Z2.0；	快速运动到 A 点
G01 Z0 F50；	运动到 B 点
X30.0 Z-20.0；	运动到 C 点
X30.0 Z-35.0；	运动到 D 点
X52.0；	运动到 E 点
G00 X80.0 Z80.0；	快速返回刀具起点

由于速度较快，且移动轨迹不一定为一条直线（不同于插补指令 G01），因而，在使用 G00 指令编程时应格外小心，避免刀具与工件发生碰撞。

练一练

试结合加工实际，根据图 2—2—3 所示零件右端轮廓精加工刀具路线［刀具起点→A（15，2）→B→C→D（34，-25）］，采用 G01（F 为 50 mm/min）和 G00 完成相应指令代码的编写。

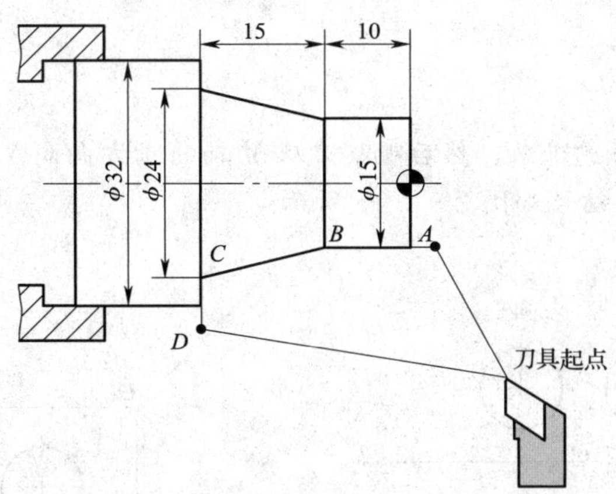

图 2—2—3　G00 及 G01 练一练刀具路线

（2）G02/G03

1）功用、指令格式及参数说明。执行指令 G02/G03，将控制刀具在指定平面内以给定的切削进给速度，在当前位置和目标位置间，沿顺时针/逆时针方向做圆弧运动。使用 G02/G03 指令，可以切削出零件上的圆弧轮廓。其指令格式及参数说明见表 2—2—5。

表 2—2—5　　G02/G03 指令格式及参数说明

指令格式	G02/G03 X（U）_Z（W）_ R _ F _；（起点、终点、半径） G02/G03 X（U）_Z（W）_ I _ K _ F _；（起点、终点、圆心）
参数说明	G02/G03——顺时针/逆时针圆弧插补 X、Z——绝对编程时的目标点（圆弧终点）坐标，单位为 mm U、W——相对编程时的目标点（圆弧终点）坐标，单位为 mm R——圆弧半径 I、K——圆心相对于圆弧起点的增量坐标，I 为半径增量（即 *X* 方向增量），K 为 *Z* 方向增量 F——切削进给速度

2）运动轨迹。G02/G03 指令运动轨迹为从当前位置到目标位置的一圆弧段，如图 2—2—4所示。

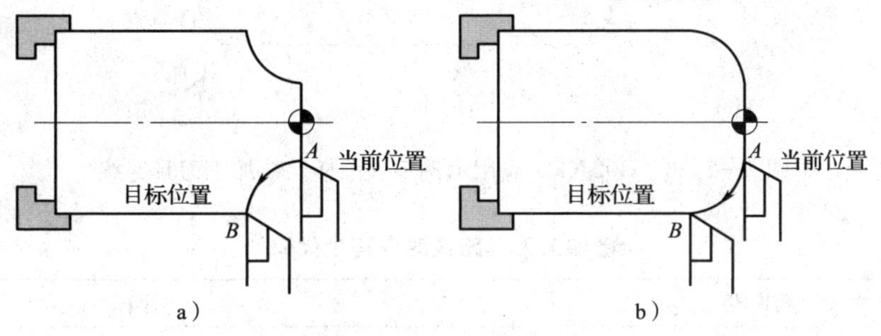

图 2—2—4　G02/G03 运动轨迹

a）G02 运动轨迹　b）G03 运动轨迹

记一记

按右手定则将 Y 轴考虑进来，然后观察者从 Y 轴的正方向向 Y 轴的负方向看去，即可正确判断出圆弧的顺逆，结果如图 2—2—5 所示。

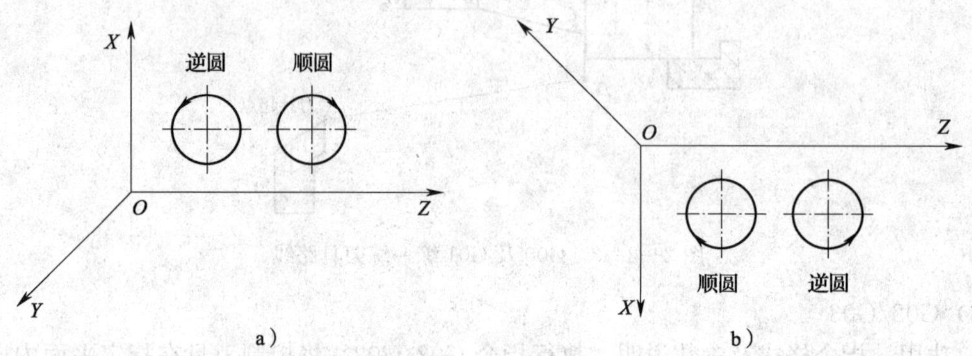

图 2—2—5　圆弧顺逆的判断结果

a）后置刀架　b）前置刀架

3）应用示例。如图 2—2—6 所示，零件已经粗加工，且各表面留有 0.3 mm 余量，根据给定精加工刀具路线：刀具起点（80，80）→A（0，3）→O→B→C→D→E（52，-40）→刀具起点，其对应指令代码见表 2—2—6，其中，非切削运动采用快速定位指令，切削进给速度 F 为 50 mm/min。

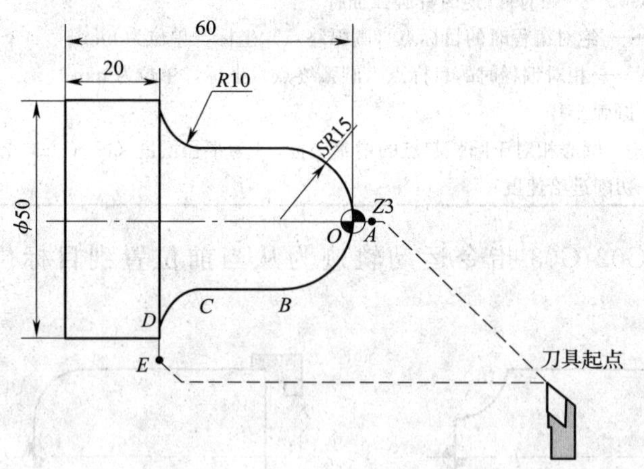

图 2—2—6　G02/G03 应用示例零件图样及精加工刀具路线

表 2—2—6　精加工刀具路线对应指令代码

程序段	注释
G00 X0 Z3.0；	快速运动到 A 点
G01 Z0 F50；	加工到 O 点
G03 X30.0 Z-15.0 R15.0；	加工到 B 点（顺圆弧加工，采用前置刀架）

续表

程序段	注释
G01 Z-30.0;	加工到 *C* 点
G02 X50.0 Z-40.0 R10.0;	加工到 *D* 点（逆圆弧加工）
G01 X52.0;	加工到 *E* 点
G00 X80.0 Z80.0;	快速返回刀具起点

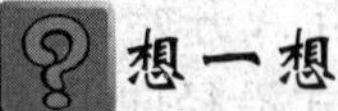

想一想

如果圆弧段走刀采用"G02/G03 X_ Z_ I_ K_;"格式，相应程序段该如何编写？

练一练

试结合加工实际，根据图 2—2—7 所示零件右端轮廓精加工刀具路线［刀具起点→*A*（20，2）→*B*→*C*→*D*→*E*→*F*→*G*（47，-30）→刀具起点］，完成相应指令代码的编写。

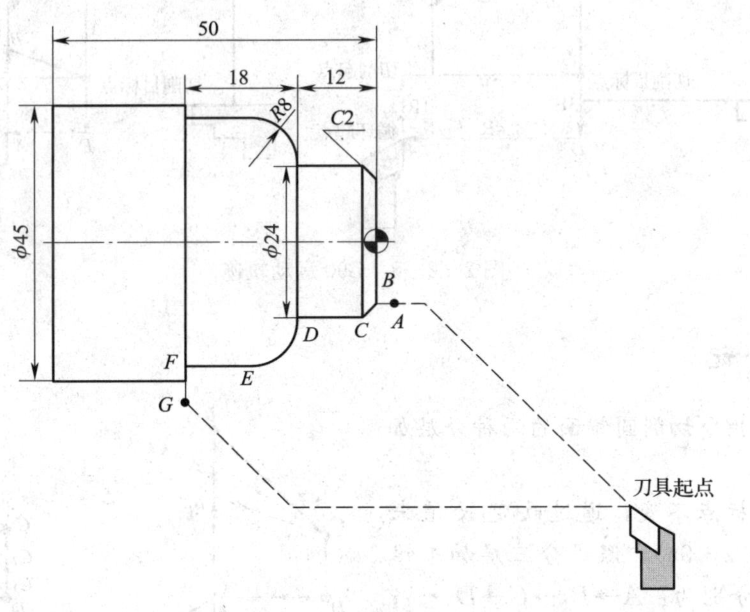

图 2—2—7　G02/G03 练一练零件图样及精加工刀具路线

3. 单一固定循环指令（G90、G94）

（1）G90

1）功用、指令格式及参数说明。执行指令 G90，将控制刀具以当前位置为循环起（终）点，依次完成径向进刀、切削进给、径向退刀、轴向返回，主要用于轴（套）类零件圆柱面或圆锥面的加工。其指令格式及参数说明见表 2—2—7。

表 2—2—7　　G90 指令格式及参数说明

指令格式	G90 X（U）_ Z（W）_ R _ F _；
参数说明	X、Z——切削目标点的绝对坐标值 U、W——切削目标点的相对坐标值 R——切削起点与圆锥的切削终点（目标点）的半径差，根据情况，有正负之分 F——切削进给速度

2）运动轨迹。G90 指令运动轨迹如图 2—2—8 所示。刀具从循环起点 A 开始以 G00 方式径向移动至 B 点，再以 G01 方式切削运动至目标点 C，然后以 G01 方式沿径向退刀至 D 点，最后以 G00 方式快速返回循环起点 A，准备下一个循环动作。图中 1R、4R 虚线表示快速移动，2F、3F 表示以切削进给速度移动。

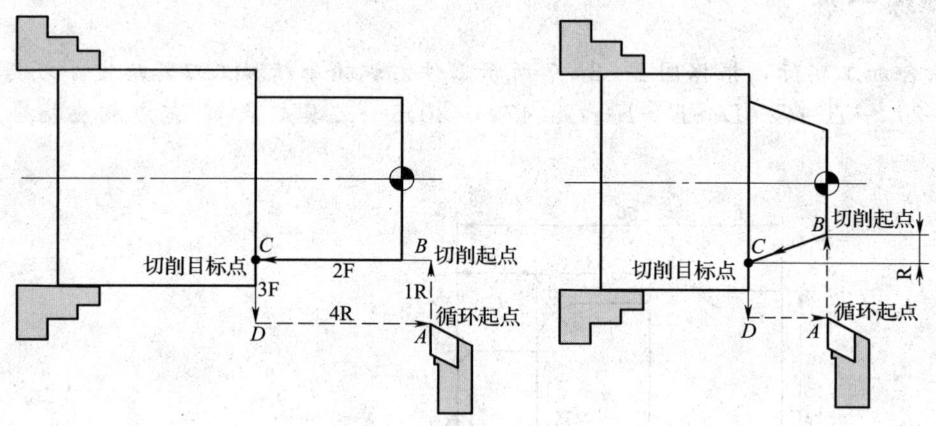

图 2—2—8　G90 运动轨迹

记一记

采用 G90 指令切削圆锥面的两种分层加工方法：

①切削目标点不变，通过改变 R 值来分层（见图 2—2—9a），假设分三层加工锥面，走刀路线分别为：$A \to B_1 \to C \to D \to A$；$A \to B_2 \to C \to D \to A$；$A \to B \to C \to D \to A$。

②R、Z 不变，通过改变切削目标点的 X 值来分层（见图 2—2—9b），假设分三层加工锥面，走刀路线分别为：$A \to B_1 \to C_1 \to D \to A$；$A \to B_2 \to C_2 \to D \to A$；$A \to B \to C \to D \to A$。

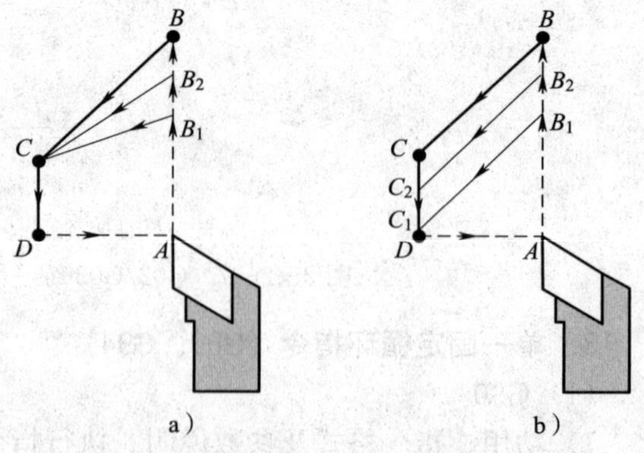

图 2—2—9　G90 锥面分层加工走刀路线
a）R 值分层　b）X 值分层

3）应用示例

示例一：

如图 2—2—10 所示零件，ϕ50 mm×50 mm 已符合要求，拟采用 G90 指令加工ϕ30 mm×30 mm圆柱面，分 3 层切削。根据刀具路线：快速定位到循环起点 *A*（52，2）→*B*→*C*→*D*→*A*→*E*→*F*→*D*→*A*→*G*→*H*→*D*→*A*，其对应指令代码见表 2—2—8，切削进给速度 F 为 80 mm/min。

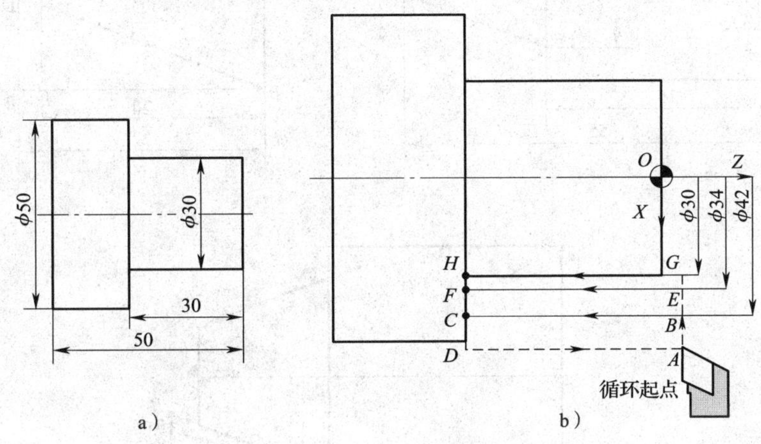

图 2—2—10　示例一零件图及刀具路线

a）零件图样　b）刀具路线

表 2—2—8　刀具路线对应指令代码

程序段	注释
G00 X52.0 Z2.0；	快速定位到循环起点 *A*
G90 X42.0 Z-30.0 F80；	第一次循环：切削 ϕ42 mm×30 mm 外圆，回到循环起点 *A*
X34.0；	第二次循环：切削 ϕ34 mm×30 mm 外圆，回到循环起点 *A*
X30.0；	第三次循环：切削 ϕ30 mm×30 mm 外圆，回到循环起点 A

示例二：

如图 2—2—11 所示零件，ϕ40 mm×35 mm 已符合要求，拟采用 G90 指令加工右端圆锥面：通过改变 R 值（分别为-2，-4，-6，-8.25），分 4 层切削。根据刀具路线：快速定位到循环起点 *A*（42，2）→B_1→*C*→*D*→*A*→B_2→*C*→*D*→*A*→B_3→*C*→*D*→*A*→*B*→*C*→*D*→*A*，其对应指令代码见表 2—2—9，已知切削进给速度 F 为 80 mm/min。

表 2—2—9　刀具路线对应指令代码

程序段	注释
G00 X42.0 Z2.0；	快速定位到循环起点 *A*
G90 X30.0 Z-20.0 R-2.0 F80；	第一次循环：切削圆锥面，回到循环起点 *A*
R-4.0；	第二次循环：切削圆锥面，回到循环起点 *A*
R-6.0；	第三次循环：切削圆锥面，回到循环起点 *A*
R-8.25；	第四次循环：切削圆锥面，回到循环起点 *A*

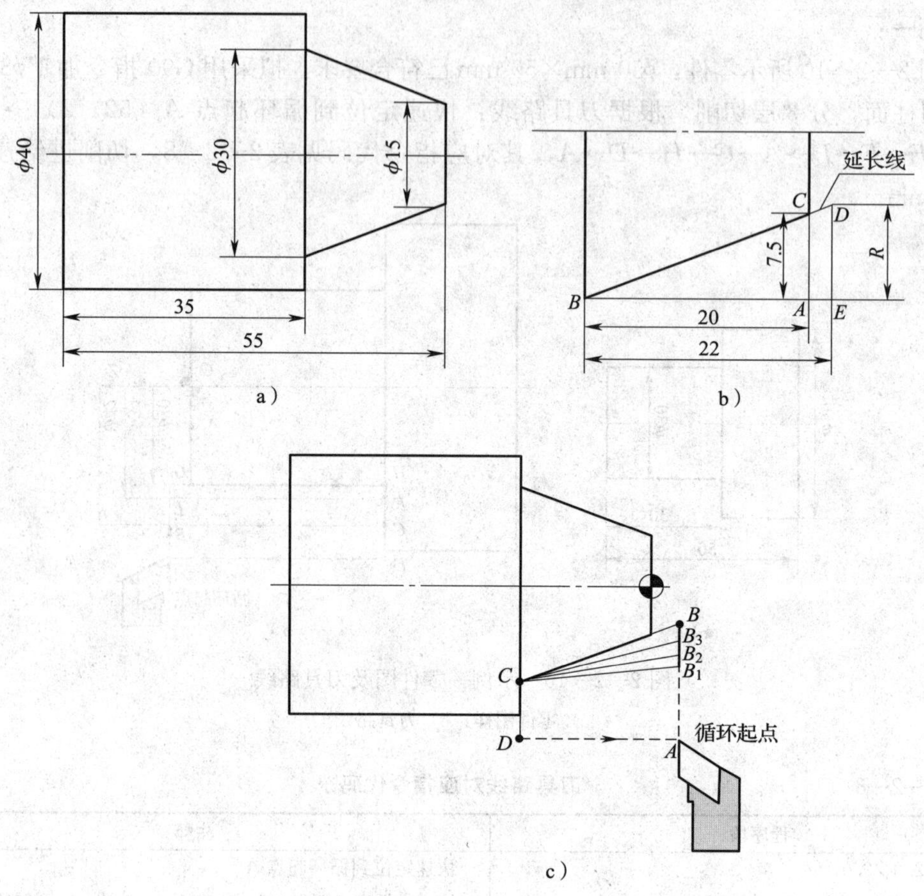

图 2—2—11　示例二零件图、R 值计算分析图及刀具路线

a）零件图　b）R 值计算分析图　c）刀具路线

想一想

通过改变 R 值循环切削圆锥有何不足之处？如何改进？

练一练

如图 2—2—12 所示零件，φ40 mm×55 mm 已加工完成，现采用 G90 指令分别加工圆柱面（分 3 层切削）和圆锥面（分 4 层切削），刀具路线分别为：快速定位到循环起点 A（42，2）→B_1→C_1（36，－35）→D→A→B_2→C_2（32，－35）→D→A→B_3→C_3（30，－35）→D→A 和循环起点 A→B_1→C_1（36，－20）→D→A→B_2→C_2（34，－20）→D→A→B_3→C_3（32，－20）→D→A→B→C（30，－20）→D→A，切削进给速度 F 为 80 mm/min。试完成相应指令代码的编写。

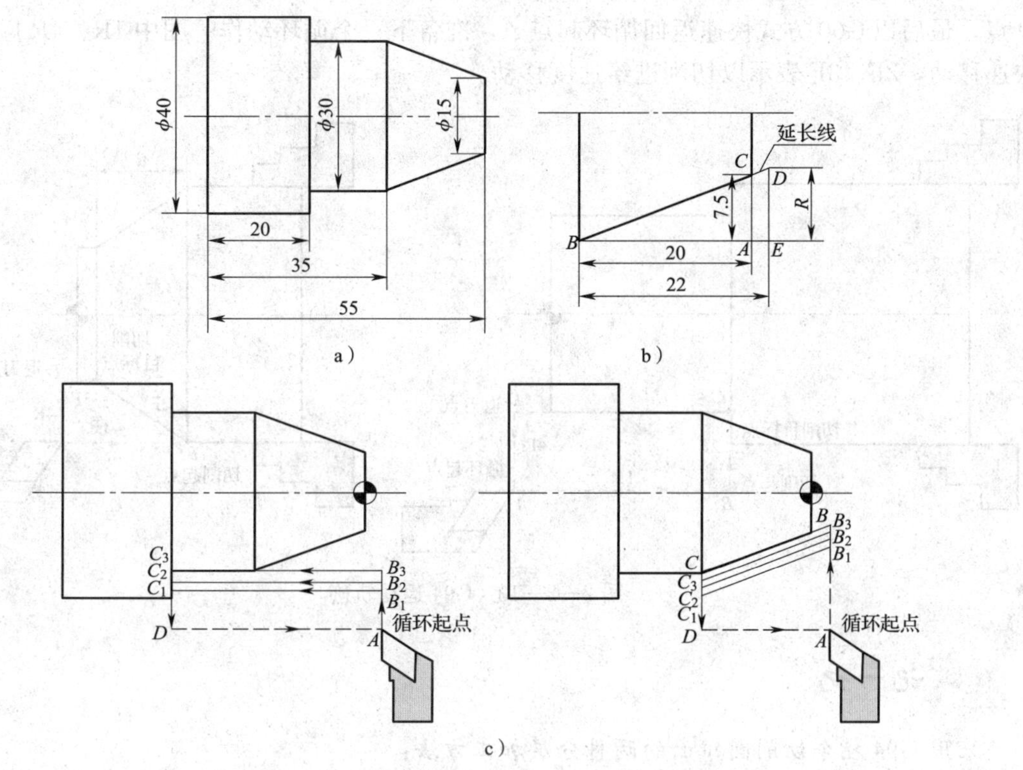

图 2—2—12　练一练零件图、R 值计算分析图及刀具路线

a）零件图　b）R 值计算分析图　c）刀具路线

想一想

圆锥面切削刀具路线是否有需要改进之处？如果有，如何改进？

（2）G94

1）功用、指令格式及参数说明。执行指令 G94，将控制刀具以当前位置为循环起（终）点，依次完成轴向进刀、切削进给、轴向退刀、径向返回，主要用于盘类零件圆柱面、圆锥面、槽的加工。其指令格式及参数说明见表 2—2—10。

表 2—2—10　　G94 指令格式及参数说明

指令格式	G94 X（U）_ Z（W）_ R _ F _；
参数说明	X、Z——切削目标点坐标的绝对值 U、W——切削目标点坐标的相对值 R——切削起点与圆锥的切削终点（目标点）*Z* 轴绝对坐标的差值，根据情况，有正负之分 F——切削进给速度

2）运动轨迹。G94 指令运动轨迹如图 2—2—13 所示。刀具从循环起点 *A* 开始以 G00 方式轴向移动至 *B* 点，再以 G01 方式切削运动至目标点 *C*，然后以 G01 方式沿轴向退刀至

D 点，最后以 G00 方式快速返回循环起点 A，准备下一个循环动作。图中 1R、4R 虚线表示快速移动，2F、3F 表示以切削进给速度移动。

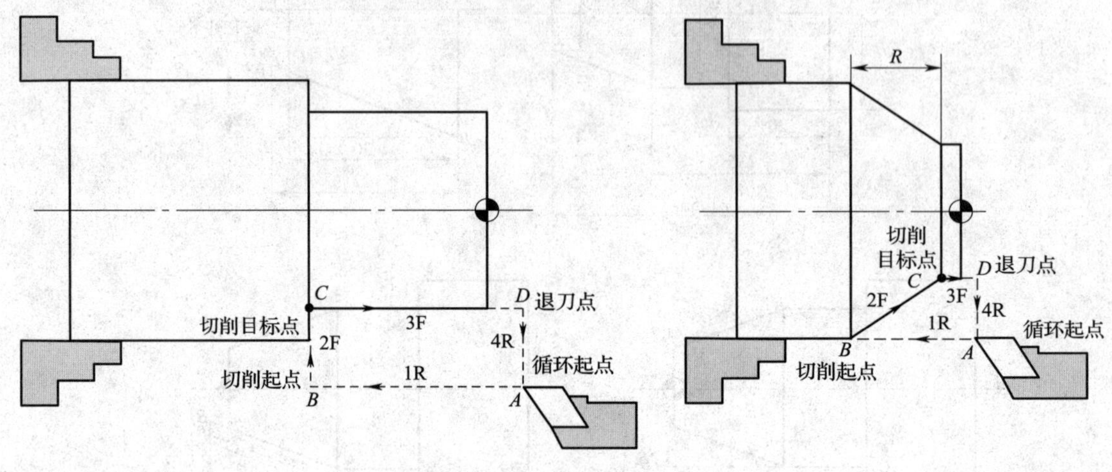

图 2—2—13　G94 运动轨迹

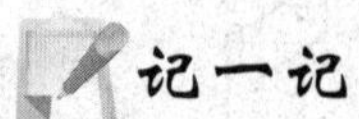

记一记

采用 G94 指令切削圆锥面的两种分层加工方法：

①切削目标点不变，通过改变 R 值来分层（见图 2—2—14a），假设分三层加工锥面，走刀路线分别为：$A \to B_1 \to C \to D \to A$；$A \to B_2 \to C \to D \to A$；$A \to B \to C \to D \to A$。

②R、X 不变，通过改变切削目标点的 Z 值来分层（见图 2—2—14b），假设分三层加工锥面，走刀路线分别为：$A \to B_1 \to C_1 \to D \to A$；$A \to B_2 \to C_2 \to D \to A$；$A \to B \to C \to D \to A$。

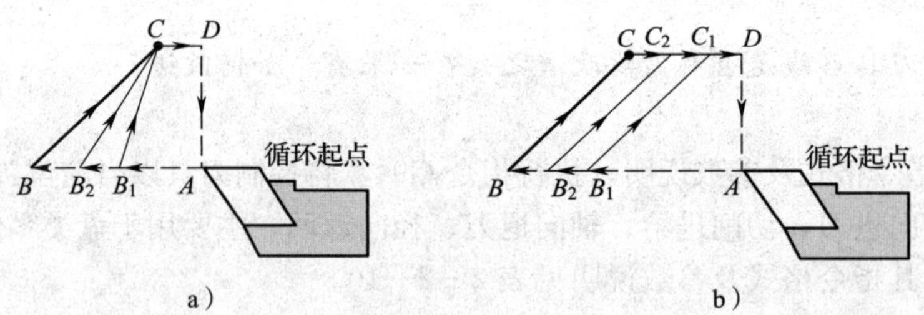

图 2—2—14　G94 锥面分层加工

a）R 值分层　b）Z 值分层

3）应用示例

示例一：

如图 2—2—15 所示零件，ϕ50 mm×25 mm 已符合要求，拟采用 G94 指令加工右端圆柱面 ϕ30 mm×7 mm，分 3 层切削。根据刀具路线：快速定位到循环起点 A（52，2）→E→F（30，-2）→D→A→G→H（30，-4.5）→D→A→B→C（30，-7）→D→A，其对应指令代码见表 2—2—11，已知切削进给速度 F 为 80 mm/min。

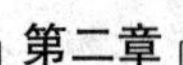

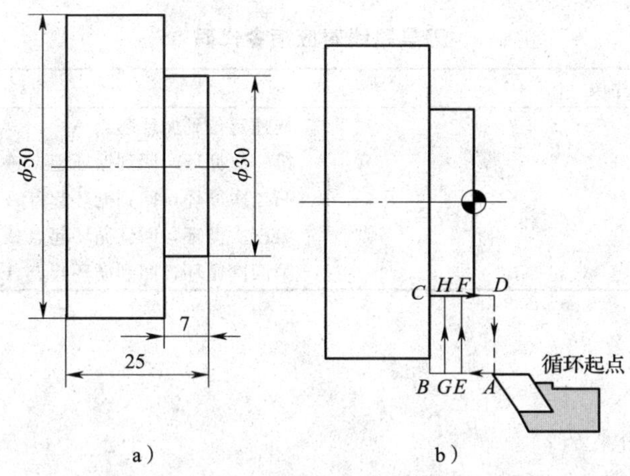

图 2—2—15 示例一零件图及刀具路线

a）零件图 b）刀具路线

表 2—2—11 **刀具路线对应指令代码**

程序段	注释
G00 X52.0 Z2.0；	快速定位到循环起点 *A*
G94 X30.0 Z－2.0 F80；	第一次循环：切削圆柱面，回到循环起点 *A*
Z－4.5；	第二次循环：切削圆柱面，回到循环起点 *A*
Z－7.0；	第三次循环：切削圆柱面，回到循环起点 *A*

示例二：

如图 2—2—16 所示零件，外圆 ϕ50 mm 已符合要求，拟采用 G94 指令加工右端圆柱面和圆锥面，通过改变切削目标点的 *Z* 值分 4 层切削。根据刀具路线：快速定位到循环起点 *A*（56，2）→B_1→C_1（20，0.5）→*D*→*A*→B_2→C_2（20，－2.5）→*D*→*A*→B_3→C_3（20，－4.5）→*D*→*A*→*B*→*C*（20，－5）→*D*→*A*，其对应指令代码见表 2—2—12，已知切削进给速度 F 为 80 mm/min。

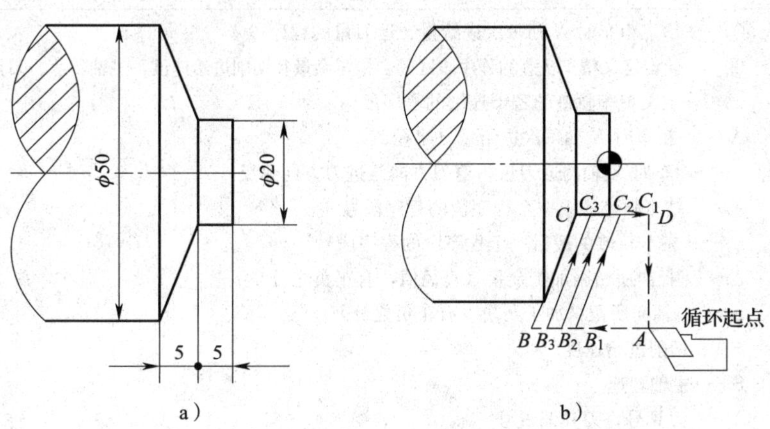

图 2—2—16 示例二零件图及刀具路线

a）零件图 b）刀具路线

表 2—2—12　　刀具路线对应指令代码

程序段	注释
G00 X56.0 Z2.0;	快速定位到循环起点 A
G94 X20.0 Z0.5 R-6.0 F80;	第一次循环，回到循环起点 A
Z-2.5;	第二次循环，回到循环起点 A
Z-4.5;	第三次循环，回到循环起点 A
Z-5.0;	第四次循环，回到循环起点 A

想一想

R 值是如何确定出来的？

4. 复合固定循环指令（G70～G75）

（1）G71

1）功用、指令格式及参数说明。执行指令 G71，将控制刀具以当前位置为循环起（终）点，以给定的切削速度，沿与 Z 轴平行的方向切削，通过多次进刀→切削→退刀的切削循环完成零件的粗加工，主要用于非成形毛坯（棒料）的成形粗加工。其指令格式及参数说明见表 2—2—13。

表 2—2—13　　G71 指令格式及参数说明

指令格式	G71 U（Δd）R（e）；……① G71 P（ns）Q（nf）U（Δu）W（Δw）　F_ S_ T_；……② N（ns）G00/G01 X（U）； …； …F； …S；　……③ … N（nf）…；
参数说明	①——给定粗车时 X 轴每次进给量、退刀量的程序段 ②——给定定义精车轨迹的程序段区间、精车余量和切削进给速度，主轴转速、刀具功能的程序段 ③——定义精车轨迹的若干连续的程序段 Δd——粗车时 X 轴每次进给量（半径值） e——粗车时 X 轴的退刀量，退刀方向与进刀方向相反 ns——精车轨迹的第一个程序段的程序段号 nf——精车轨迹的最后一个程序段的程序段号 Δu——径向所留精加工余量（直径值，有正负之分） Δw——轴向所留精加工余量（有正负之分） F——切削进给速度 S——主轴转速 T——刀具号，刀具偏置号 F、S、T：可以在第一个 G71 代码或第二个 G71 代码中指定

注：精车轨迹（ns～nf 程序段），X 轴、Z 轴的尺寸都必须是单调变化的（一直增大或一直减小）。

2）运动轨迹。G71 指令运动轨迹如图 2—2—17 所示，刀具从循环起点 A 快速移动到 A'（X 轴移动 Δu，Z 轴移动 Δw）→从 A'沿 X 轴移动 Δd（进刀），进刀速度取决于 ns 程序段（G00 或 G01）→沿 Z 轴切削进给到粗车轮廓→X 轴、Z 轴按切削进给速度退刀 e（45°直线），退刀方向与各轴进刀方向相反→沿 Z 轴以快速移动速度退回到与 A'点的 Z 轴绝对坐标相同的位置，完成一次循环。

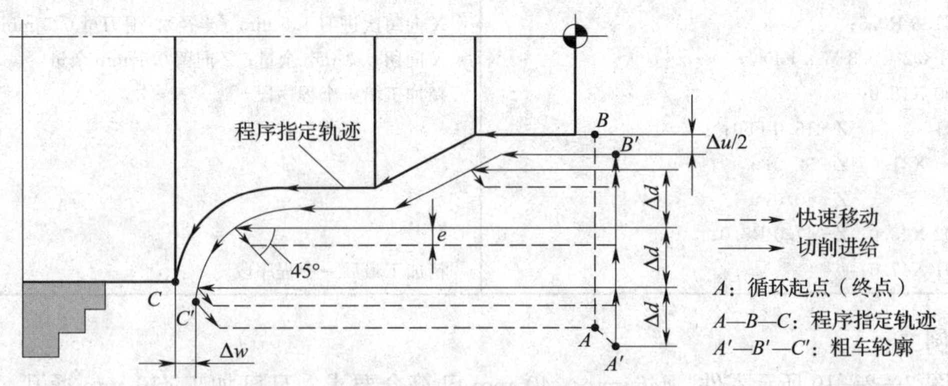

图 2—2—17　G71 运动轨迹

根据自动计算结果需要，完成若干次循环后，沿粗车轮廓运动：$A' \to B' \to C' \to A$，G71 循环执行结束，程序跳转到 nf 程序段的下一个程序段执行。

3）应用示例

示例一：

如图 2—2—18 所示零件，ϕ45 mm×60 mm 已符合要求，拟采用 G71 指令粗加工外轮廓面，X 向留余量 0.3 mm，Z 向留余量 0.1 mm，且 X 向每次进刀 1.5 mm（半径），退刀

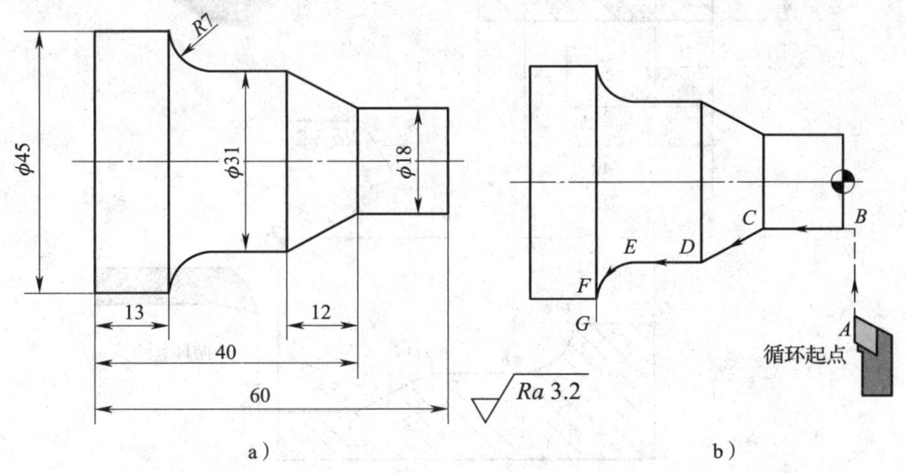

图 2—2—18　G71 应用示例一零件图样及精加工刀具路线

a）零件图样　b）精加工刀具路线

量 0.5 mm，根据外轮廓面精加工刀具路线：循环起点 A（47，2）→B→C→D→E→F→G（47，-47），其对应指令代码见表 2—2—14，已知切削进给速度 F 为 80 mm/min。

表 2—2—14　　外轮廓粗加工对应指令代码

程序段	注释
G00 X47.0 Z2.0；	快速定位到循环起点 A
G71 U1.5 R0.5；	X 向每次进刀 1.5 mm（半径），退刀量 0.5 mm
G71 P1 Q2 U0.3 W0.1 F80；	X 向留 0.3 mm 余量；Z 向留 0.1 mm 余量
N1 G00 X18.0；	精加工第一个程序段
G01 Z-15.0 F60；	
X31.0 Z-32.0；	
Z-40.0；	
G02 X45.0 Z-47.0 R7.0；	
N2 G01 X47.0；	精加工最后一个程序段

示例二：

如图 2—2—19 所示零件，ϕ46 mm×40 mm 已符合要求，且已加工 ϕ16 mm 通孔。拟采用 G71 指令粗加工内轮廓面，X 向留余量- 0.3 mm，Z 向留余量 0.1 mm，且 X 向每次进刀 1 mm

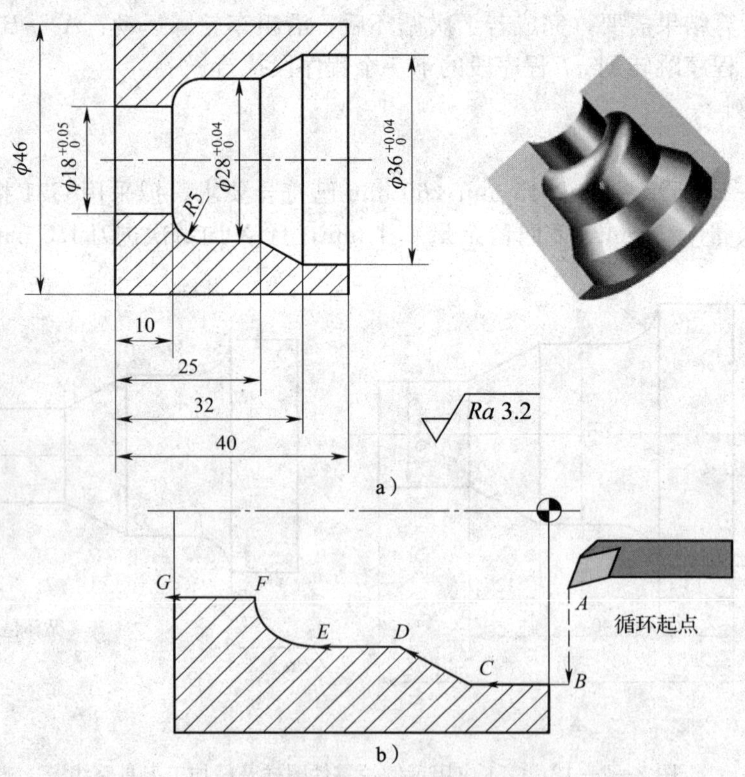

图 2—2—19　G71 应用示例二零件图样及精加工刀具路线

a）零件图样　b）精加工刀具路线

（半径），退刀量 0.3 mm，根据内轮廓面精加工刀具路线：循环起点 *A*（16，2）→*B*→*C*→*D*→*E*→*F*→*G*（18，-42），其对应指令代码见表 2—2—15，已知切削进给速度 F 为 80 mm/min。

表 2—2—15　　　　内轮廓粗加工对应指令代码

程序段	注释
G00 X16 Z2 M08；	快速定位到循环起点 *A*，切削液开
G71 U1.0 R0.3；	*X* 向每次进刀 1 mm（半径），退刀量 0.3 mm
G71 P1 Q2 U-0.3 W0.1 F80；	*X* 向留-0.3 mm 的余量；*Z* 向留 0.1 mm 的余量
N1　G00 X36.0；	精加工第一个程序段
G01　　　Z-8.0 F60；	
X28.0　Z-15.0；	
Z-25.0；	
G03 X18.0　Z-30.0 R5.0；	
N2　G01　　　Z-42.0；	精加工最后一个程序段

练一练

如图 2—2—20 所示零件，ϕ70 mm×60 mm 已加工完成，拟采用 G71 指令粗加工右端外轮廓面，*X* 向留余量 0.3 mm，*Z* 向留余量 0.1 mm，且 *X* 向每次进刀 1.5 mm（半径），退刀量 0.5 mm。试根据外轮廓面精加工刀具路线：循环起点 *A*（72，2）→*B*（12，2）→*C*→*D*→*E*→*F*→*G*（72，-45），完成其粗加工指令代码的编写，已知切削进给速度 F 为 80 mm/min。

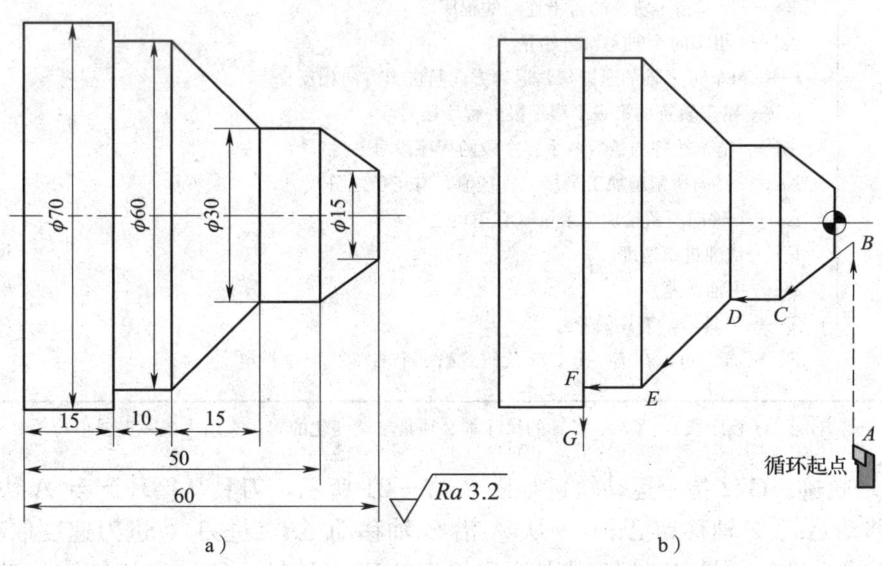

图 2—2—20　G71 练一练零件图样及精加工刀具路线

a）零件图样　b）精加工刀具路线

想一想

B 点的坐标值为什么是（12，2）？

（2）G72

1）功用、指令格式及参数说明。执行指令 G72，将控制刀具以当前位置为循环起（终）点，以给定的切削速度，沿与 *X* 轴平行的方向切削，通过多次进刀→切削→退刀的切削循环完成零件的粗加工，主要用于非成形毛坯（棒料）的成形粗加工。其指令格式及参数说明见表 2—2—16。

表 2—2—16　　G72 指令格式及参数说明

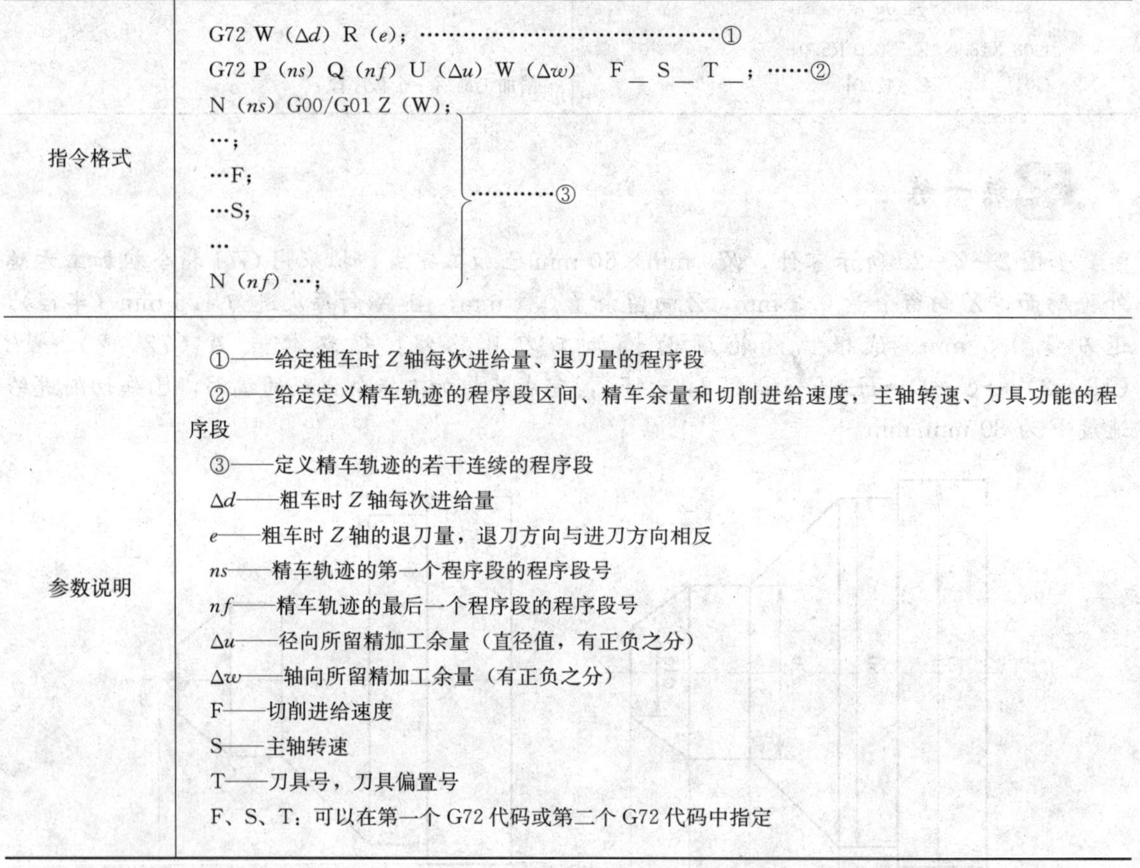

指令格式	G72 W（Δd）R（e）；……① G72 P（ns）Q（nf）U（Δu）W（Δw）　F_ S_ T_；……② N（ns）G00/G01 Z（W）； …； …F； …S；　　……③ … N（nf）…；
参数说明	①——给定粗车时 Z 轴每次进给量、退刀量的程序段 ②——给定定义精车轨迹的程序段区间、精车余量和切削进给速度，主轴转速、刀具功能的程序段 ③——定义精车轨迹的若干连续的程序段 Δd——粗车时 Z 轴每次进给量 e——粗车时 Z 轴的退刀量，退刀方向与进刀方向相反 ns——精车轨迹的第一个程序段的程序段号 nf——精车轨迹的最后一个程序段的程序段号 Δu——径向所留精加工余量（直径值，有正负之分） Δw——轴向所留精加工余量（有正负之分） F——切削进给速度 S——主轴转速 T——刀具号，刀具偏置号 F、S、T：可以在第一个 G72 代码或第二个 G72 代码中指定

注：精车轨迹（ns～nf 程序段），*X* 轴、*Z* 轴的尺寸都必须是单调变化的（一直增大或一直减小）。

2）运动轨迹。G72 指令运动轨迹如图 2—2—21 所示，刀具从循环起点 *A* 快速移动到 A'（*X* 轴移动 Δu、*Z* 轴移动 Δw）→从 A'沿 *Z* 轴移动 Δd（进刀），进刀速度取决于 ns 程序段（G00 或 G01）→沿 *X* 轴切削进给到粗车轮廓→*X* 轴、*Z* 轴按切削进给速度退刀 e（45°直线），退刀方向与各轴进刀方向相反→沿 *X* 轴以快速移动速度退回到与 A'点的 *X* 轴绝对坐标相同的位置，完成一次循环。

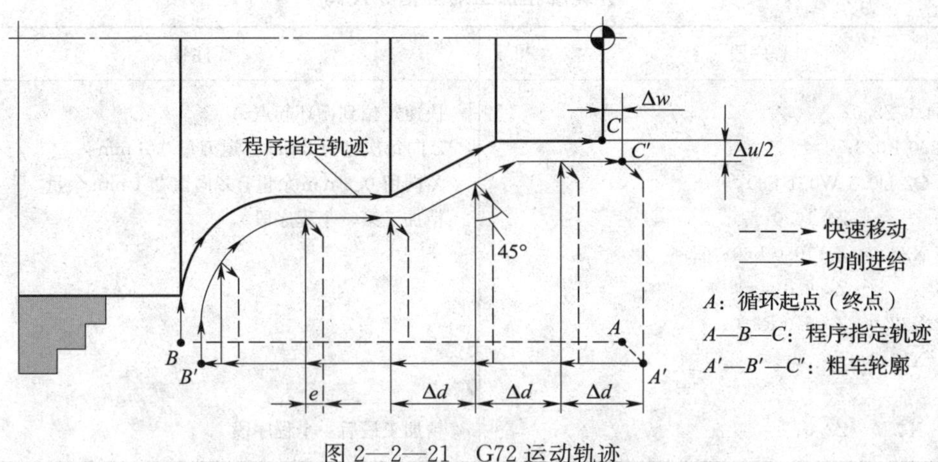

图 2—2—21　G72 运动轨迹

根据自动计算结果需要，完成若干次循环后，沿粗车轮廓运动：$A' \rightarrow B' \rightarrow C' \rightarrow A$，G72 循环执行结束，程序跳转到 nf 程序段的下一个程序段执行。

3）应用示例。如图 2—2—22 所示零件，ϕ58 mm×25 mm 及 C2 已符合要求。拟采用 G72 指令粗加工其他轮廓面，X 向留余量 0.3 mm，Z 向留余量 0.1 mm，且 Z 向每次进刀2 mm，退刀量 0.3 mm，根据精加工刀具路线：循环起点 A（64，2）→B（64，-16）→$C \rightarrow D \rightarrow E \rightarrow F \rightarrow G \rightarrow H$（4，2），其对应指令代码见表 2—2—17，已知切削进给速度 F 为 80 mm/min。

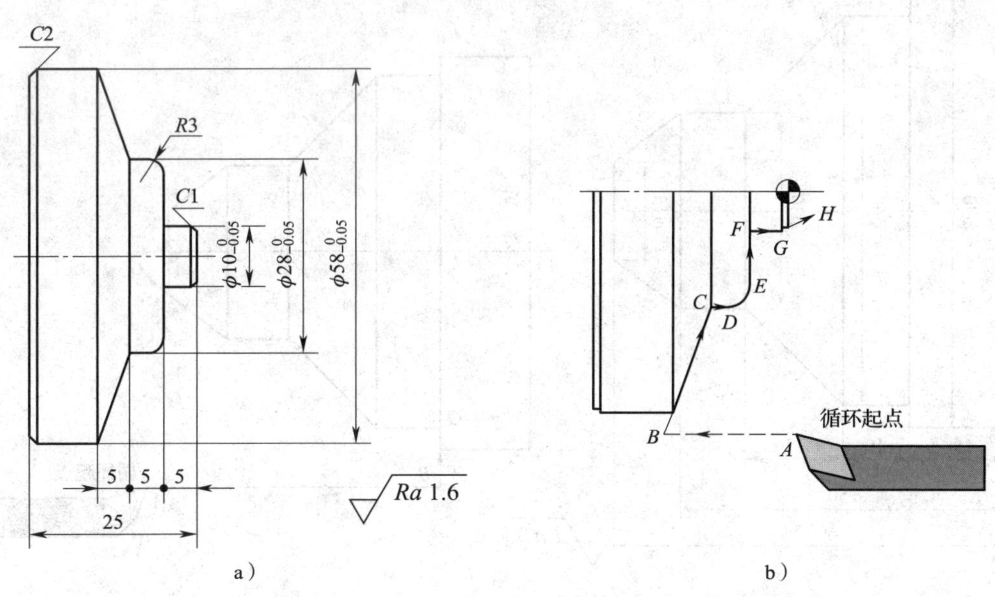

图 2—2—22　G72 应用示例零件图样及精加工刀具路线

a）零件图样　b）精加工刀具路线

表 2—2—17　　外轮廓粗加工对应指令代码

程序段	注释
G00 X64.0 Z2.0；	快速定位到循环起点 *A*
G72 W2.0 R0.3；	*Z* 向每次进刀 2 mm，退刀量 0.3 mm
G72 P1 Q2 U0.3 W0.1 F80；	*X* 向留 0.3 mm 余量；*Z* 向留 0.1 mm 余量
N1 G00 Z－16.0；	精加工第一个程序段
G01 X28.0 Z－10.0 F60；	
Z－8.0；	
G02 X22.0 Z－5.0 R3.0；	
G01 X10.0；	
Z－1.0；	
N2 X4.0 Z2.0；	精加工最后一个程序段

练一练

如图 2—2—23 所示零件，ϕ70 mm×60 mm 已加工完成，拟采用 G72 指令粗加工右端外轮廓面，*X* 向留余量 0.3 mm，*Z* 向留余量 0.1 mm，且 *Z* 向每次进刀 2 mm，退刀量 0.3 mm。试根据外轮廓面精加工刀具路线：循环起点 *A*（72，2）→*B*→*C*→*D*→*E*→*F*→*G*（12，2），完成其粗加工指令代码的编写，已知切削进给速度 F 为 80 mm/min。

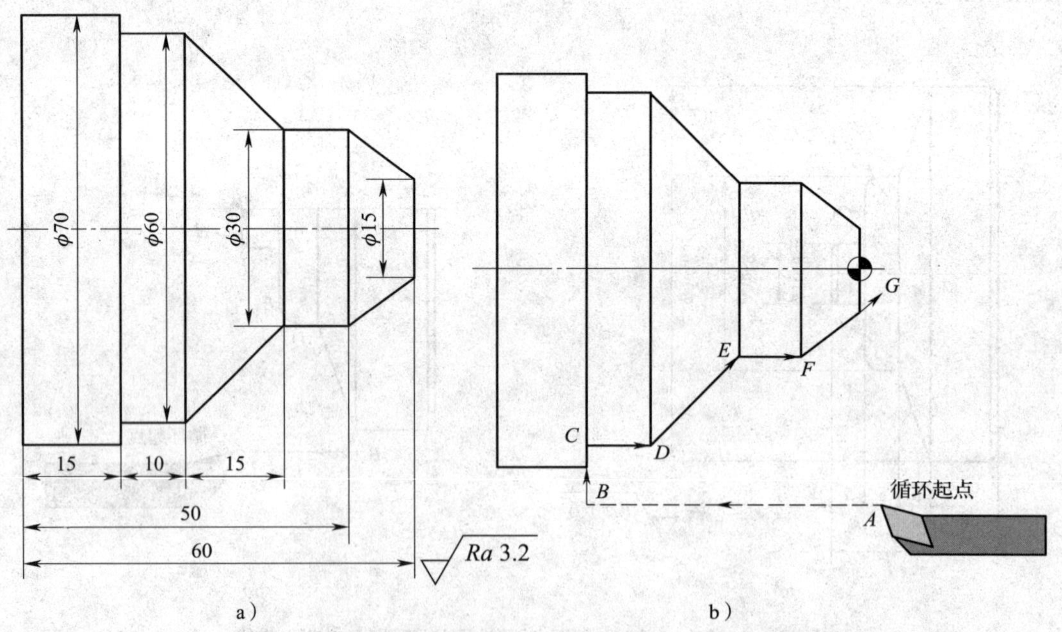

图 2—2—23　G72 练一练零件图样及精加工刀具路线

a）零件图样　b）精加工刀具路线

（3）G73

1）功用、指令格式及参数说明。执行指令 G73，将控制刀具以当前位置为循环起（终）点，以给定的切削速度和切削次数，通过多次进刀→切削→退刀的切削循环完成零件的粗加工，主要用于成形毛坯的粗加工。其指令格式及参数说明见表 2—2—18。

表 2—2—18　　G73 指令格式及参数说明

指令格式	G73 U（Δi）W（Δk）R（d）；……① G73 P（ns）Q（nf）U（Δu）W（Δw）　F＿S＿T＿；……② N（ns）G00/G01…； …； …F； …S；　　……③ … N（nf）…；
参数说明	①——给定退刀量、切削次数的程序段 ②——给定定义精车轨迹的程序段区间、精车余量和切削进给速度、主轴转速、刀具功能的程序段 ③——定义精车轨迹的若干连续的程序段 Δi——X 轴粗车退刀量（半径值） Δk——Z 轴粗车退刀量 d——切削的次数 ns——精车轨迹的第一个程序段的程序段号 nf——精车轨迹的最后一个程序段的程序段号 Δu——径向所留精加工余量（直径值，有正负之分） Δw——轴向所留精加工余量（有正负之分） F——切削进给速度 S——主轴转速 T——刀具号，刀具偏置号 F、S、T：可以在第一个 G73 代码或第二个 G73 代码中指定

2）运动轨迹。G73 指令运动轨迹如图 2—2—24 所示，刀具从循环起点 A 点开始，快速退刀至 A_1点（X 向退刀量为 $\Delta i+\Delta u/2$，Z 向退刀量为 $\Delta w+\Delta k$），快速进刀至 B_1点（B_1点坐标值由 B 点坐标、精加工余量、退刀量 Δi 和 Δk 来确定），沿轮廓偏移一定值后切削至 C_1点，快速返回 A_2点，完成第一层切削，准备第二层循环切削。如此类推分层（分层次数由循环程序中的参数 d 确定），切削至循环结束后，快速返回循环起点 A。

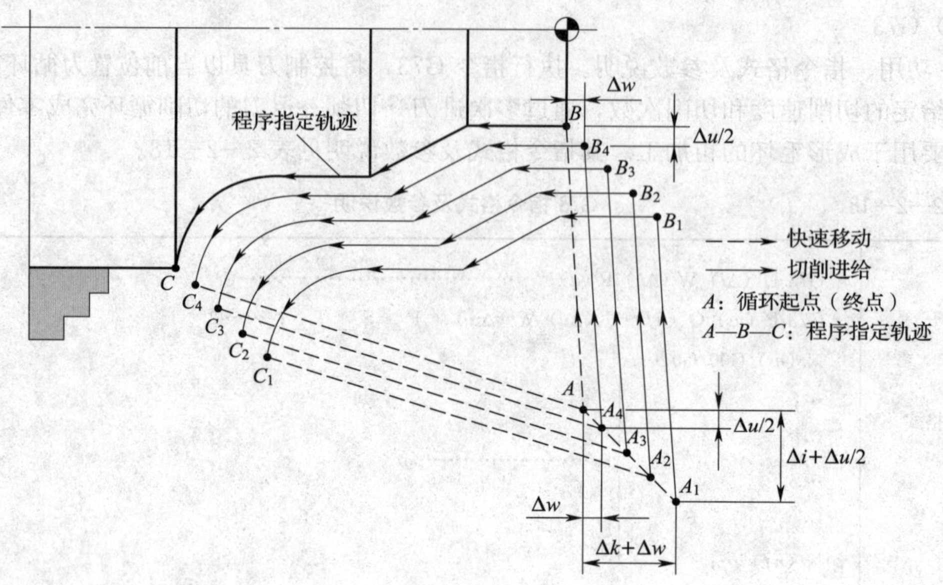

图 2—2—24　G73 运动轨迹

记一记

G73 指令主要用于高效切削铸造成形、锻造成形或已初步成形零件的加工编程。对不具备类似成形条件的零件，采用 G73 指令进行编程加工，会增加刀具在切削过程中的空行程，且不便计算粗车余量。

3）应用示例。如图 2—2—25 所示零件，毛坯 ϕ48 mm×63 mm 已符合要求。拟采用 G73 指令粗加工其他轮廓面，X、Z 方向均留余量 0.3 mm，X、Z 轴退刀距离均为 5.5 mm，

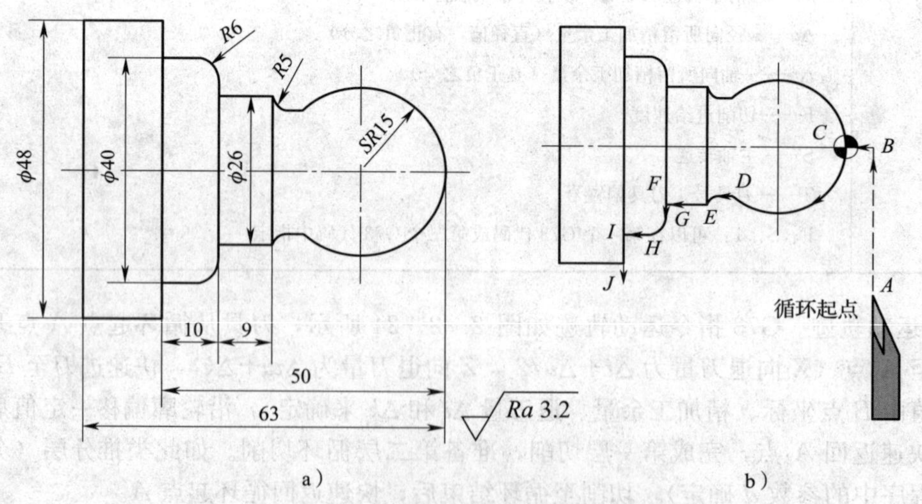

图 2—2—25　G73 应用示例零件图样及精加工刀具路线

a）零件图样　b）精加工刀具路线

分三层加工。根据精加工刀具路线：循环起点 A（52，2）→B（0，2）→C→D（23.974，-24.017）→E→F→G→H→I→J（50，-50），其对应指令代码见表 2—2—19，已知切削进给速度 F 为 80 mm/min。

表 2—2—19　外轮廓粗加工对应指令代码

程序	注释
G00 X52.0 Z2.0;	快速定位到循环起点 A
G73 U5.5 W5.5 R3;	X、Z 轴退刀距离 5.5 mm，分三层加工
G73 P1 Q2 U0.3 W0.3 F80;	X、Z 方向均留 0.3 mm 余量
N1 G00 X0;	精加工第一个程序段
G01 Z0 F60;	
G03 X23.974 Z-24.017 R15.0;	
G02 X26.0 Z-31.0 R5.0;	
G01 Z-40.0;	
X28.0;	
G03 X40.0 Z-46.0 R6.0;	
G01 Z-50.0;	
N2 X50.0;	精加工最后一个程序段

练一练

如图 2—2—26 所示零件，左侧加工完成后，采用一夹一顶方式装夹后加工右侧。拟采用 G73 指令粗加工其轮廓面，X、Z 方向均留余量 0.3 mm，X 轴退刀距离10 mm，分 8 次加工。根据精加工刀具路线：快速定位到循环起点 A（54，2）→B（40，2）→C（40，-1.55）→D（34.3，-22.53）→E（32，-43.35）→F（32，-48）→G（50，-49）→H（52，-50），完成其粗加工指令代码的编写，已知切削进给速度 F 为80 mm/min。

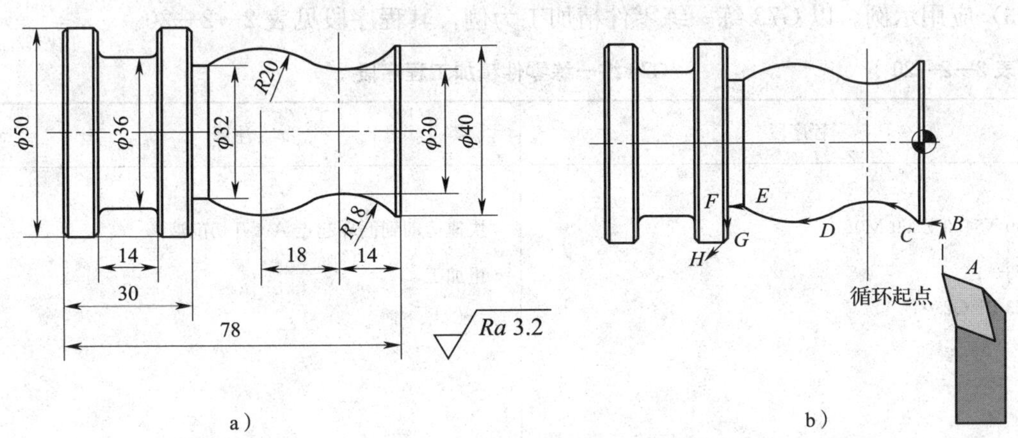

图 2—2—26　G73 练一练零件图样及精加工刀具路线

a）零件图样　b）精加工刀具路线

想一想

完成本例时，应注意刀具及刀具角度的正确选择，以保证刀具在加工过程中与工件不产生干涉。本例中，刀具如采用如图 2—2—27 所示菱形刀片可转位车刀，其刀尖角为 35°，副偏角为 52°，是否合适呢？为什么？

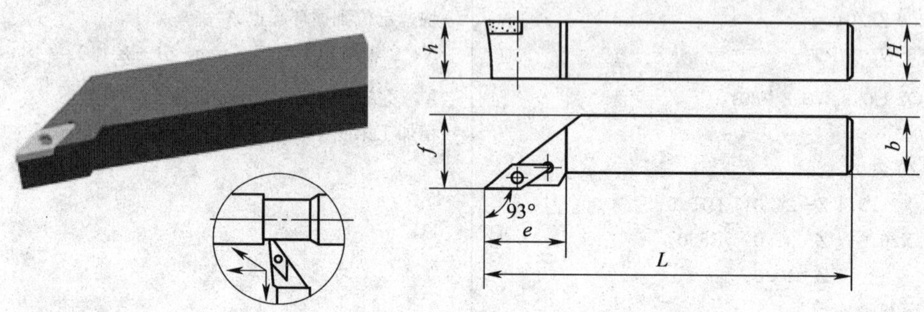

图 2—2—27　G73 练一练刀具

（4）G70

1）功用、指令格式及参数说明。执行指令 G70，可控制刀具对已执行指令 G71、G72 或 G73 进行粗加工后的表面单次完成精加工余量的切削，其指令格式为 G70 P（*ns*）Q（*nf*），其中，*ns*～*nf* 程序段给出零件精加工刀具路线。

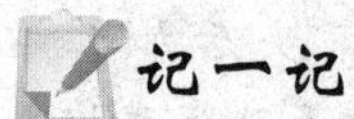

记一记

G70 指令不能单独使用，应用在 G71、G72、G73 指令的程序内容之后。

2）运动轨迹。执行 G70 循环时，刀具将沿粗加工循环指令 G71、G72、G73 中所指定的精加工刀具路线运动，完成后返回循环起点。

3）应用示例。以 G73 练一练零件精加工为例，其程序段见表 2—2—20。

表 2—2—20　　G73 练一练零件精加工程序段

程序段	注释
…	
G00 X54.0 Z2.0 M08；	快速运动到循环起点 A；开切削液
G73…；	粗加工
G73 P1 Q2…；	
N1 …；	
…	
N2…；	
G70 P1 Q2；	精加工
…	

（5）G74

1）功用、指令格式及参数说明。执行轴向切槽复合循环指令 G74，可控制刀具以径向进刀、轴向切削的方式，进行零件端面上环形槽或中心深孔的加工。由于采用轴向断续切削，还能起到断屑、排屑作用。其指令格式及参数说明见表 2—2—21。

表 2—2—21　　G74 指令格式及参数说明

指令格式	G74 R（e）； G74 X（U）Z（W）P（Δi）Q（Δk）R（Δd）F；
参数说明	R（e）——每次轴向进给 Δk 后的轴向退刀量（无正负符号），取值范围为 0～99.999，单位为 mm X——切削目标点的 X 轴绝对坐标值 U——切削目标点与循环起点 A 的 X 轴绝对坐标值的差值 Z——切削目标点的 Z 轴绝对坐标值 W——切削目标点与循环起点 A 的 Z 轴绝对坐标值的差值 P（Δi）——刀具每完成一层轴向切削后，在径向偏移的进刀量（直径值，无正负符号），单位 0.001 mm Q（Δk）——轴向切削时，每次切削进给长度（无正负符号），单位 0.001 mm R（Δd）——每次切削至轴向目标点后的径向退刀量（直径值，无正负符号），省略 R（Δd）时，系统默认轴向切削至目标点后，径向退刀量为 0

2）运动轨迹。G74 指令运动轨迹如图 2—2—28 所示。首先，刀具从循环起点 A 沿轴向切削进给 Δk、回退 e，再切削进给 Δk，直至切削到与切削目标点 Z 轴坐标值相同的位置，然后径向退刀 Δd、轴向回退至与循环起点 A 的 Z 轴坐标值相同的位置，完成一次轴向切削循环；接着，径向进刀 Δi，进行下一次轴向切削循环；轴向切削循环后，再一次径向进刀 Δi，直至切削到切削目标点后，返回循环起点 A，轴向切槽复合循环结束。

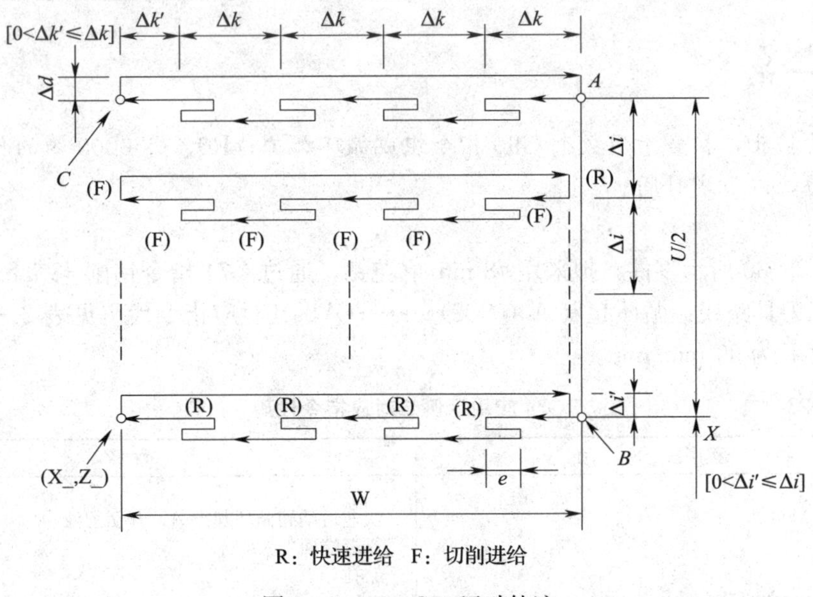

R：快速进给　F：切削进给

图 2—2—28　G74 运动轨迹

3）应用示例

示例一：

如图 2—2—29 所示零件，ϕ10 mm 内孔已加工完成。拟采用内孔镗刀，通过 G74 指令扩孔加工至 ϕ40 mm。根据循环加工刀具路线：循环起点 A（15，3）→…→A，其对应指令代码见表 2—2—22，已知切削进给速度 F 为 30 mm/min。

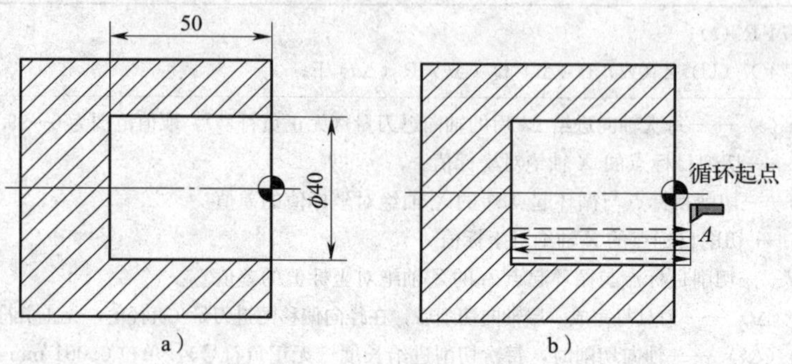

图 2—2—29 G74 应用示例一零件图样及循环加工刀具路线

a）零件图样 b）循环加工刀具路线

表 2—2—22 G74 应用示例一对应指令代码

程序段	注释
… G00 X15.0 Z3.0 M08； G74 R0； G74 X40.0 Z-50.0 P5000 Q50000 F30； …	快速运动到循环起点 A；开切削液 扩孔

记一记

G74 用于扩孔，相当于用数个 G90 指令组成循环加工；R0、Q50000 等的作用是加工过程中不用退刀，以节省时间。

示例二：

如图 2—2—30 所示零件，拟采用 ϕ8 mm 麻花钻，通过 G74 指令钻削 ϕ8 mm×50 mm 孔。根据循环加工刀具路线：循环起点 A（0，2）→…→A，其对应指令代码见表 2—2—23，已知切削进给速度 F 为 30 mm/min。

表 2—2—23 G74 应用示例二对应指令代码

程序段	注释
… G00 X0 Z2.0 M08； G01 Z0 F50； G74 R0.5； G74 Z-50.0 Q10000 F30； …	快速运动到循环起点 A；开切削液 靠近端面处 钻孔

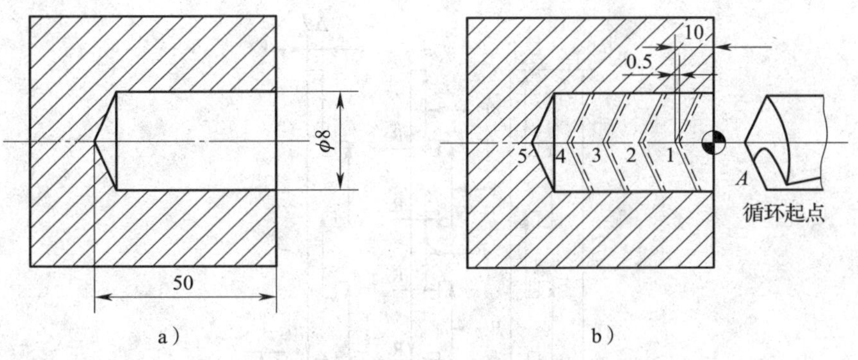

图 2—2—30　G74 应用示例二零件图样及循环加工刀具路线

a）零件图样　b）循环加工刀具路线

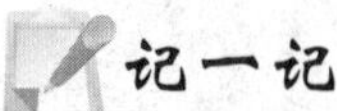

记一记

G74 指令默认 X、P、R（Δd）值时，相当于深孔钻循环。

（6）G75

1）功用、指令格式及参数说明。执行径向切槽复合循环指令 G75，可控制刀具以轴向进刀、径向切削的方式，进行零件径向环形槽（单槽、多槽）或切断加工。由于采用径向断续切削，还能起到断屑、排屑作用。其指令格式及参数说明见表 2—2—24。

表 2—2—24　G75 指令格式及参数说明

指令格式	G75 R（e）； G75 X（U）_ Z（W）_ P（Δi）Q（Δk）R（Δd）F _；
参数说明	R（e）——每次径向进给 Δi 后的径向退刀量（半径值，无正负符号），单位为 mm X——切削目标点的 X 轴绝对坐标值 U——切削目标点与循环起点 A 的 X 轴绝对坐标值的差值 Z——切削目标点的 Z 轴绝对坐标值 W——切削目标点与循环起点 A 的 Z 轴绝对坐标值的差值 P（Δi）——径向进刀时，每次切削进给深度（直径值，单位为 0.001 mm，无正负符号） Q（Δk）——刀具每完成一层径向切削后，在轴向的偏移进刀量（单位为 0.001 mm，无正负符号） R（Δd）——每次切削至径向目标点后的轴向退刀量（无正负符号），一般省略

2）运动轨迹。G75 指令运动轨迹如图 2—2—31 所示。首先，刀具从循环起点 A 的径向切削进给 Δi、回退 e，再切削进给 Δi，直至切削到与切削目标点 X 轴坐标值相同的位置，然后轴向退刀 Δd、径向回退至与循环起点 A 的 X 轴坐标值相同的位置，完成一次径向切削循环；接着，轴向进刀 Δk，进行下一次径向切削循环；径向切削循环后，再一次轴向进刀 Δk，直至切削到切削目标点后，返回循环起点 A，径向切槽复合循环结束。

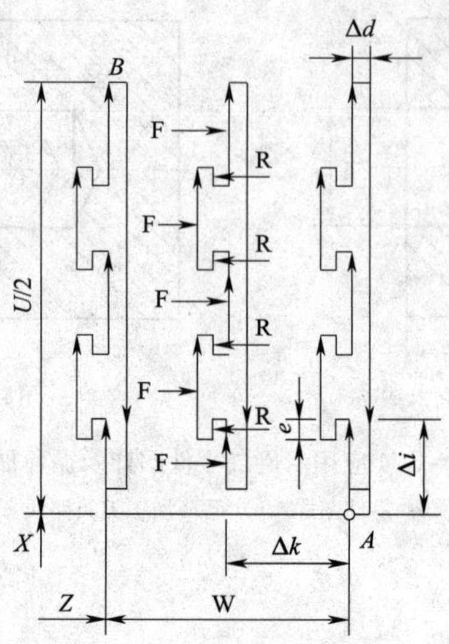

图 2—2—31　G75 指令运动轨迹

3）应用示例

示例一：

如图 2—2—32 所示零件，尺寸 ϕ50 mm×50 mm 已满足要求，拟采用宽度 3 mm 切槽刀，通过 G75 指令加工 ϕ30 mm×20 mm 宽槽。根据循环加工刀具路线：循环起点 A（52，-18）→…→A，其对应指令代码见表 2—2—25，已知切削进给速度 F 为40 mm/min。

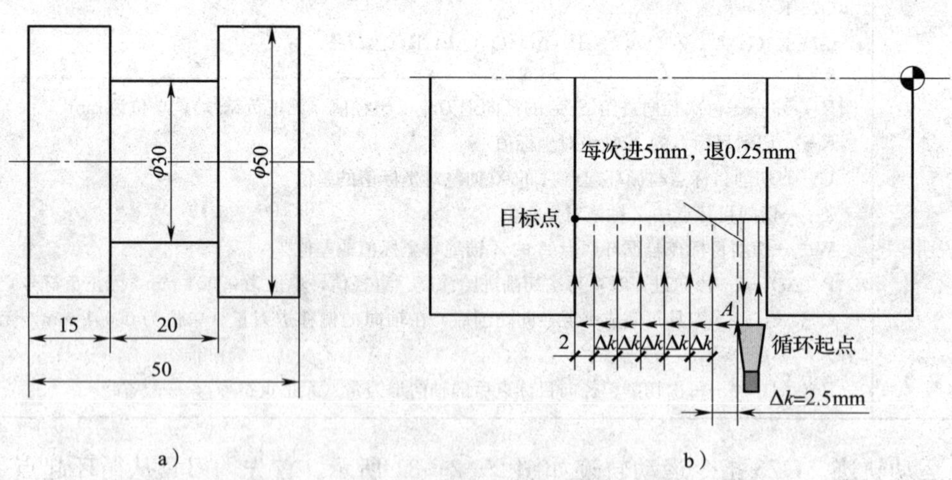

图 2—2—32　G75 应用示例一零件图样及循环加工刀具路线

a）零件图样　b）循环加工刀具路线

表 2—2—25　　G75 应用示例一对应指令代码

程序段	注释
…	
G00 X52.0 Z-18.0;	快速运动到循环起点 *A*
G75 R0.25;	宽槽加工
G75 X30.0 Z-35.0 P5000 Q2500 F40;	
…	

示例二：

如图 2—2—33 所示零件，尺寸 ϕ50 mm×66 mm 已满足要求，拟通过一夹一顶安装方式，采用宽度 4 mm 切槽刀，使用 G75 指令编程加工 4 个 ϕ40 mm×4 mm 槽。根据循环加工刀具路线：循环起点 *A*（52，-14）→…→*A*，其对应指令代码见表 2—2—26，已知切削进给速度 F 为 40 mm/min。

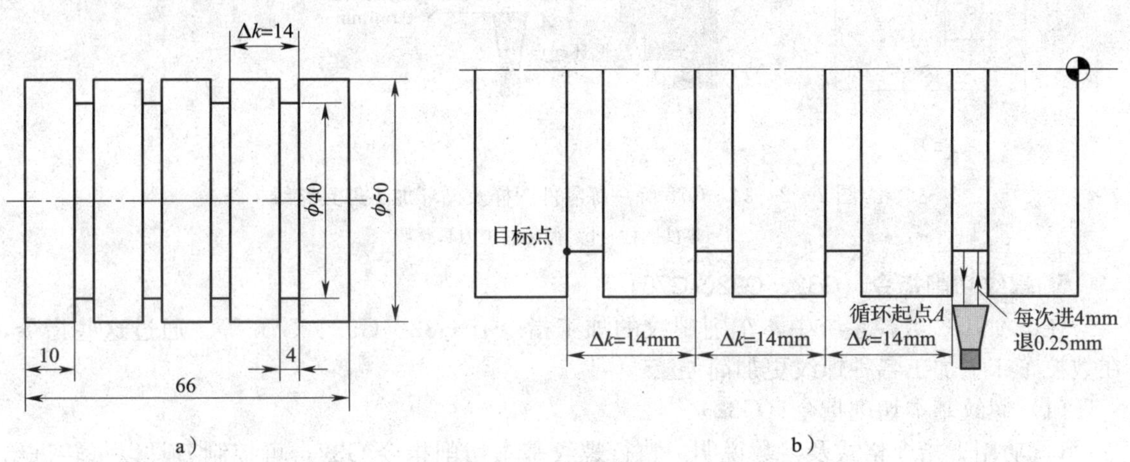

图 2—2—33　G75 应用示例二零件图样及循环加工刀具路线

a）零件图样　b）循环加工刀具路线

表 2—2—26　　G75 应用示例二对应指令代码

程序段	注释
…	
G00 X52.0 Z-14.0;	快速运动到循环起点 *A*（第一个槽位置）
G75 R0.25;	
G75 X40.0 Z-56.0 P4000 Q14000 F40;	多槽加工
…	

练一练

如图 2—2—34 所示零件，加工已经完成，根据加工工艺，需采用宽度 3 mm 切槽刀，通过 G75 指令进行切断。根据刀具路线：快速定位到循环起点 A（54，-38）→…→A 及图中要求，试完成其对应加工指令代码的编写，已知切削进给速度 F 为 40 mm/min。

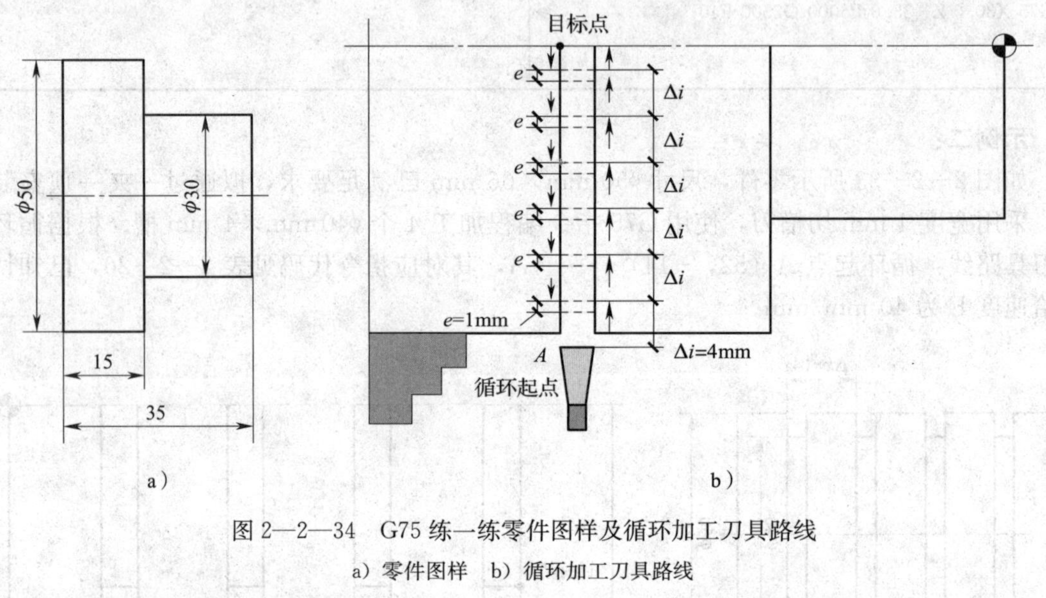

图 2—2—34 G75 练一练零件图样及循环加工刀具路线

a）零件图样 b）循环加工刀具路线

5. 螺纹切削指令（G32、G92、G76）

在 FANUC 数控系统中，车削螺纹的加工指令有 G32、G92、G76 等。通过这些指令，在数控车床上加工各种螺纹更加简便。

（1）螺纹基本切削指令（G32）

1）功用、指令格式及参数说明。执行螺纹基本切削指令 G32，可控制刀具以每转进给一个导程（或螺距）的速度，进行零件上圆柱螺纹、圆锥螺纹、端面螺纹的切削加工。其指令格式及参数说明见表 2—2—27。

表 2—2—27 G32 指令格式及参数说明

指令格式	G32 X（U）__ Z（W）__ F __ Q __；
参数说明	X、Z——螺纹终点坐标值（绝对值） U、W——螺纹终点坐标值（相对值） F——螺纹导程（导程 = 线数×螺距），如果是单线螺纹，则为螺纹螺距 Q——螺纹起始角。该值为不带小数点的非模态值，其单位为 0.001°；如果是单线螺纹，则该值不用指定，这时该值为 0

2）运动轨迹。G32 指令运动轨迹如图 2—2—35 所示。G32 指令近似于 G01 指令，刀具从螺纹起点 B 以每转进给一个导程（或螺距）的速度切削至螺纹终点 C。

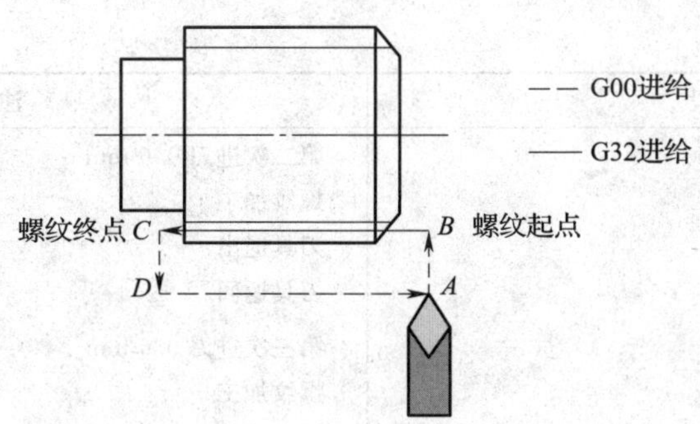

图 2—2—35 G32 指令运动轨迹

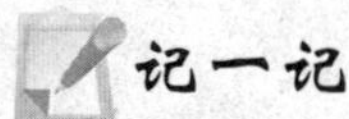

记一记

螺纹切削前的进刀（*AB*）和切削后的退出（*CD*）、返回（*DA*）都要通过其他的程序段来实现，采用 G32 指令编程比较麻烦。

3）应用示例。如图 2—2—36 所示零件，螺纹外径已车削至 ϕ29.8 mm，4 mm×2 mm 退刀槽已加工完毕。现需要采用 G32 指令等将螺纹加工至小径 d=30－1.3×2=27.4 mm。根据加工刀具路线：*A*（32，2）→B_1（29.1，2）→C_1（29.1，－28）→*D*（32，－28）→*A*→…→*B*（27.4，2）→*C*（27.4，－28）→*D*→*A*。其对应指令代码见表 2—2—28，已知切削进给速度 F 为 2 mm/r。

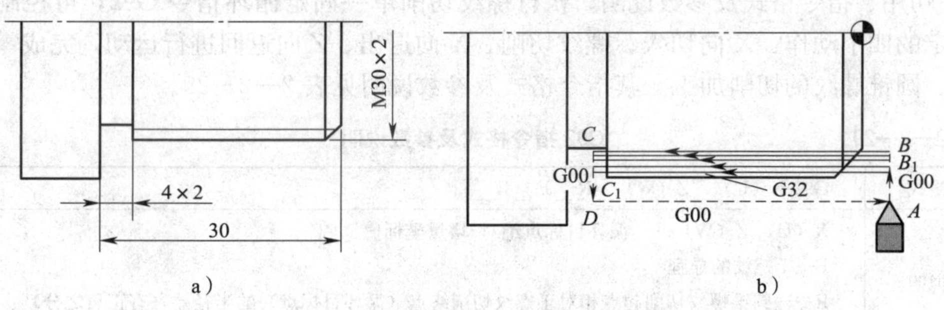

图 2—2—36 G32 应用示例零件图样及加工刀具路线

a）零件图样 b）加工刀具路线

表 2—2—28 **G32 应用示例对应指令代码**

程序段	注释
…	
G00 X32.0 Z2.0；	快速运动到循环起点 *A*
G00 X29.1；	第一次进刀 0.9 mm
G32 Z－28.0 F2.0；	螺纹加工
G00 X32.0；	刀具退出
Z2.0；	刀具返回

续表

程序段	注释
G00 X28.5；	第二次进刀 0.6 mm
G32 Z－28.0 F2.0；	螺纹加工
G00 X32.0；	刀具退出
Z2.0；	刀具返回
G00 X27.9；	第三次进刀 0.6 mm
G32 Z－28.0 F2.0；	螺纹加工
G00 X32.0；	刀具退出
Z2.0；	刀具返回
G00 X27.5；	第四次进刀 0.4 mm
G32 Z－28.0 F2.0；	螺纹加工
G00 X32.0；	刀具退出
Z2.0；	刀具返回
G00 X27.4；	第五次进刀 0.1 mm
G32 Z－28.0 F2.0；	螺纹加工
G00 X32.0；	刀具退出
Z2.0；	刀具返回
…	

（2）螺纹切削单一固定循环指令（G92）

1）功用、指令格式及参数说明。执行螺纹切削单一固定循环指令 G92，可控制刀具按预先给定的四个动作：*X* 向切入、螺纹切削、*X* 向退出、*Z* 向返回进行运动，完成零件上圆柱螺纹、圆锥螺纹的切削加工。其指令格式及参数说明见表 2—2—29。

表 2—2—29　G92 指令格式及参数说明

指令格式	G92 X（U）_Z（W）_R_F_L_；
参数说明	X（U）、Z（W）——循环目标点绝对/增量坐标值 F——螺纹的导程 R——圆锥螺纹切削起点相对于螺纹切削终点（循环目标点）的半径差（有正负之分） L——螺纹头数

2）运动轨迹。G92 指令运动轨迹如图 2—2—37 所示。G92 螺纹切削循环（即矩形循环）的执行过程与 G90 循环相似：刀具从循环起点 *A* 开始以 G00 方式径向移动至指令中的 *X* 坐标处（图中 *B* 点），再以螺纹切削的方式至 *Z* 坐标处（图中 *C* 点），然后以 G00 方式沿径向退至循环起点的 *X* 坐标处（图中 *D* 点），最后以 G00 方式返回循环起 *A* 处，准备下个动作。

3）应用示例。如图 2—2—38 所示零件，螺纹外径已车削至 ϕ19.85 mm，4 mm×2 mm 退刀槽已加工完毕，现需要采用 G92 指令将螺纹加工至小径 *d*18.05 mm（20－1.3×1.5）。根据加工刀具路线：*A*（22，4）→B_1（19.2，4）→C_1（19.2，－18）→*D*（22，－18）→*A*→…→*B*（18.05，4）→*C*（18.05，－18）→*D*→*A*。其对应指令代码见表 2—2—30。

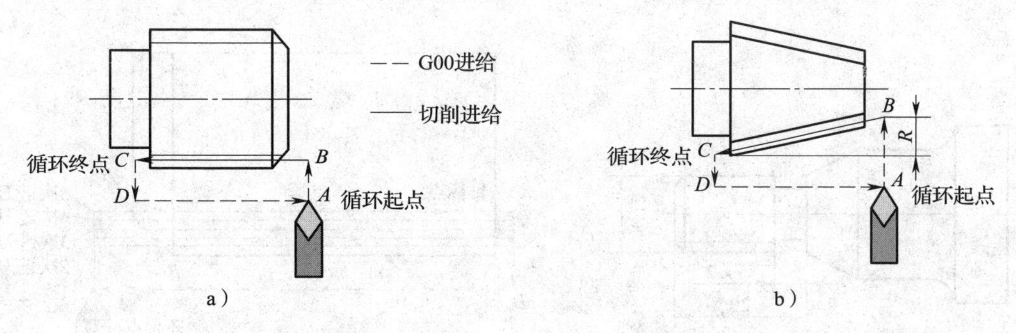

图 2—2—37　G92 指令运动轨迹

a）圆柱螺纹切削　b）圆锥螺纹切削

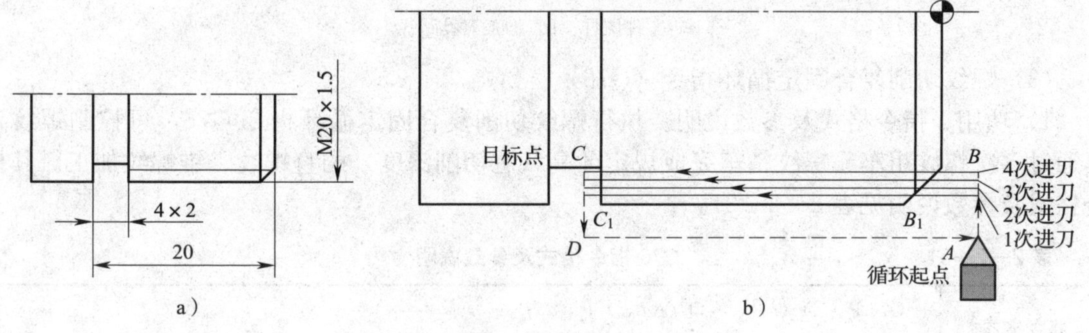

图 2—2—38　G92 应用示例零件图样及加工刀具路线

a）零件图样　b）加工刀具路线

表 2—2—30　　G92 应用示例对应指令代码

程序段	注释
…	
G00 X22.0 Z4.0；	快速运动到循环起点 *A*
G92 X19.2 Z-18.0 F1.5；	第一次进给 0.8 mm 加工螺纹，返回 *A*
X18.6；	第二次进给 0.6 mm 加工螺纹，返回 *A*
X18.2；	第三次进给 0.4 mm 加工螺纹，返回 *A*
X18.05；	第四次进给 0.15 mm 加工螺纹，返回 *A*
…	

练一练

如图 2—2—39 所示零件，其他部位已加工完毕，现需采用螺纹车刀，通过 G92 指令进行 M12 螺纹加工。根据需要，分 5 次进给完成分层切削，*X* 值分别为 11.3、10.7、10.2、9.8、9.725。刀具路线：快速定位到循环起点 *A*（14，2）→B_1（11.3，2）→C_1（11.3，-17）→*D*（14，-17）→*A*→…→*B*（9.725，2）→*C*（9.725，-17）→*D*→*A*，试完成其对应加工指令代码的编写。

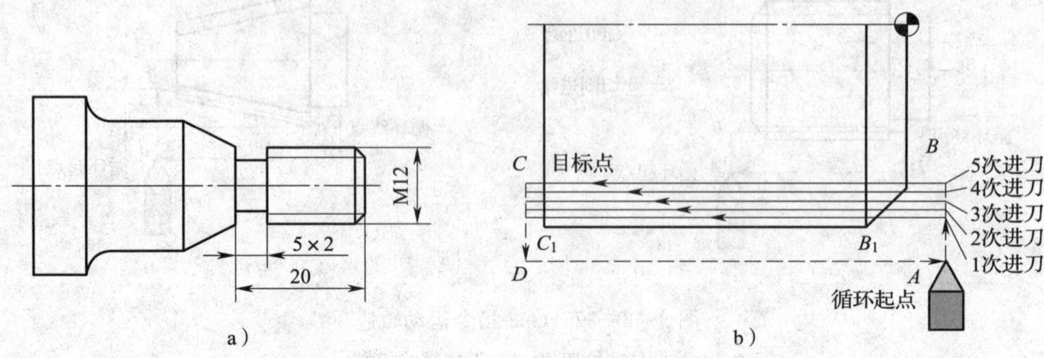

图 2—2—39　G92 练一练零件图样及加工刀具路线

a）零件图样　b）加工刀具路线

（3）螺纹切削复合固定循环指令（G76）

1）功用、指令格式及参数说明。执行螺纹切削复合固定循环指令 G76，可控制螺纹刀具通过多次螺纹粗车、螺纹精车完成规定牙高（总切削深度）的直螺纹、锥螺纹加工。其指令格式及参数说明见表 2—2—31。

表 2—2—31　G76 指令格式及参数说明

指令格式	G76 P（*m*）（*r*）（*a*）Q（Δd_{min}）R（*d*）； G76 X（U）_Z（W）_R（*i*）P（*k*）Q（Δd）F（*I*）；
参数说明	*m*——最后精加工的重复次数 00～99，单位为次 *r*——螺纹退尾长度 00～99，单位为 0.1 *L*（*L* 为螺纹螺距） *a*——螺纹牙型角（刀尖角度），可以选择 80°、60°、55°、30°、29°和 0°中的任意一种，取值范围为 00～99，单位为度（°） *m*、*r*、*a* 同用地址 P 一次指定，例如：*m*=2，*r*=1.2 *L*，*a*=60°，表示为 P021260 Δd_{min}——螺纹粗车时的最小切削量（半径值，无正负号），取值范围为 0～999 999，单位为 0.001 mm *d*——螺纹精车余量（半径值，无正负号），取值范围为 00～99.999，单位为 mm *i*——螺纹锥度，螺纹起点与螺纹终点 *X* 轴绝对坐标值的差值（半径值），取值范围为±999 999 99，单位为 mm。未输入 R（*i*）时，系统按 R（*i*）=0（直螺纹）处理，*i*=0，为切削直螺纹 *k*——螺纹牙高，螺纹总切削深度，取值范围为 1～999 999 99（半径值，无正负号），单位为 0.001 mm Δd——第一次螺纹切削深度（半径值，无正负号），取值范围为 1～999 999 99，单位为 0.001 mm F——螺纹导程 *I*——每英寸螺纹牙数

2）运动轨迹。G76 指令运动轨迹如图 2—2—40 所示。刀具从循环起点 *A* 处快速移动至 B_1，螺纹切深为 Δd→沿平行于 *CD* 的方向螺纹切削至离 *Z* 向终点距离为 *r* 处→倒角退刀至与 *DE* 相交处→沿 *X* 向快速退刀至 *E* 点→快速返回 *A* 点。此时，完成第一次切削，准备第二次切削循环。如此循环，直至循环结束。

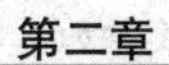

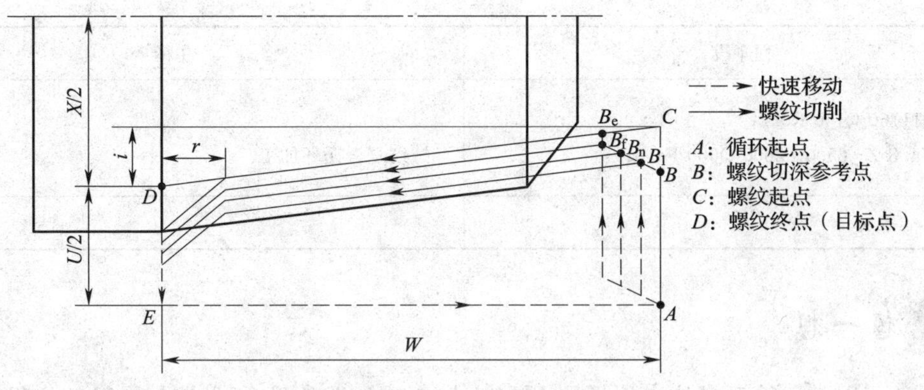

图 2—2—40　G76 指令运动轨迹

第一刀切削循环时，背吃刀量（螺纹切深）为 Δd（见图 2—2—41），第二刀的背吃刀量为（$\sqrt{2}-1$）Δd，第 n 刀的背吃刀量为（$\sqrt{n}-\sqrt{n-1}$）Δd。因此，执行 G76 循环的背吃刀量是逐步递减的。

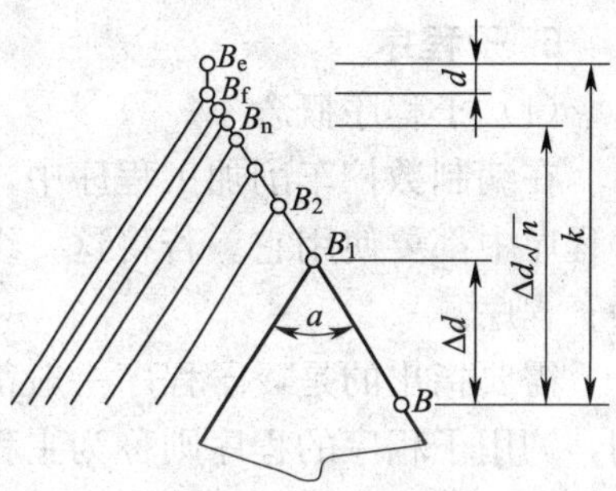

图 2—2—41　G76 指令每刀切削螺纹切深

3）应用示例。如图 2—2—42 所示零件，通过刀尖角 60°螺纹车刀加工 M60×4 mm 螺纹（螺纹高度为2.6 mm）。拟采用 G76 指令编程，根据加工路线：循环起点为（70，4），目标点为（54.8，- 65），螺纹倒角为 1.1L，第一次车削深度 1.2 mm，最小车削深度 0.1 mm，精车余量 0.2 mm，精车次数 1 次，其对应指令代码见表 2—2—32。

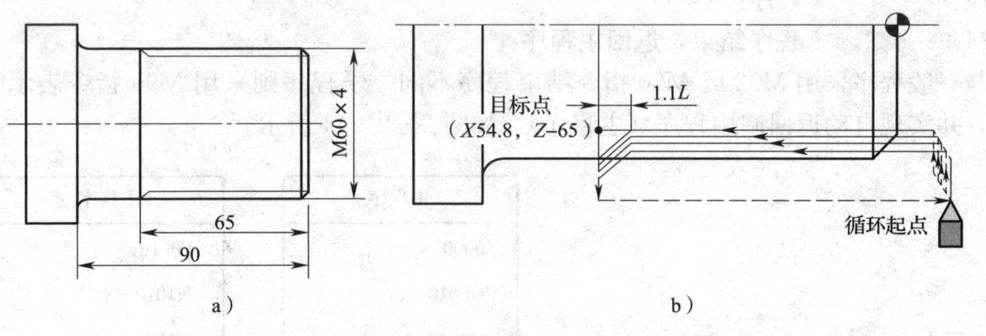

a）　　　　b）

图 2—2—42　G76 应用示例零件图样及加工刀具路线

a）零件图样　b）加工刀具路线

表 2—2—32　　G76 应用示例对应指令代码

程序段	注释
… G00 X70.0 Z4.0；	快速移动到螺纹循环起点

续表

程序段	注释
G76 P011160 Q100 R0.2； G76 X54.8 Z-65.0 P2600 Q600 F4.0；	螺纹复合循环加工
…	

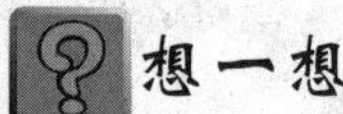

想一想

如图 2—2—43 所示零件中的螺纹 M14，加工时如果采用 G76 指令编程，其程序段该如何编写。

6. 子程序

(1) 子程序概念

在编制数控车削加工程序中，有时会遇到一组程序段在一个程序中多次出现，或者在几个程序中都要使用它。若将这一组程序段做成固定程序，并单独加以命名，这组程序段就称为子程序。

需要指出的是，子程序一般都不可以作为独立的加工程序使用，而只能通过其他程序调用，调用子程序的程序则称为主程序。

(2) 子程序的组成和调用

类似于一般加工程序，子程序同样由三部分组成，其组成如下：

O××××；　　子程序名
…　　　　　程序内容
M99；　　　程序结束，返回主程序

与一般程序采用 M02 或 M30 指令结束程序不同，子程序则采用 M99 指令表示子程序结束，并实现自动返回调用程序（主程序），如图 2—2—44 所示。

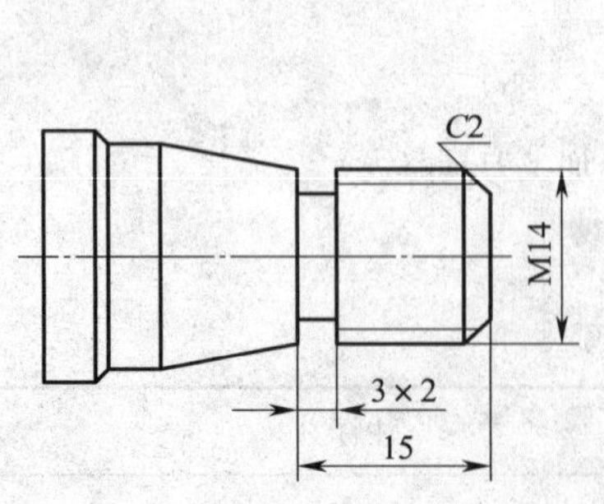

图 2—2—43　G76 想一想零件图样

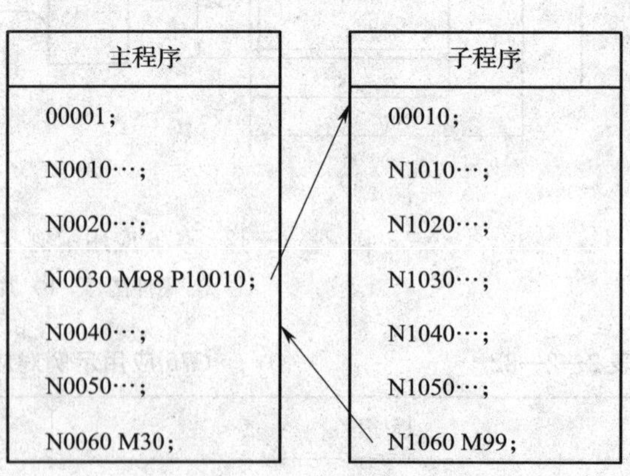

图 2—2—44　子程序调用及返回

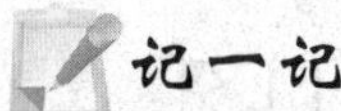

在 FANUC 系统中，子程序的调用通过辅助功能指令代码 M98 进行，其调用格式有两种，且在调用格式中将子程序的程序号地址改为 P。

格式一：M98 P×××× L××××；

地址 P 后面的四位数字为子程序名，地址 L 后面的数字表示重复调用的次数，子程序名及调用次数前的 0 可省略不写；如果只调用子程序一次，则地址 L 及其后的数字可省略，如 M98 P100。

格式二：M98 P××××××××；

地址 P 后面的八位数字中，前四位表示调用次数，后四位表示子程序名。采用此种调用格式时，调用次数前的 0 可以省略不写，但子程序名前的 0 不可省略。例如，M98 P20100 表示调用子程序 O0100 两次，M98 P2100 则表示调用子程序 O2100 一次。

根据需要，主程序中可以进行多个子程序的多次调动，甚至进行子程序嵌套，如图 2—2—45 所示，在 FANUC 0i 系统中，子程序最多可嵌套 4 级。

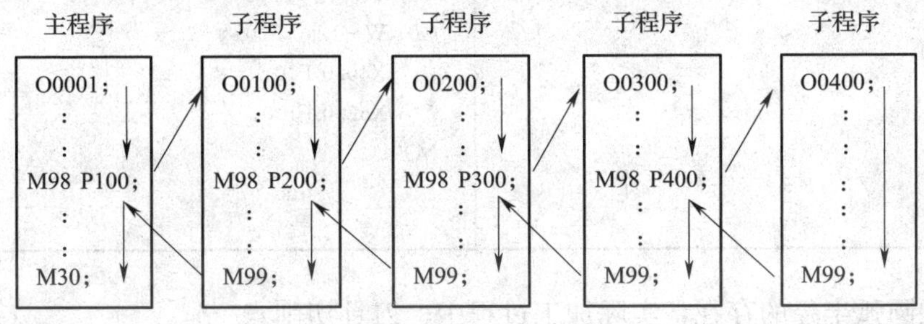

图 2—2—45 子程序嵌套

（3）子程序编写

子程序编写包括三方面内容：确定子程序名、编写子程序内容、子程序结束返回，其关键在于子程序内容的编写。

子程序内容的编写，就是从规划的加工刀具路线中找出重复出现的一组刀具动作（刀具运动路线），并用一组程序段来描述。

（4）应用示例

如图 2—2—46 所示零件，根据工艺需要，采用宽度 4 mm 的切槽刀，通过子程序进行 4 个槽的加工编程，根据切削思路分析，其对应加工程序见表 2—2—33。

7. 刀尖半径补偿

在数控车削编程时，一般不考虑刀具的刀尖圆弧半径，总是将尖形车刀的刀尖（刀位点）假想成一个理想的点。但在实际生产中，出于工艺需要或其他原因，刀尖往往不是一个理想的点（A），而是一段半径为 r 的圆弧（见图 2—2—47 中的 BC 圆弧）。

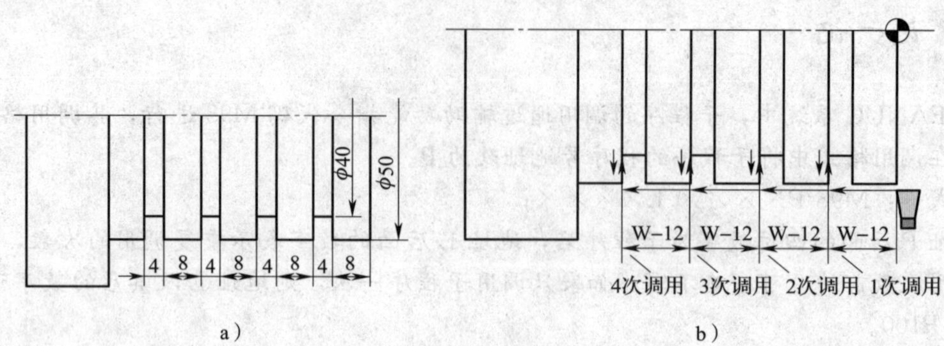

a）
b）

图 2—2—46　子程序应用示例

a）零件图样　b）切削思路分析

表 2—2—33　子程序应用示例加工程序

主程序	子程序
O0001； … G00 X52.0 Z0； M98 P40002； … M05； M30；	O0002； G01 W－12.0 F50； X40.0 F40； X52.0 F100； M99；

由于刀尖圆弧半径的存在，实际加工过程中，刀具切削点在刀尖圆弧上发生变动，从而在加工过程中，可能造成过切或少切现象，产生相应的加工误差，例如，加工锥面和圆弧时尺寸的变化（见图 2—2—48），为此，在尺寸精度要求较高的零件加工中必须引起足够重视。

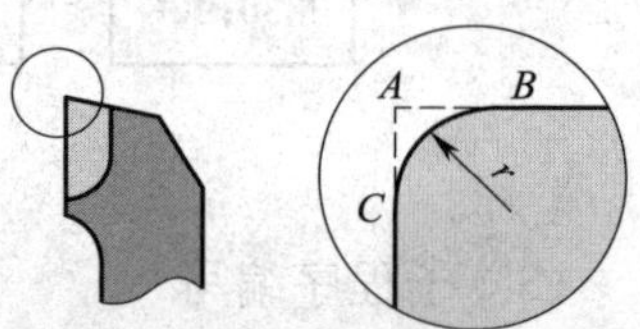

图 2—2—47　刀尖圆弧半径

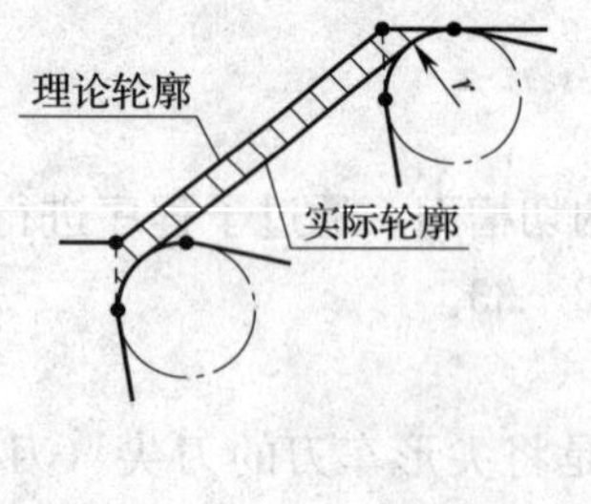

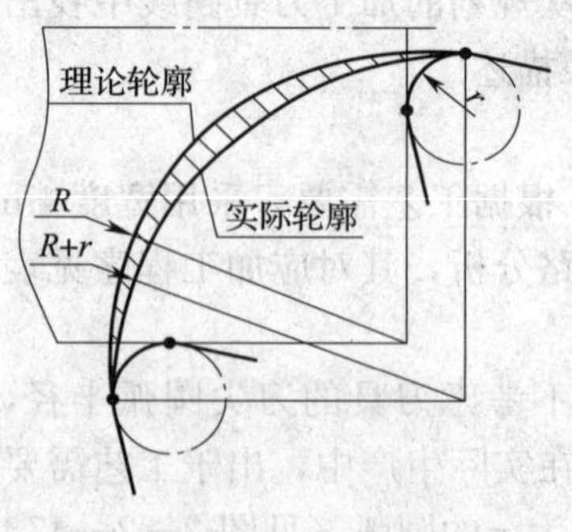

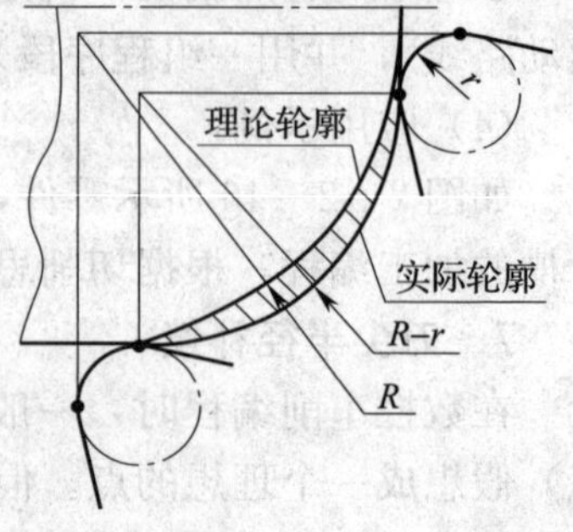

图 2—2—48　锥面、圆弧尺寸变化

因此，实际加工时必须通过刀尖圆弧半径补偿指令，使数控机床根据实际使用的刀尖半径尺寸和刀沿位置，自动作出补偿，确保实际加工轮廓和编程轨迹完全一致。

（1）指令格式

G41 G01/G00　X＿ Z＿ F＿；　　　（刀尖圆弧半径左补偿）

G42 G01/G00　X＿ Z＿ F＿；　　　（刀尖圆弧半径右补偿）

G40 G01/G00　X＿ Z＿；或 T××00；（取消刀尖圆弧半径补偿）

记一记

补偿偏置方向的判别如图 2—2—49 所示。向着 Z 坐标轴的负方向并沿刀具的移动方向看，当刀具处在加工轮廓左侧时，称为刀尖圆弧半径左补偿，用 G41 表示；当刀具处在加工轮廓右侧时，称为刀尖圆弧半径右补偿，用 G42 表示。

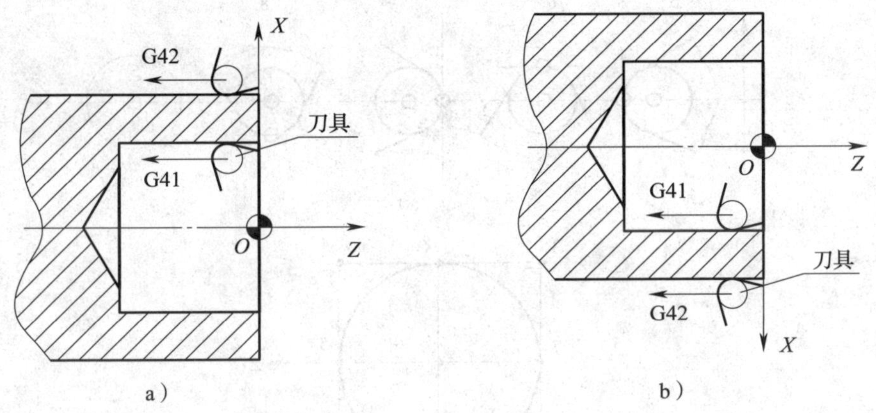

图 2—2—49　刀尖圆弧半径补偿偏置方向的判别
a）后置刀架　b）前置刀架

（2）刀沿位置确定及参数设置

数控车削采用刀尖圆弧补偿进行加工编程时，必须考虑刀具刀沿位置（刀尖方位）对补偿方向和补偿量的影响，数控车刀的刀沿位置共有 9 种，其对应刀沿号如图 2—2—50 所示。

每把车削刀具的刀沿号及刀尖半径补偿值，必须在应用刀补前预先设置。在 FANUC 系统中，刀尖半径补偿值（R，常见为 0.2 mm、0.4 mm、0.8 mm、1.2 mm）及所用刀具对应刀沿号（T）在如图 2—2—51 所示的偏置页面中设置。

（3）应用示例

刀尖圆弧半径补偿的过程分为三步：刀补建立、刀补进行、刀补取消，其应用示例如图 2—2—52 所示，加工程序（O0100）见表 2—2—34（刀具为外圆车刀，刀沿号为 3，刀尖圆弧半径为 0.8 mm）。

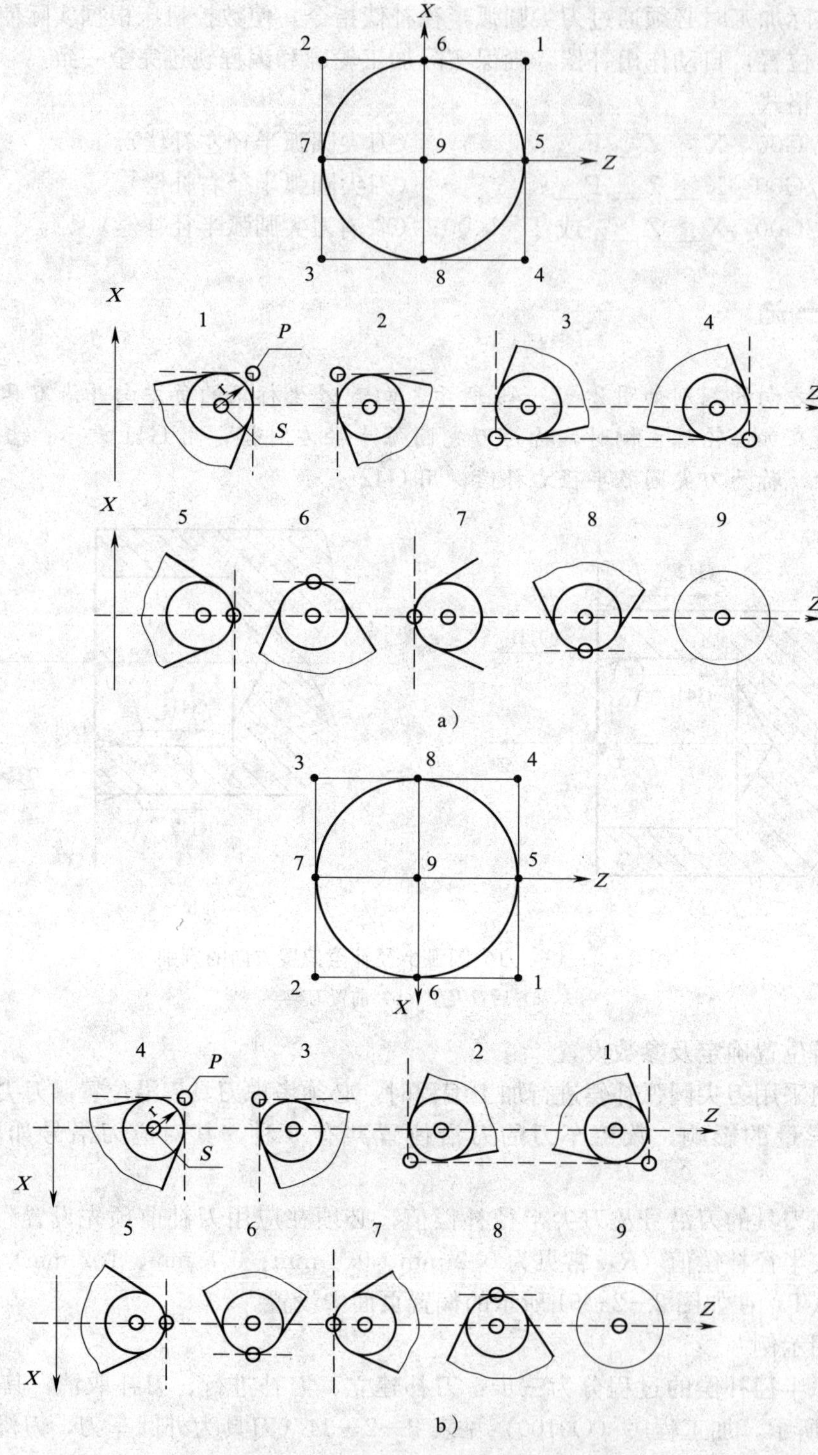

图 2—2—50　刀沿位置及对应刀沿号

a）后置刀架　b）前置刀架

工具补正/形状　　O0001 N0000

番号	X	Z	R	T
G01	0.000	0.000	0.000	0
G02	−10.000	5.000	5.000	0
G03	0.000	0.000	0.000	0
G04	10.000	10.000	1.200	3
G05	0.000	0.000	0.000	0
G06	0.000	0.000	0.000	0
G07	0.000	0.000	0.000	0
G08	0.000	0.000	0.000	0

现在位置（绝对坐标）

X50.000　Z30.000

S 0 T0000

[磨耗]　[形状]　[工件移动]　[ ]　[ ]

图 2—2—51　偏置页面

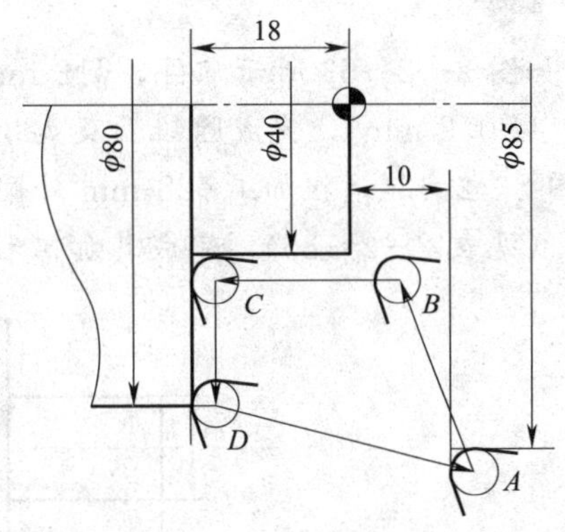

图 2—2—52　刀尖圆弧半径补偿应用示例

AB—刀补建立　*BCD*—刀补进行

DA—刀补取消

表 2—2—34　　**刀尖圆弧半径补偿应用示例加工程序**

加工程序	注释
O0100；	程序号
N10 G99 G40 G21；	初始化
N20 T0101；	
N30 M03 S1000；	
N40 G00 X85.0 Z10.0；	快速定位到 *A*
N50 G42 G01 X40.0 Z5.0 F0.2；	刀补建立，到 *B*
N60 Z－18.0；	刀补进行，到 *C*
N70 X80.0；	刀补进行，到 *D*
N80 G40 X85.0 Z10.0；	刀补取消，到 *A*
N90 G28 U0 W0；	
N100 M30；	

1）刀补建立。刀补建立是指刀具（车刀）圆弧刃圆心从与编程轨迹重合过渡到与编程轨迹偏离一个偏置量的过程。应用示例中，刀补通过 N50 程序段建立。当执行 N50 程序段后，根据 G42 确定偏向，根据预先设置的刀尖圆弧半径值确定偏置量。经补偿后，车刀圆弧刃的圆心位于图 2—2—52 中的 *B* 点处，其坐标值为［(40＋刀尖圆弧半径×2)，5.0］。

2）刀补进行。在 G41 或 G42 程序段后，程序进入补偿模式，此时车刀圆弧刃的圆心与编程轨迹始终相距一个偏置量，直到刀补取消。

3）刀补取消。刀具离开工件，车刀圆弧刃圆心轨迹过渡到与编程轨迹重合的过程称为刀补取消。应用示例中，刀补通过 N80 程序段取消。

练一练

如图 2—2—53 所示零件，$\phi 12$ mm×26 mm 及总长 60 mm 已加工完毕，现需采用外圆车刀（$R0.2$ mm），完成圆锥面及 $\phi 28$ mm×8 mm 圆柱面的粗、精加工。试根据其工艺路线（见图 2—2—54，粗加工 $\phi 28$ mm 外圆→粗加工外圆锥→精加工外圆锥和圆柱面）及加工工艺卡（见表 2—2—35），完成其加工程序（见表 2—2—36）的注释。

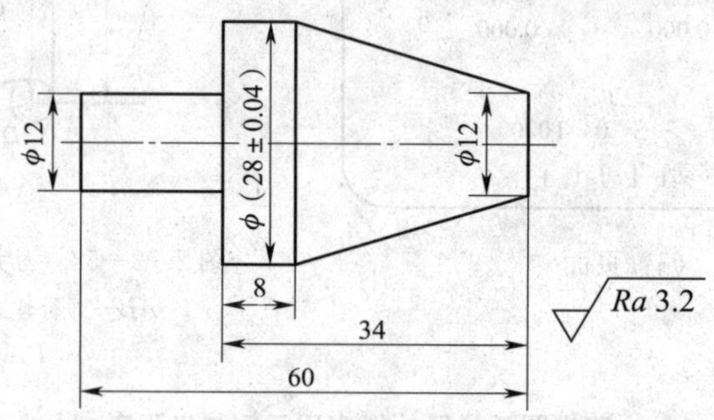

图 2—2—53 刀尖圆弧半径补偿练一练零件图样

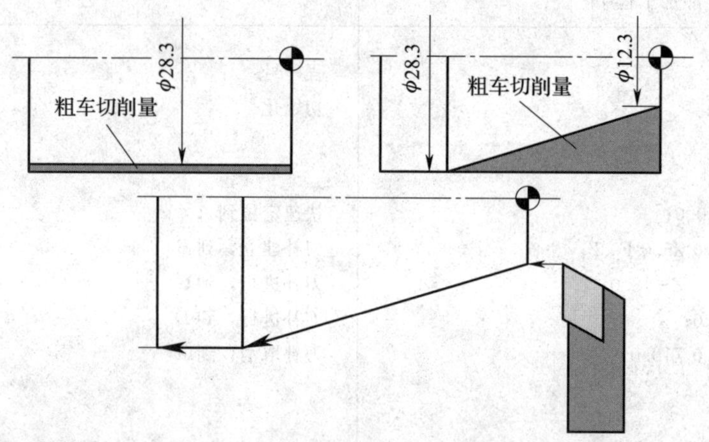

图 2—2—54 练一练工艺路线

表 2—2—35 练一练零件加工工艺卡

工步内容	刀具	切削用量		
		主轴转速（r/min）	进给速度（mm/min）	背吃刀量（mm）
粗车 $\phi 28$ mm 外圆及外圆锥	1 号 90°外圆车刀（$R0.2$），硬质合金	600	100	1
精车 $\phi 26$ mm、$\phi 22$ mm 外圆		800	80	0.3

表 2—2—36 练一练零件加工程序

程序	注释
O1000； G00 X80.0 Z80.0； T0101； M03 S600； G00 X32.0 Z0.0； G01 X0.0 F60； G00 Z2.0； X30； G00 X30.0 Z2.0 M08； G90 X28.3 Z－35.0 F100； X28.3 Z－26.0 R－2.0； R－4.0； R－6.0； R－8.0； R－8.62； G00 X80.0 Z80.0 M05； M00； S800 M03； G42 G00 X12.0 Z2.0； G01 Z0 F80； X28.0 Z－26.0； Z－35.0； G40 G00 X80.0 Z80.0 M09； M05 T0100； M30；	

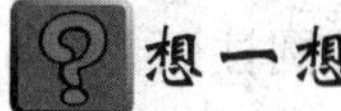

$R-8.62$ 如何算得？

第三节　数控车床零件加工

在数控车床上进行零件加工，就是根据零件图样的要求，结合加工条件，选择合理的加工工艺及切削用量，进行加工程序的编写，并通过机床操作完成零件的加工。

一、加工示例一

如图 2—3—1 所示零件图样，材料 45 钢，毛坯尺寸为 ϕ45 mm×100 mm，试在 FANUC 0i 系统数控车床上，完成该零件的加工任务。

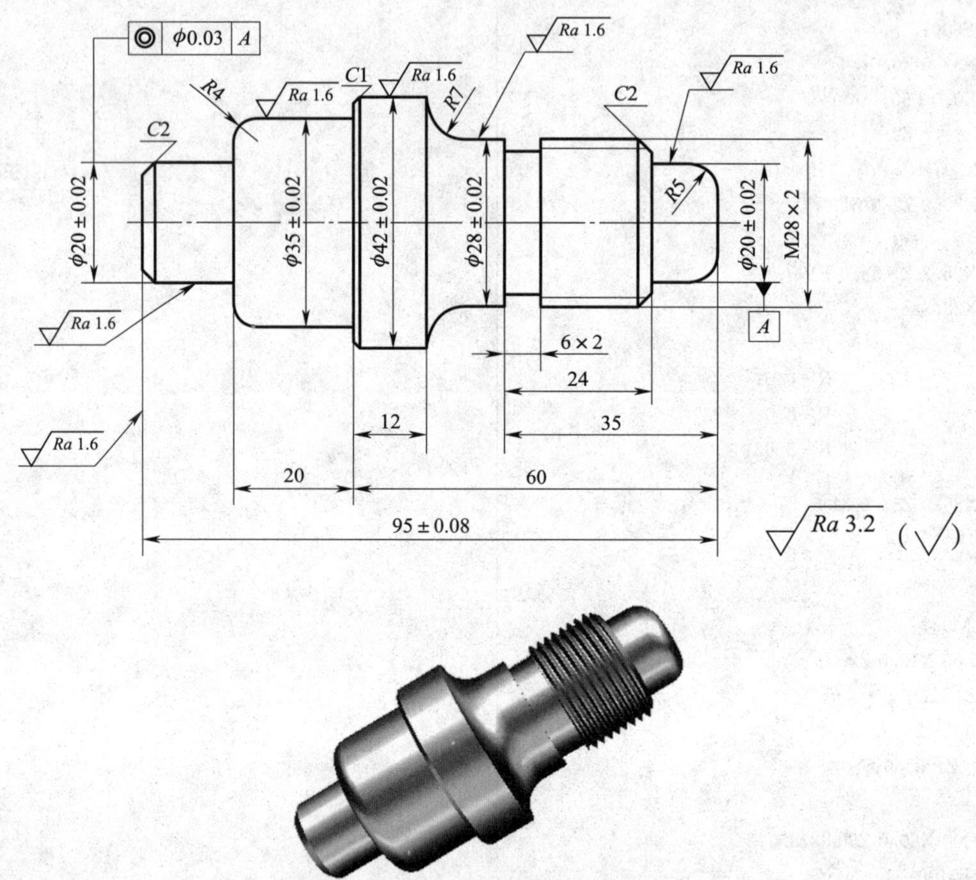

图 2—3—1　加工示例一零件图样

1. 零件图样分析

该零件主要加工表面包括：ϕ20 mm、ϕ28 mm、ϕ35 mm、ϕ42 mm 等外圆柱面，6 mm×2 mm 螺纹退刀槽，M28 普通细牙螺纹，*R*4 mm、*R*5 mm、*R*7 mm 圆弧面，以及*C*1 mm、*C*2 mm 倒角。其中，零件精度要求较高的尺寸有 ϕ20 mm、ϕ28 mm、ϕ35 mm、ϕ42 mm外圆柱面及零件长度尺寸 95 mm，以及两个 ϕ20 mm 圆柱面轴线同轴度要求0.03 mm；外圆表面粗糙度要求为 *Ra*1.6 μm；尺寸标注完整，结构清晰。

2. 加工方案确定

（1）装夹零件毛坯，夹持长度为 40 mm 左右，手动车削毛坯右端面，加工 ϕ44 mm×40 mm 外圆柱面。

（2）如图 2—3—2a 所示，掉头夹持 ϕ44 mm×40 mm 外圆柱面，采用 G71 指令粗车零件左端面轮廓，X 向留 0.3 mm 余量，Z 向留 0.1 mm 余量；X 向每次进刀量为 2 mm（半径），退刀量为 0.5 mm。

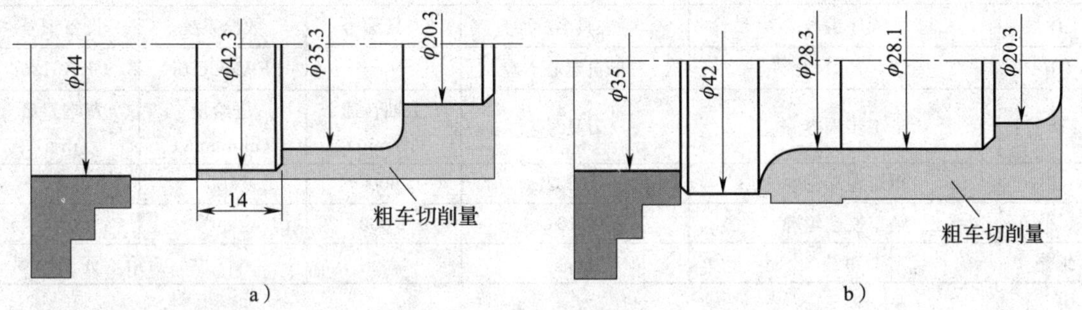

图 2—3—2　加工示例一加工方案

a）左端粗车　b）右端粗车

（3）采用 G70 指令精车零件左端面轮廓。

（4）掉头装夹，通过垫铜片夹持 ϕ35 mm 外圆柱面，利用打表法（磁性表座＋百分表）校正零件，以满足同轴度等要求。如图 2—3—2b 所示，采用 G71 指令粗车零件右端轮廓。

（5）采用 G70 指令，精车零件右端轮廓。

（6）采用 G94 指令，加工螺纹退刀槽。

（7）采用 G92 或 G76 指令粗、精车螺纹。

3. 刀具、量具选用

（1）刀具选用

由于零件材料为 45 钢，表面精度都有要求，因此选用硬质合金可转位式机夹刀，具体选用情况见表 2—3—1。

表 2—3—1　　刀具选用

刀具号	刀具名称	数量	加工表面	对刀基准
T0101	90°外圆车刀（精车）	1	加工方案（3）（5）	
T0202	90°外圆车刀（粗车）	1	加工方案（2）（4）	
T0303	切槽刀（宽 3 mm）	1	加工方案（6）	左刀位点
T0404	60°螺纹刀	1	加工方案（7）	

（2）量具选用

根据加工需要，所选量具包括：0～150 mm 游标卡尺、0～25 mm 外径千分尺、25～50 mm 外径千分尺、0～100 mm 游标深度卡尺、R7～R14.5 mm 半径规、表面粗糙度样板。

4. 加工工艺卡制定

零件左端、右端的加工工艺卡分别见表 2—3—2、表 2—3—3。

表 2—3—2 零件左端加工工艺卡

单位		零件名称	加工材料		零件图号
×××		加工示例一	45 钢		
工序号	程序编号	夹具名称	夹具编号	数控系统	设备型号
1	1001	三爪自定心卡盘		FANUC 0i	CKA6136i
工步号	工步内容	刀具号	主轴转速 (r/min)	进给量 (mm/min)	背吃刀量 (mm)
1	粗车左端轮廓	T0202	600	100	2
2	精车左端轮廓	T0101	1 000	80	0.3
编制	审核	批准		共 页第 页	

表 2—3—3 零件右端加工工艺卡

单位		零件名称	加工材料		零件图号
×××		加工示例一	45 钢		
工序号	程序编号	夹具名称	夹具编号	数控系统	设备型号
2	1002	三爪自定心卡盘		FANUC 0i	CKA6136i
工步号	工步内容	刀具号	主轴转速 (r/min)	进给量 (mm/min)	背吃刀量 (mm)
1	粗车零件右端轮廓	T0202	600	100	2
2	精车零件右端轮廓	T0101	1 000	80	0.3
3	加工螺纹退刀槽	T0303	500	50	3
4	粗、精车螺纹	T0404	400		
编制	审核	批准		共 页第 页	

5. 加工程序编写

选择配置 FANUC 0i 系统、四工位前置刀架的数控车床，零件加工参考程序见表 2—3—4、表 2—3—5。

（1）左端加工参考程序

表 2—3—4 左端加工参考程序

程序	注释
O1001；	程序名
G18 G21 G98 G40；	初始化
G00 X80.0 Z80.0；	快速定位至安全换刀点（刀具起点）
T0202；	换 2 号刀，取 2 号刀具偏置补偿
M03 S600；	主轴正转，转速 600 r/min
G00 X45.0 Z2.0 M08；	快速定位到循环起点（45，2），切削液开
G71 U2.0 R0.5；	*X* 向每次进刀 2 mm（半径），退刀量为 0.5 mm
G71 P1 Q2 U0.3 W0.1 F100；	*X* 向留 0.3 mm 的余量，*Z* 向留 0.1 mm 的余量

续表

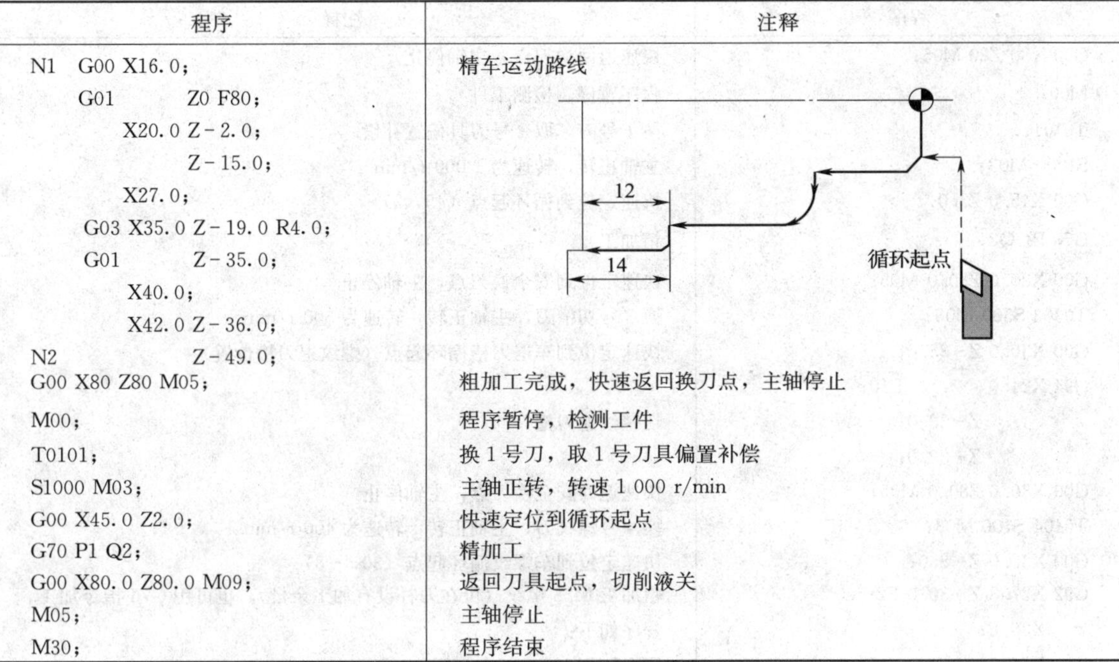

程序	注释
N1 G00 X16.0；	精车运动路线
G01 Z0 F80；	
X20.0 Z-2.0；	
Z-15.0；	
X27.0；	
G03 X35.0 Z-19.0 R4.0；	
G01 Z-35.0；	
X40.0；	
X42.0 Z-36.0；	
N2 Z-49.0；	
G00 X80 Z80 M05；	粗加工完成，快速返回换刀点，主轴停止
M00；	程序暂停，检测工件
T0101；	换 1 号刀，取 1 号刀具偏置补偿
S1000 M03；	主轴正转，转速 1 000 r/min
G00 X45.0 Z2.0；	快速定位到循环起点
G70 P1 Q2；	精加工
G00 X80.0 Z80.0 M09；	返回刀具起点，切削液关
M05；	主轴停止
M30；	程序结束

（2）右端加工参考程序

表 2—3—5　　右端加工参考程序

程序	注释
O 1002；	程序名
G18 G21 G98 G40；	初始化
G00 X80.0 Z80.0；	快速定位至安全换刀点（刀具起点）
T0202；	换 2 号刀，取 2 号刀具偏置补偿
M03 S600；	主轴正转，转速为 600 r/min
G00 X45.0 Z2.0 M08；	快速定位到循环起点（45，2），切削液开
G71 U2.0 R0.5；	X 向每次进刀 2 mm（半径），退刀量为 0.5 mm
G71 P1 Q2 U0.3 W0.1 F100；	X 向留 0.3 mm 的余量，Z 向留 0.1 mm 的余量
N1 G00 X0；	精车运动路线（保证零件总长）
G01 Z0 F80；	
X10.0；	
G03 X20.0 Z-5.0 R5.0；	
G01 Z-11.0；	
X24.0；	
X27.8 Z-13.0；	
Z-35.0；	
X28.0；	
Z-41.0；	循环起点
G02 X42.0 Z-48.0 R7.0；	
N2 G01 X44.0；	

续表

程序	注释
G00 X80 Z80 M05；	快速返回换刀点，主轴停止
M00；	程序暂停，检测工件
T0101；	换 1 号刀，取 1 号刀具偏置补偿
S1000 M03；	主轴正转，转速为 1 000 r/min
G00 X45.0 Z2.0；	快速定位到循环起点（45，2）
G70 P1 Q2；	精加工
G00 X80.0 Z80.0 M05；	快速定位到安全换刀点，主轴停止
T0303 S500 M03；	换 3 号切槽刀，主轴正转，转速为 500 r/min
G00 X30.0 Z-35.0；	快速定位到车退刀槽循环起点（螺纹退刀槽位置）
G94 X24.0 F50；	
Z-33.0；	切螺纹退刀槽
Z-32.0；	
G00 X80.0 Z80.0 M05；	快速返回安全换刀点，主轴停止
T0404 S400 M03；	换 4 号螺纹刀，主轴正转，转速为 400 r/min
G00 X30.0 Z-8.0；	快速定位到车螺纹循环起点（30，-8）
G92 X27.3 Z-30.0 F2；	粗加工 M28 螺纹（可在刀补设有加工余量），也可用 G76 指令加工，
X26.6；	程序如下：
X26.0；	G76 P021060 Q20 R0.02；
X25.5；	G76 X25.4 Z-30 P1300 Q350 F2；
X25.4；	
G00 X80.0 Z80.0 M05；	快速返回到安全换刀点，主轴停止
M00；	程序暂停，检测螺纹
S400 M03 T0404；	主轴正转，转速为 400 r/min（转速必须跟粗加工时的速度一致）
G00 X30.0 Z-8.0；	快速定位到车螺纹循环起点（30，-8）
G92 X25.4 Z-30.0 F2；	精加工 M28 螺纹
G00 X80.0 Z80.0 M09；	返回刀具起点，切削液关
M05；	主轴停止
M30；	程序结束

6. 零件加工操作

(1) 工件装夹

第 1 次装夹利用三爪自定心卡盘直接夹持预先加工的 $\phi44$ mm×40 mm 半精基准面，毛坯右端伸出卡盘 60 mm 左右。

第 2 次装夹利用三爪自定心卡盘夹持 $\phi35$ mm 外圆表面，表面上垫薄铜片，夹紧并利用百分表校正零件。

(2) 装刀与对刀

各刀具按表 2—3—1 所列刀具安装至相对应的刀位中，注意刀尖中心高、刀头伸出长度及刀具主偏角的位置。

对刀时，把 1 号刀具设置为基准刀具，其余均以非基准刀具进行对刀操作。

工件掉头后，由于工件装夹时只有工件长度 Z 方向有变化，所以在加工工序 2 中，必须考虑保证零件总长的尺寸精度。

（3）精度控制

在加工过程中，当程序暂停时，应对加工尺寸进行严格的检测。当外圆、螺纹尺寸出现偏差时，根据误差的情况，修正刀补或者程序后，再次执行精加工程序段，然后再次检测，保证零件尺寸加工精度。

练一练

零件图样如图 2—3—3 所示，材料为 45 钢，毛坯尺寸为 ϕ30 mm×55 mm。试在配置 FANUC 0i 系统的数控车床上完成该零件的加工任务。

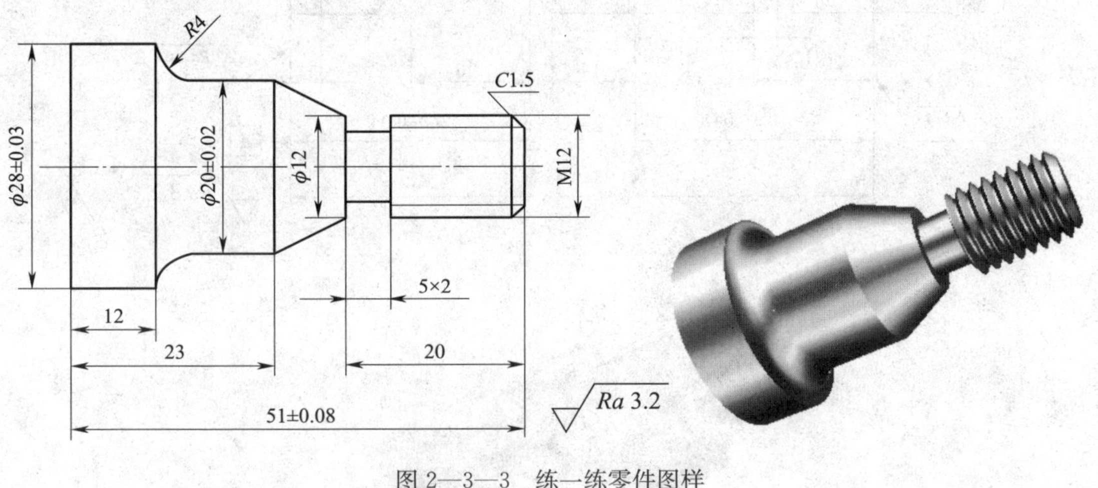

图 2—3—3　练一练零件图样

二、加工示例二

如图 2—3—4 所示零件图样，材料为 45 钢，毛坯尺寸为 ϕ50 mm×100 mm，试在配置 FANUC 0i 系统的数控车床上完成该零件的加工任务。

1. 零件图样分析

该零件主要加工表面包括：ϕ35 mm、ϕ48 mm 外圆柱面，R18 凹圆弧面，ϕ18 mm 内圆柱面，ϕ30 mm 内圆锥面，宽 4 mm 螺纹退刀槽，M20 普通粗牙螺纹，以及倒角 C1、C2。其中，外表面 ϕ35 mm、ϕ48 mm，内表面 ϕ18 mm、ϕ30 mm，长度尺寸 20 mm、40 mm、48 mm、98 mm，精度要求较高；另外，还有一项公差为 0.04 mm 的垂直度要求，内、外表面粗糙度要求为 Ra1.6 μm、Ra3.2 μm；尺寸标注完整，结构清晰。

2. 加工方案确定

（1）装夹零件毛坯，夹持长度 80 mm 左右，手动车削毛坯右端面，打中心孔，钻 ϕ16 mm×42 mm 孔；重新装夹零件毛坯，夹持长度 50 mm 左右，加工 ϕ49 mm×40 mm 外圆柱面，如图 2—3—5a 所示。

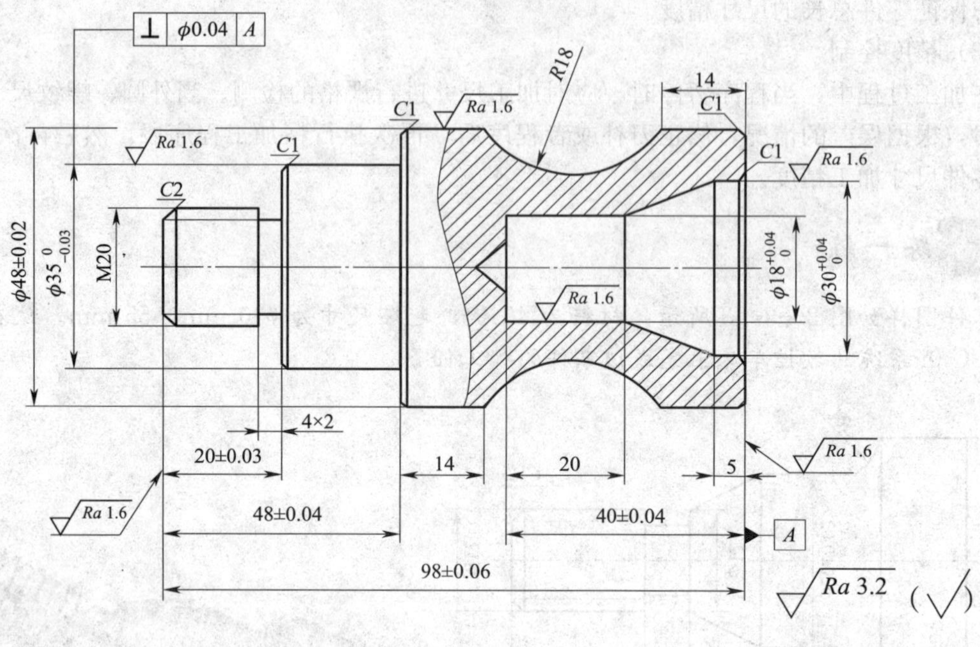

图 2—3—4　加工示例二零件图样

(2) 如图 2—3—5b 所示，掉头夹持 ϕ49 mm×40 mm 外圆柱面，采用 G71 指令粗车零件左端轮廓，X 向留 0.3 mm 余量，Z 向留 0.1 mm 余量；X 向每次进刀量为 2 mm（半径），退刀量为 0.5 mm。

(3) 采用 G70 指令，精车零件左端轮廓。

(4) 采用 G94 指令加工螺纹退刀槽。

(5) 采用 G92 或 G76 指令，完成 M20 螺纹粗、精车。

(6) 掉头装夹，垫铜片夹持 ϕ35 mm 外圆柱面，通过打表法（磁性表座＋百分表）校正零件同轴度及端跳动；采用 G94 指令，车削端面控制总长。

(7) 采用 G71 指令，粗车零件右端内轮廓表面，如图 2—3—5c 所示。

(8) 采用 G70 指令，精车零件右端内轮廓表面。

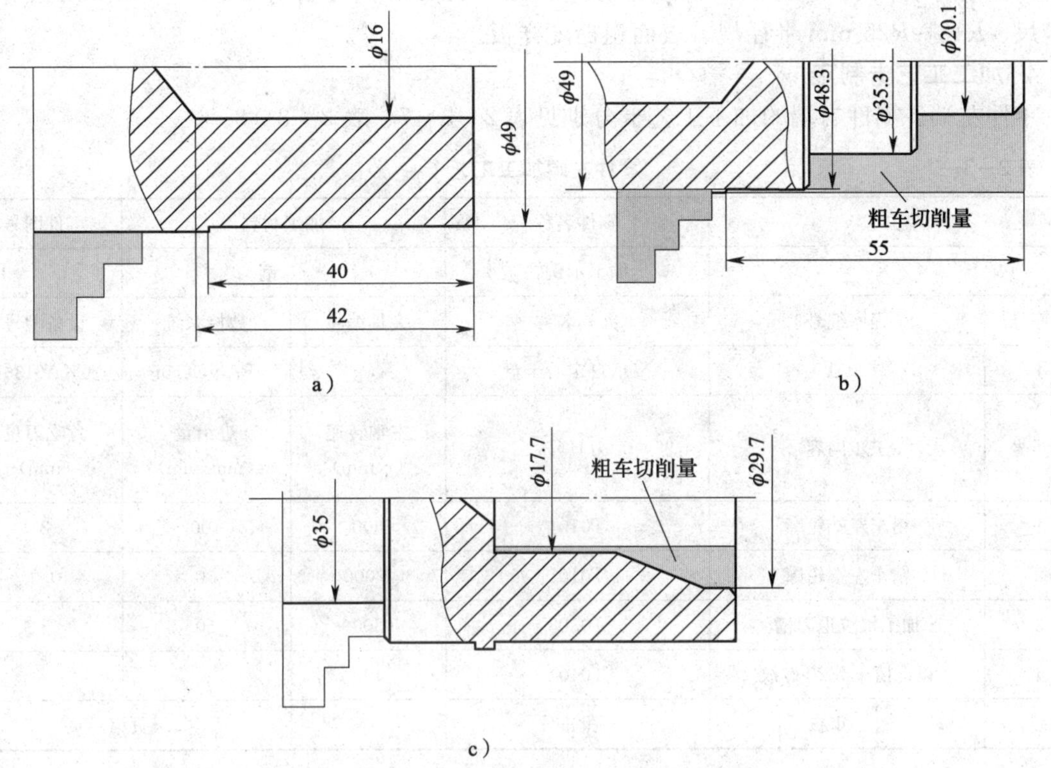

图 2—3—5 加工示例二加工方案

a）手动车削右端面、打中心孔 b）粗车左端轮廓 c）粗车右端内轮廓

（9）采用 G90 指令，粗、精车 φ48 mm 外圆柱面。

（10）采用 G73、G70 指令，粗、精车 *R*18 mm 凹圆弧面。

3. 刀具、量具选择

（1）刀具选择

由于零件材料为 45 钢，表面精度都有要求，因此选用硬质合金可转位式机夹刀，具体选用情况见表 2—3—6。

表 2—3—6　　刀具选用

刀具号	刀具名称	数量	加工表面	对刀基准
T0101	90°外圆车刀	1	加工方案（2）（3）（9）	
T0202	镗孔刀	1	加工方案（7）（8）	
T0303	切槽刀（宽 3 mm）	1	加工方案（4）（6）	左刀位点
T0404	60°螺纹刀	1	加工方案（5）（10）	

（2）量具选择

根据加工需要，所选量具包括：0～150 mm 游标卡尺、0～25 mm 外径千分尺、25～

50 mm 外径千分尺、0～25 mm 螺纹千分尺、18～35 mm 内径百分表、0～100 mm 游标深度卡尺、R18～R25 mm 半径规、表面粗糙度样板。

4. 加工工艺卡制定

零件左端、零件右端的加工工艺卡分别见表 2—3—7、表 2—3—8。

表 2—3—7　　**零件左端加工工艺卡**

单位			零件名称	加工材料		零件图号
×××			加工示例二	45 钢		
工序号	程序编号		夹具名称	夹具编号	数控系统	设备型号
1	2001		三爪自定心卡盘		FANUC 0i	CKA6136i
工步号	工步内容		刀具号	主轴转速 (r/min)	进给量 (mm/min)	背吃刀量 (mm)
1	粗车左端轮廓		T0101	600	100	2
2	精车左端轮廓		T0101	1 000	80	0.3
3	加工螺纹退刀槽		T0303	500	50	3
4	粗、精车 M20 螺纹		T0404	400		
编制		审核	批准		共　页第　页	

表 2—3—8　　**零件右端加工工艺卡**

单位			零件名称	加工材料		零件图号
×××			加工示例二	45 钢		
工序号	程序编号		夹具名称	夹具编号	数控系统	设备型号
2	2002		三爪自定心卡盘		FANUC 0i	CKA6136i
工步号	工步内容		刀具号	主轴转速 (r/min)	进给量 (mm/min)	背吃刀量 (mm)
1	粗车零件右端内轮廓		T0202	600	80	1
2	精车零件右端内轮廓		T0202	800	60	0.3
3	粗、精车 ϕ48 mm 外圆		T0101	600	80	1/0.3
4	粗、精车 R18 mm 凹圆弧		T0404	600	60	1/0.3
编制		审核	批准		共　页第　页	

5. 加工程序编制

选择配置 FANUC 0i 系统、四工位前置刀架的数控车床，零件加工参考程序见表 2—3—9、表 2—3—10。

(1) 左端加工参考程序

表 2—3—9　　左端加工参考程序

程序	注释
O2001；	程序名
G18 G21 G98 G40；	初始化
G00 X80.0 Z80.0；	快速定位至安全换刀点（刀具起点）
T0101；	换 1 号刀，取 1 号刀具偏置补偿
M03 S600；	主轴正转，转速为 600 r/min
G00 X52.0 Z2.0 M08；	快速定位到循环起点（52，2），切削液开
G71 U2.0 R0.5；	X 向每次进刀量 2 mm（半径），退刀量为 0.5 mm
G71 P1 Q2 U0.3 W0.1 F100；	X 向留 0.3 mm 余量；Z 向留 0.1 mm 余量
N1 G00 X16.0； G01 Z0 F80； X19.8 Z-2.0； Z-20.0； X33.0； X35.0 Z-21.0； Z-48.0； X46.0； X50.0 Z-50.0； N2 X52.0；	精车运动路线 循环起点
G00 X80.0 Z80.0 M05；	快速返回换刀点，主轴停止
M00；	程序暂停，检测工件
S1000 M03 T0101；	主轴正转，转速为 1 000 r/min
G00 X52.0 Z2.0；	快速定位到循环起点
G70 P1 Q2；	精加工
G00 X80.0 Z80.0 M05；	快速返回安全换刀点，主轴停止
T0303 S500 M03；	换 3 号切槽刀，主轴正转，转速为 500 r/min
G00 X36.0 Z-20.0；	快速定位到循环起点（36，-20），准备切削螺纹退刀槽
G94 X16.0 F50； Z-19.0；	加工螺纹退刀槽
G00 X80.0 Z80.0 M05；	快速返回安全换刀点，主轴停止
T0404 S400 M03；	换 4 号螺纹刀，主轴正转，转速为 400 r/min
G00 X22.0 Z2.0；	快速定位到循环起点（22，2），准备切削螺纹
G92 X19.2 Z-17.0 F2.5； X18.5； X17.9； X17.4； X17； X16.75；	粗加工 M20 螺纹（可在刀补设有加工余量），或用 G76 指令加工，程序如下： G76 P020000 Q20 R0.02； G76 X16.75 Z-17 P1625 Q400 F2.5；

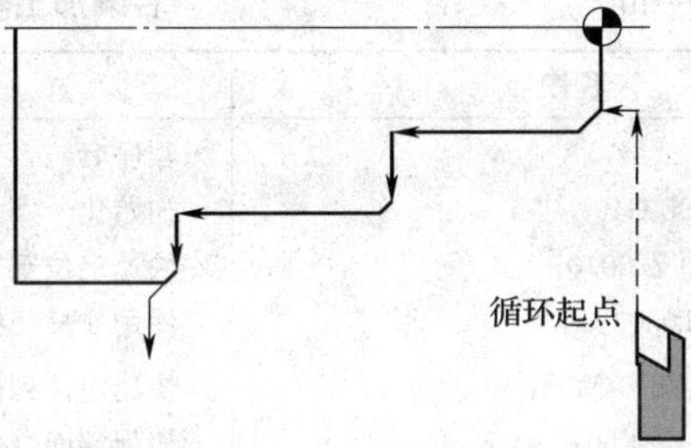

续表

程序	注释
G00 X80.0 Z80.0 M05；	快速返回安全换刀点，主轴停止
M00；	程序暂停，检测螺纹
S400 M03 T0404；	主轴正转，转速为 400 r/min（转速必须与粗加工时的速度一致）
G00 X22.0　Z2.0；	快速定位到循环起点（螺纹起点必须一致）
G92 X16.75 Z－17.0 F2.5；	精加工 M20 螺纹
G00 X80.0　Z80.0 M09；	返回刀具起点，切削液关
M05；	主轴停止
M30；	程序结束

（2）右端加工参考程序

表 2—3—10　　右端加工参考程序

程序	注释
O2002；	程序名
G18 G21 G98 G40；	初始化
G00 X100.0 Z200.0；	快速定位至安全换刀点（刀具起点）
M03 S600 T0303；	使用 3 号切槽刀，主轴正转，转速为 600 r/min
G00 X52.0 Z2.0 M08；	快速定位到循环起点（52，2）
G94 X15.0 Z0 F50；	切削端面（保证总长尺寸）
G00 X100.0 Z200.0；	快速返回安全换刀点，主轴停止
T0202；	换 2 号刀，取 2 号刀具偏置补偿
G00 X16.0 Z5.0；	快速定位到循环起点（16，5），准备加工内轮廓表面
G71 U1.0 R0.5；	X 向每次进刀量为 1 mm（半径），退刀量为 0.5 mm
G71 P1 Q2 U－0.3 W0.1 F100；	X 向留－0.3 mm 余量；Z 向留 0.1 mm 余量
N1 G00 X32.0；	精车运动路线
G01　Z0 F80；	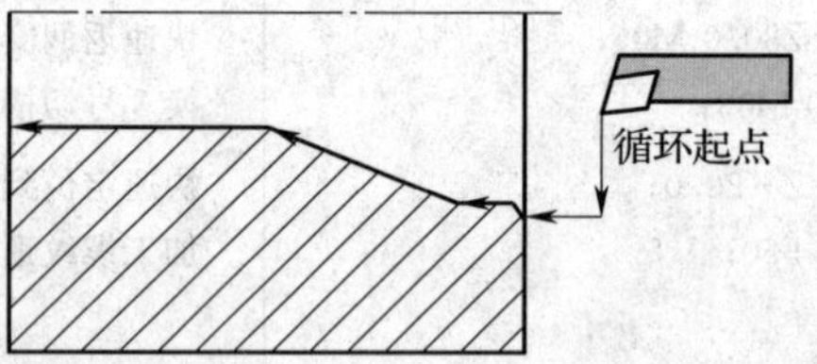 循环起点
X30.0 Z－1.0；	
Z－5.0；	
X18.0 Z－20.0；	
N2 G01　Z－40.0；	
G40 G00 X100.0 Z200.0 M05；	快速返回换刀点，主轴停止
M00；	程序暂停，检测工件
S800 M03 T0202；	主轴正转，转速为 800 r/min
G00 X16.0 Z5.0；	快速定位到循环起点
G70 P1 Q2；	精加工
G00 X100.0 Z200.0 M05；	快速返回安全换刀点，主轴停止
T0101；	换 1 号刀，取 1 号刀具偏置补偿
S600 M03；	主轴正转，转速为 600 r/min

续表

程序	注释
G00 X52.0 Z2.0;	快速定位到循环起点（52，2）
G90 X48.3 Z-58.0 F80;	粗车外圆至 ϕ48.3 mm
X48.0;	精车外圆至 ϕ48 mm
X50.0 Z-2.0 R-4.0;	倒 *C*1 角
G00 X100.0 Z200.0;	快速返回安全换刀点，主轴停止
T0404;	换 4 号刀，取 4 号刀具偏置补偿
G00 X52.0 Z-14.0;	快速定位到循环起点（52，-14），准备车削凹圆弧面
G73 U6.5 R7.0;	*X* 向退刀距离 6.5 mm，分 7 层切削
G73 P3 Q4 U0.3 W0 F60;	*X* 向留 0.3 mm 的余量
N3 G01 X48.0 F50;	精车 *R*18 mm 凹圆弧面运动路线（最好两端考虑延伸量）
N4 G02 X48.0 Z-44.0 R18.0;	
G70 P3 Q4;	精加工
G40 G00 X100.0 Z200.0 M09;	返回刀具起点，切削液关
M05;	主轴停止
M30;	程序结束

6. 零件加工操作

（1）工件装夹

第 1 次装夹利用三爪自定心卡盘直接夹持预先加工的 ϕ48 mm×50 mm，毛坯右端伸出卡盘 70 mm 左右。

第 2 次装夹利用三爪自定心卡盘夹持 ϕ35 mm 外圆表面，表面上垫薄铜片，夹紧并利用百分表校正零件。

（2）装刀与对刀

各刀具按表 2—3—6 所列刀具安装至相对应的刀位中，注意刀尖中心高、刀头伸出长度及刀具主偏角的位置。

对刀时，把 1 号刀具设置为基准刀具，其余均以非基准刀具进行对刀操作。

工件掉头后，由于工件装夹时只有工件长度 *Z* 方向有变化，所以在加工工序 2 中，必须考虑保证零件总长的尺寸精度。

（3）精度控制

在加工过程中，当程序暂停时，应对加工尺寸进行严格的检测。当内、外圆及螺纹尺寸出现偏差时，根据误差的情况，修正刀补或者程序后，再次执行精加工程序段，然后再次检测，保证零件尺寸加工精度。

练一练

零件图样如图 2—3—6 所示，材料为 45 钢，毛坯尺寸为 ϕ40 mm×90 mm，并已钻出 ϕ20 mm 的预孔。试在配置 FANUC 0i 系统的数控车床上，完成该零件的加工任务。

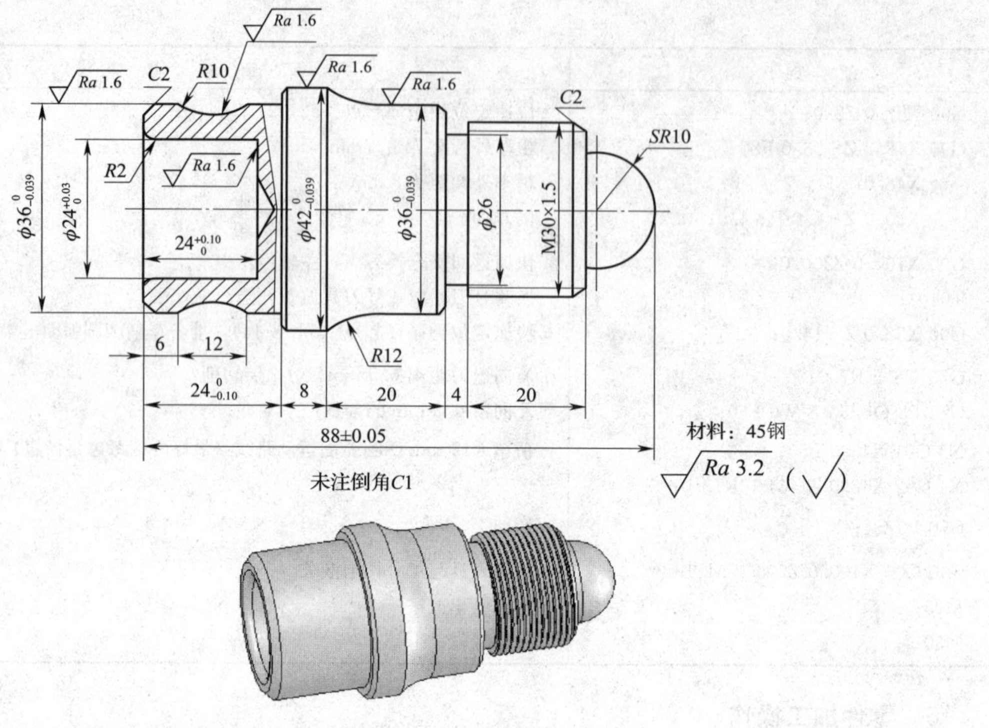

图 2—3—6　练一练零件图样

三、加工示例三

如图 2—3—7 所示零件图样，材料 45 钢，毛坯尺寸为 ϕ50 mm×120 mm，并已钻孔 ϕ14 mm×60 mm。试在配置 FANUC 0i 系统的数控车床上，完成该零件的加工任务。

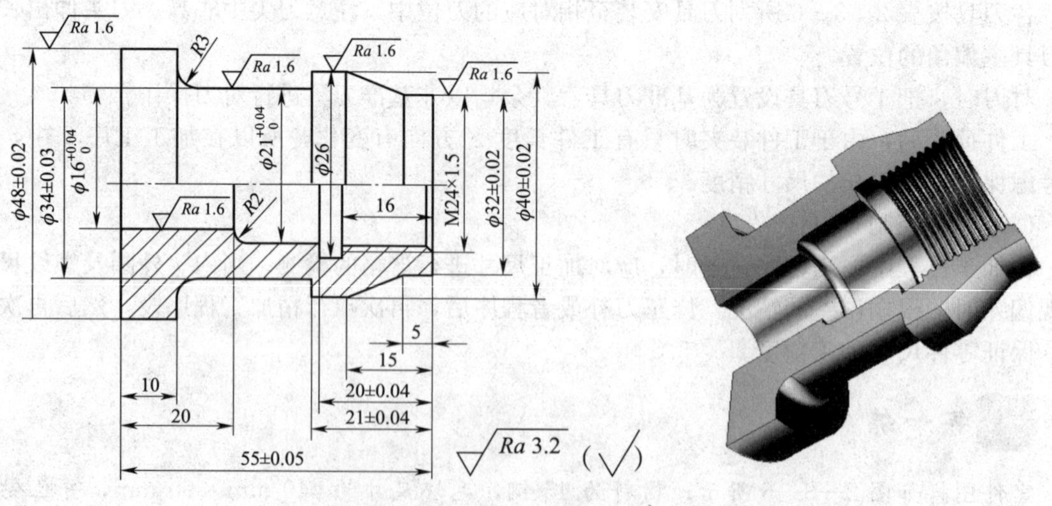

图 2—3—7　加工示例三零件图样

1. **零件图样分析**

该零件主要加工表面包括：ϕ32 mm、ϕ34 mm、ϕ40 mm、ϕ48 mm 外圆柱面，R3 mm 外圆弧面，ϕ16 mm、ϕ21 mm 内圆柱面，R2 mm 内圆弧面，宽 4 mm 内螺纹退刀槽，M24×1.5 mm 普通细牙内螺纹，以及倒角、外圆锥面。其中，精度要求较高尺寸有 ϕ32 mm、ϕ34 mm、ϕ40 mm、ϕ48 mm 外圆柱面，ϕ16 mm、ϕ21 mm 内圆柱面，以及长度尺寸 20 mm、21 mm、55 mm，内、外圆柱表面粗糙度要求为 Ra1.6 μm 和 Ra3.2 μm；尺寸标注完整，结构清晰。

2. **加工方案确定**

（1）装夹零件毛坯，伸出长度 80 mm 左右，手动车削毛坯右端面；采用 G71 指令，粗车零件内轮廓表面。

（2）采用 G70 指令，精车零件内轮廓表面。

（3）采用 G94 指令，加工内螺纹退刀槽。

（4）采用 G92 或 G76 指令，粗、精车 M24×1.5 mm 内螺纹。

（5）采用 G71 指令，粗车外轮廓表面。

（6）采用 G70 指令，精车外轮廓表面。

（7）采用 G72 指令，粗车槽轮廓面。

（8）采用 G70 指令，精车槽轮廓面。

（9）采用 G94 指令，进行切断加工。

3. **刀具、量具选择**

（1）刀具选择

由于零件材料为 45 钢，表面精度都有要求，因此选用硬质合金可转位式机夹刀，具体选用情况见表 2—3—11 和表 2—3—12。

表 2—3—11　　内轮廓刀具选用

刀具号	刀具名称	数量	加工表面	对刀基准
T0202	镗孔刀	1	加工方案（1）（2）	左刀位点
T0303	内沟槽刀（宽 3 mm）	1	加工方案（3）	
T0404	60°内螺纹刀	1	加工方案（4）	

表 2—3—12　　外轮廓刀具选用

刀具号	刀具名称	数量	加工表面	对刀基准
T0101	90°外圆车刀	1	加工方案（5）（6）	左刀位点
T0202	切槽刀（宽 3 mm）	1	加工方案（7）（8）（9）	

（2）量具选择

根据加工需要，所选量具包括：0～150 mm 游标卡尺、25～50 mm 外径千分尺、10～18 mm 内径百分表、18～35 mm 内径百分表、R1～R6.5 mm 半径规、M24×1.5 mm 螺纹塞规、表面粗糙度样板。

4. 加工工艺卡制定

零件内、外轮廓表面加工工艺卡分别见表 2—3—13、表 2—3—14。

表 2—3—13　　零件内轮廓表面加工工艺卡

单位			零件名称	加工材料		零件图号
×××			加工示例三	45 钢		
工序号	程序编号		夹具名称	夹具编号	数控系统	设备型号
1	3001		三爪自定心卡盘		FANUC 0i	CKA6136i
工步号	工步内容		刀具号	主轴转速 (r/min)	进给量 (mm/min)	背吃刀量 (mm)
1	粗车内轮廓		T0202	600	80	1
2	精车内轮廓		T0202	800	60	0.3
3	加工内螺纹退刀槽		T0303	400	50	3
4	粗、精车 M24 内螺纹		T0404	400		
编制		审核	批准		共　页第　页	

表 2—3—14　　零件外轮廓表面加工工艺卡

单位			零件名称	加工材料		零件图号
×××			加工示例三	45 钢		
工序号	程序编号		夹具名称	夹具编号	数控系统	设备型号
2	3002		三爪自定心卡盘		FANUC 0i	CKA6136i
工步号	工步内容		刀具号	主轴转速 (r/min)	进给量 (mm/min)	背吃刀量 (mm)
1	粗车外轮廓		T0101	600	100	1
2	精车外轮廓		T0101	1 000	80	0.3
3	粗、精车槽轮廓		T0202	500	50/40	3/0.3
4	切断		T0202	500	40	24
编制		审核	批准		共　页第　页	

5. 加工程序编制

选择配置 FANUC 0i 系统、四工位前置刀架的数控车床，零件加工参考程序见表 2—3—15、表 2—3—16。

（1）内轮廓表面加工参考程序

表 2—3—15　　内轮廓表面加工参考程序

程序	注释
O3001；	程序名
G18 G21 G98 G40；	初始化
G00 X100.0 Z200.0；	快速定位至安全换刀点（刀具起点）
T0202；	换 2 号刀，取 2 号刀具偏置补偿
M03 S600；	主轴正转，转速为 600 r/min
G00 X14.0 Z2.0 M08；	快速定位到循环起点（14，2），切削液开
G71 U1.0 R0.5；	X 向每次进刀量为 1 mm（半径），退刀量为 0.5 mm
G71 P1 Q2 U-0.3 W0.1 F80；	X 向留-0.3 mm 余量，Z 向留 0.1 mm 余量
N1 G00 X24.0；	精车运动路线
G01 Z0 F80；	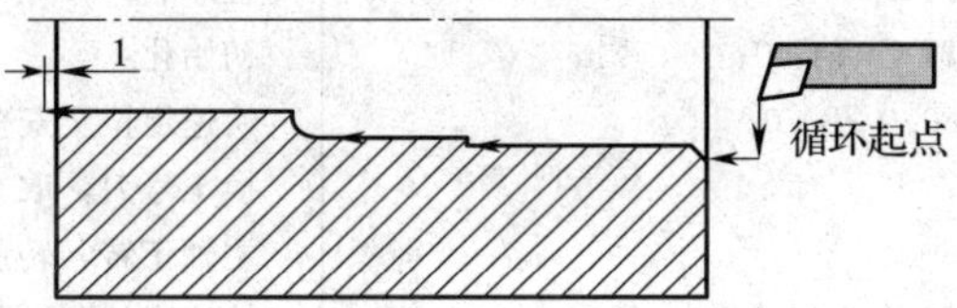
X22.5 Z-1.0；	
Z-20.0；	
X21.0；	
Z-33.0；	
G03 X16.0 Z-35.0 R2.0；	
N2 G01 Z-56.0；	
G00 X100.0 Z200.0 M05；	快速返回换刀点，主轴停止
M00；	程序暂停，检测工件
S800 M03 T0202；	主轴正转，转速为 800 r/min
G00 X14.0 Z2.0；	快速定位到循环起点（14，2）
G70 P1 Q2；	精加工
G00 X100.0 Z200.0 M05；	快速返回安全换刀点，主轴停止
T0303 S400 M03；	换 3 号切槽刀，主轴正转，转速为 400 r/min
G00 X20.0 Z5.0；	快速定位到循环起点（20，-20），准备加工内螺纹退刀槽
Z-20.0；	
G94 X26.0 F50；	加工内螺纹退刀槽
Z-19.0；	
G00 Z5.0；	
X100.0 Z200.0；	快速返回安全换刀点
T0404；	换 4 号螺纹刀
G00 X20.0 Z4.0；	快速定位到循环起点（20，4），准备加工内螺纹

续表

程序	注释
G92 X23.0 Z－17.0 F1.5； X23.4； X23.7； X23.9； X24；	加工 M24×1.5 mm 内螺纹（可在刀补设有加工余量），也可用 G76 指令加工，程序如下： G76 P021060 Q20 R0.02； G76 X24 Z－17 P750 Q300 F1.5；
G00 X100.0 Z200.0 M05；	快速返回安全换刀点，主轴停止
M30；	程序结束

（2）外轮廓表面加工参考程序

表 2—3—16　　外轮廓表面加工参考程序

程序	注释
O3002；	程序名
G18 G21 G98 G40；	初始化
G00 X80.0 Z80.0；	快速定位至安全换刀点（刀具起点）
T0101；	换 1 号刀，取 1 号刀具偏置补偿
M03 S600	主轴正转，转速为 600 r/min
G00 X50.0 Z2.0 M08；	快速定位到循环起点（50，2），切削液开
G71 U1.0 R0.5；	X 向每次进刀量 1 mm（半径），退刀量为 0.5 mm
G71 P1 Q2 U0.3 W0.1 F100；	X 向留 0.3 mm 余量，Z 向留 0.1 mm 余量
N1 G00 X32.0； G01 Z－5.0 F80； X40.0 Z－15.0； Z－45.0； X48.0； N2 Z－59.0；	精车运动路线 4 循环起点
G00 X80.0 Z80.0 M05；	快速返回换刀点，主轴停止
M00；	程序暂停，检测工件
S1000 M03 T0101；	主轴正转，转速为 1 000 r/min
G00 X50.0 Z2.0；	快速定位到循环起点（50，2）
G70 P1 Q2；	精加工
G00 X80.0 Z80.0 M05；	快速返回安全换刀点
T0202 S500 M03；	换 2 号切槽刀，主轴正转，转速为 500 r/min
G00 X50.0 Z－24.0；	快速定位到循环起点（50，－24），准备加工槽
G94 X34.3 F40；	车工艺槽
G72 W2.0 R0.3；	Z 向每次进刀量为 2 mm，退刀量为 0.3 mm
G72 P3 Q4 U0.3 W0 F650；	X 向留 0.3 mm 余量

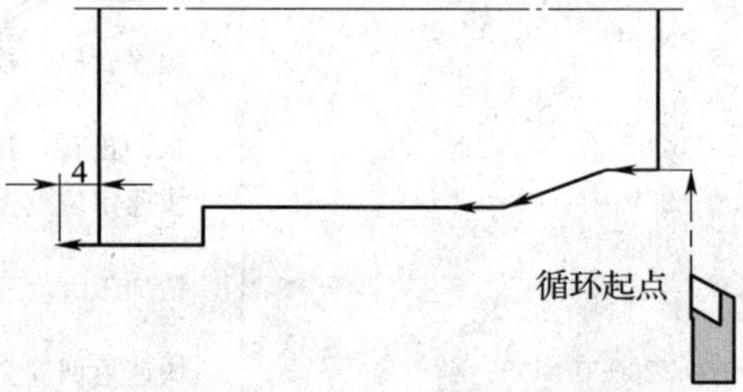

续表

程序	注释
N3 G00 Z-45.0; G01 X40.0 F40; G03 X34.0 Z-42.0 R3.0; N4 G01 Z-24.0;	精车运动路线 循环起点
G00 X80.0 Z80.0 M05;	快速返回换刀点，主轴停止
M00;	程序暂停，检测工件
M03 S600 T0202;	主轴正转
G00 X50.0 Z-24.0;	快速定位到循环起点（与粗车时相同）
G70 P3 Q4;	精车槽
G00 Z-58.0;	快速定位到总长处（50，-58），Z=-（55+刀宽）
G94 X0 F40;	切断
G00 X80.0 Z80.0 M09;	快速返回刀具起点，切削液关
M05;	主轴停止
M30;	程序结束

6．零件加工操作

（1）工件装夹

利用三爪自定心卡盘1次装夹直接夹持毛坯直径，毛坯右端伸出卡盘80 mm左右。

（2）装刀与对刀

由于车床的刀架为四工位，一次只能装4把刀具，根据表2—3—11、表2—3—12所示刀具要2次安装，安装至相对应的刀位中，注意刀尖中心高、刀头伸出长度及刀具主偏角的位置。

对刀时，把1号刀具设置为基准刀具，其余均以非基准刀具进行对刀操作。在加工内轮廓时，基准刀不参加加工，只是为了设置基准而已。

（3）精度控制

在加工过程中，当程序暂停时，应对加工尺寸进行严格的检测。当内、外圆及内螺纹尺寸出现偏差时，根据误差的情况，修正刀补或者程序后，再次执行精加工程序段，然后再次检测，保证零件尺寸加工精度。

练一练

零件图样如图2—3—8所示，材料45钢，毛坯尺寸为ϕ50 mm×120 mm，并已钻孔ϕ14 mm×60 mm。试在配置FANUC 0i系统的数控车床上完成该零件的加工任务。

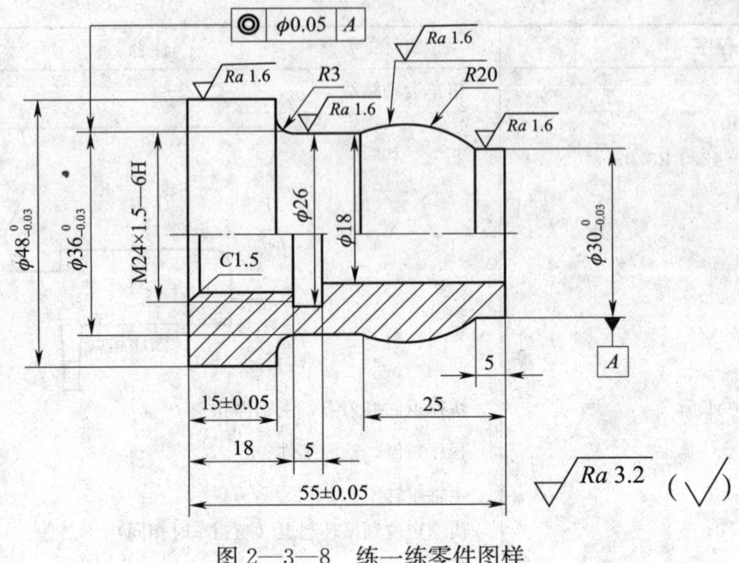

图 2—3—8　练一练零件图样

第三章

数控铣削加工

第一节　数控铣床/加工中心操作

一、数控铣床/加工中心的组成

数控铣床与加工中心的组成基本相同，不同的是加工中心是在数控铣床的基础上增加了刀库和刀具自动交换装置。

加工中心主要包括机床本体、数控系统、刀库和换刀装置、辅助装置等，图 3—1—1 所示为立式加工中心外观。

1. 机床本体

立式加工中心的机床本体如图 3—1—2 所示，主要由床身、工作台、立柱、主轴部件等组成。

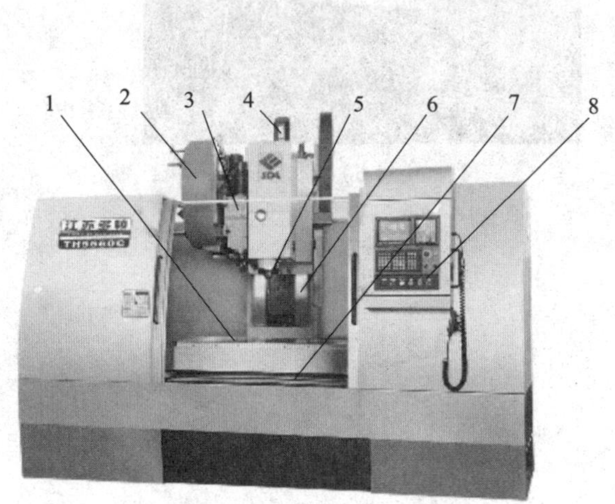

图 3—1—1　立式加工中心外观

1—工作台　2—刀库　3—换刀装置　4—伺服电动机　5—主轴　6—导轨　7—床身　8—面板

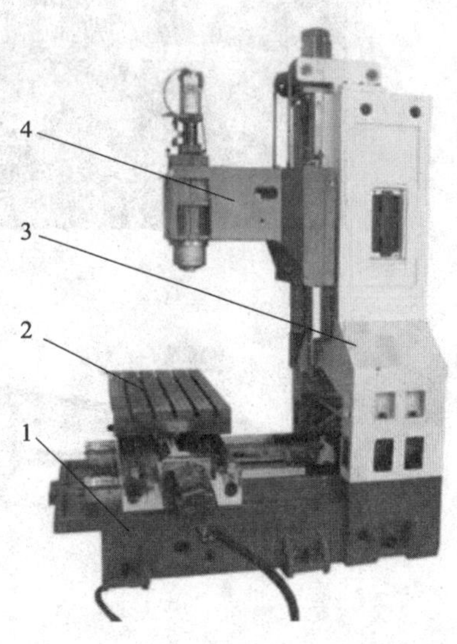

图 3—1—2　立式加工中心机床本体

1—床身　2—工作台　3—立柱　4—主轴部件

2. 刀库和换刀装置

刀库的作用是储备一定数量的刀具，通过机械手实现与主轴上刀具的交换，在加工中心上使用的刀库，主要分为盘式刀库、链式刀库两种，如图 3—1—3 所示。由于数控铣床没有配置刀库和换刀装置，加工时只能采用手动换刀。

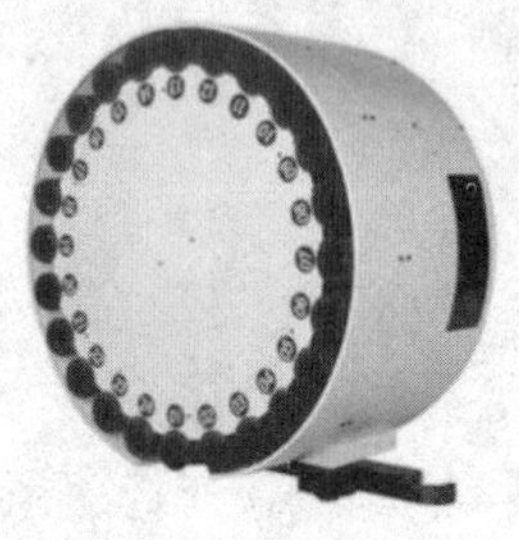

图 3—1—3　刀库及机械手

3. 辅助装置

数控铣床/加工中心常用的辅助装置如图 3—1—4 所示，其中包括气动装置、润滑装置、冷却装置、排屑装置和防护装置等。

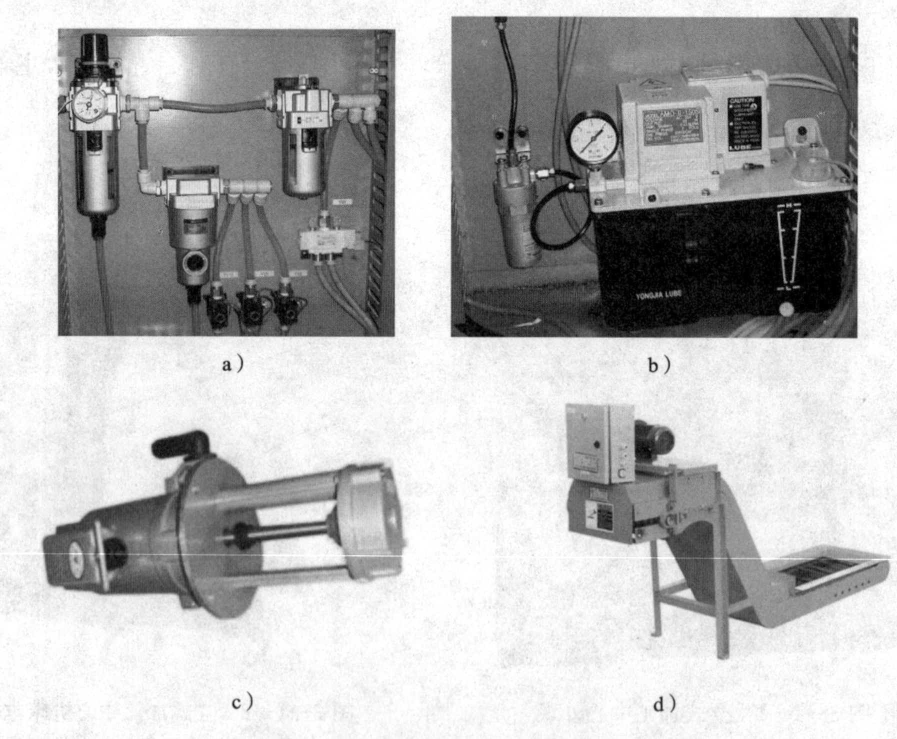

a）　b）　c）　d）

图 3—1—4　辅助装置

a）气动装置　b）润滑装置　c）冷却装置　d）排屑装置

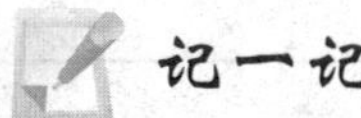
记一记

气动装置主要向主轴、刀库、机械手等部件提供高压气体；加工中心的冷却方式分气冷和液冷两种，分别采用高压气体与冷却液进行冷却。

4. 面板

数控铣床/加工中心面板是人机交互操作界面，由数控系统面板和机床操作面板两部分组成。FANUC 0i Mate－MD 系统数控铣床/加工中心面板如图 3—1—5 所示。

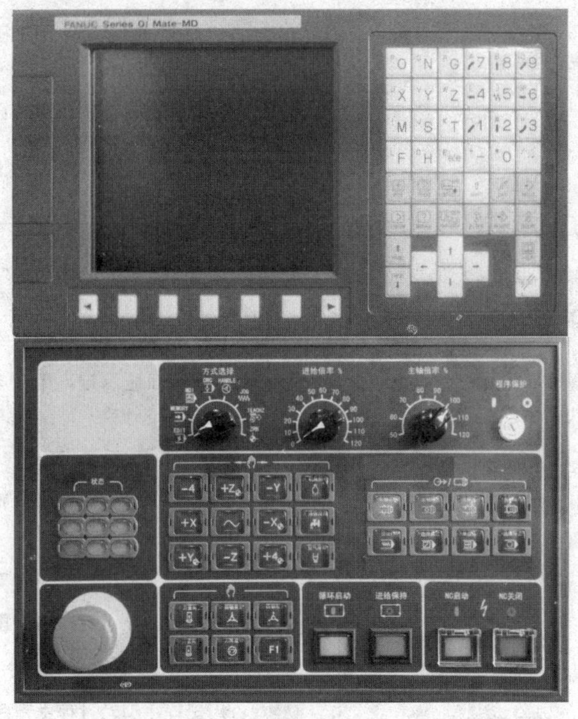

图 3—1—5　FANUC 0i Mate－MD 系统数控铣床/加工中心面板

（1）数控系统面板

数控系统面板主要由数控系统生产厂家原装配置，只要系统型号相同，其功能键的含义及位置也相同。FANUC 0i Mate－MD 系统操作面板主要由显示屏和 MDI 功能按键组成。

1）显示屏。显示屏位于面板左上方，主要用于显示坐标轴位置、数控加工程序、机床参数等，通常有显像管显示器（CRT）和液晶显示器（LCD）两种。

2）MDI 功能按键。MDI 功能按键位于显示屏幕右侧，主要用于手动数据输入，其详细功能见表 3—1—1。

表 3—1—1　　MDI 按键功能

分区名称	功能按键	功能
地址/数值键	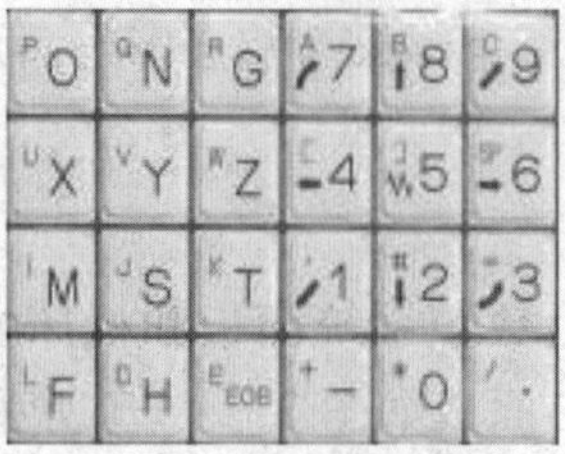 O N G 7 8 9 X Y Z 4 5 6 M S T 1 2 3 F H EOB − 0 .	用于字母 A～Z 字符的输入
		用于“.”“#”“[]”等符号的输入
		用于数字 0～9 及“+”“-”“*”“/”“=”等运算字符的输入
		 EOB：用于程序段结束符“*”或“;”的输入
功能键	 POS PROG OFS/SET SYSTEM MESSAGE CSTM/GRPH	 POS：位置画面显示键，用于显示刀具的坐标位置
		 PROG：程序界面显示键，用于显示“EDIT”方式下存储器里的程序；在 MDI 方式下输入及显示 MDI 数据；在 AUTO 方式下显示程序指令值
		 OFS/SET：偏置/设定画面显示键，用于设定并显示刀具补偿值、工件坐标系
		 SYSTEM：系统画面显示键，用于参数的设定、显示，自诊断功能数据的显示等
		 MESSAGE：信息画面显示键，用于显示 NC 报警信号信息、报警记录等
		 CSTM/GRPH：图形画面显示键，用于显示刀具轨迹等图形
编辑键	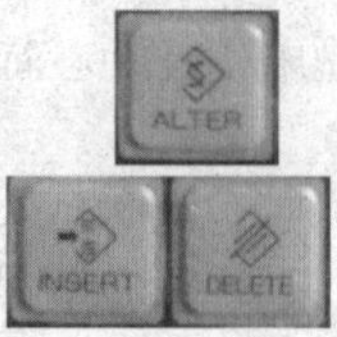 ALTER INSERT DELETE	 ALTER：用于程序编辑过程中程序字的替代
		INSERT：用于程序编辑过程中程序字的插入
		 DELETE：用于删除程序字、程序段及整个程序
位移键	 SHIFT	在一个键上印有两个字符的地址键或数值键，按该键可切换并输入字符；当可以输入左上角指示的字符时，画面上显示出“∧”
取消键	 CAN	按此键可删除输入到键入缓冲器的字符或符号 例如，键入缓冲器的显示为＞N001X100Z _时，按下该键，字符 Z 即被取消，成为：＞N001X100 _

续表

分区名称	功能按键	功能
输入键	INPUT	用于参数或补偿值的输入
光标移动键	↑ ← ↓ →	→：用来使光标向右或向前移动，在正方向光标移动步子较短
		←：用来使光标向左或反方向移动，在反方向光标移动步子较短
		↓：用来使光标向下或向前移动，在正方向光标移动步子较大
		↑：用来使光标向上或向后移动，在反方向光标移动步子较大
翻页键	↑PAGE PAGE↓	PAGE↓：用来使画面上的显示页向前翻页
		↑PAGE：用来使画面上的显示页向后翻页
帮助键	HELP	当不明白 MDI 键操作含义，希望显示操作方法以及希望显示 CNC 上发生的报警详细内容时，可按此键获得帮助信息
复位键	RESET	要解除报警或者复位 CNC 时按此键

（2）机床控制面板

数控机床/加工中心控制面板主要由机床制造商根据机床所配置的系统及机床具体功能而设计。机床厂家、型号、规格不同，往往控制面板也有很大差异，FANUC 0i Mate - MD 系统数控铣床/加工中心控制面板位于面板下方，其功能介绍见表 3—1—2。

表 3—1—2　　FANUC 0i 机床控制面板功能介绍

名称	功能键图	功能
机床总电源开关		机床总电源开关不在面板上，一般位于机床的背面。“OFF”位为总电源关闭，“ON”位为总电源接通

续表

名称	功能键图	功能
系统电源开关	NC启动 NC关闭	按下“NC 启动”键，使数控系统上电 按下“NC 关闭”键，使数控系统断电
急停按钮		当出现紧急情况按下急停按钮时，在屏幕上出现“EMG”字样，机床报警指示灯亮
程序保护开关	程序保护	可通过钥匙旋转至不同位置，当处于“O”位置时，即使在“EDIT”状态下也不能对 NC 程序进行编辑操作
方式选择旋钮	方式选择 DNC HANDLE MDI JOG MEMORY TEACHZ EDIT ZRN	EDIT：编辑模式，用于程序的输入及编辑操作
		MEMORY：自动运行模式，用于程序的自动运行加工
		MDI：MDI 模式，用于手动数据输入的操作
		DNC：DNC 模式，用于在线加工
		HANDLE：手轮模式，用于手摇进给操作
		JOG：手动模式，用于手动切削进给或手动快速进给
		TEACHZ：示教模式，用于示教功能
		ZRN：回参考点模式，用于机床回参考点操作
进给倍率旋钮	进给倍率 % 0 10 20 30 40 50 60 70 80 90 100 110 120	进给速度可通过进给倍率旋钮进行调节，调节范围为 0～120%。另外，对于自动执行的程序中指定的速度 F，也可用进给速度倍率旋钮进行调节
主轴倍率旋钮	主轴倍率 % 50 60 70 80 90 100 110 120	在主轴旋转过程中，可以通过主轴倍率旋钮对主轴转速进行 50%～120%的无级调速。同样，在程序执行过程中，也可对程序中指定的转速进行调节
“JOG”进给及其快速进给	-4 +Z -Y +X ～ -X +Y -Z +4	手动模式下，按下指定轴的方向键不松开，即可指定刀具沿指定的方向手动连续慢速进给。进给率可通过进给倍率旋钮进行调节。同时按下中间位置的快速移动按键 ～ 和指定轴的方向键不松开，即可实现该方向上的快速进给

续表

名称	功能键图	功能
机床照明		控制机床照明的打开或关闭
液体冷却		控制机床冷却液的打开或关闭
空气冷却		控制机床空气冷却的打开或关闭
主轴旋转按钮		 ：主轴正转按钮 ：主轴反转按钮 ：主轴停转按钮 ：主轴选择到指定角度停转按钮 注：以上按钮仅在“JOG”或“HANDLE”模式下有效
自动模式下的按钮		 ：空运行按钮。用于检查刀具运行轨迹的正确性，该模式下自动运行过程中的刀具进给始终为快速进给 ：选择跳过按钮。当该按钮按下时，程序段前加“/”符号的程序段将被跳过执行 ：单段运行按钮。每按一次循环启动按钮，机床将执行一段程序后暂停 ：选择停止按钮。按下该按钮，指令 M01 有效，其功能与指令 M00 的功能相同
回参考点指示灯		当相应轴返回参考点后，对应轴的返回参考点指示灯变亮
加工控制		循环启动：在自动运行模式下，按下该按钮，机床自动运行程序 进给保持：在机床循环启动状态下，按下该按钮，程序运行及刀具运动将处于暂停状态，其他功能如主轴转速、冷却等保持不变。再次按下循环启动按钮，机床重新进入自动运行状态

续表

名称	功能键图	功能
手摇脉冲发生器		在手轮模式下，旋转手摇脉冲发生器，刀具沿指定的坐标轴移动，移动距离大小与手轮进给倍率有关 ：手轮进给轴选择旋钮 ：手轮进给倍率旋钮

二、数控铣床基本操作

数控铣床/加工中心的基本操作内容及基本步骤如图 3—1—6 所示。

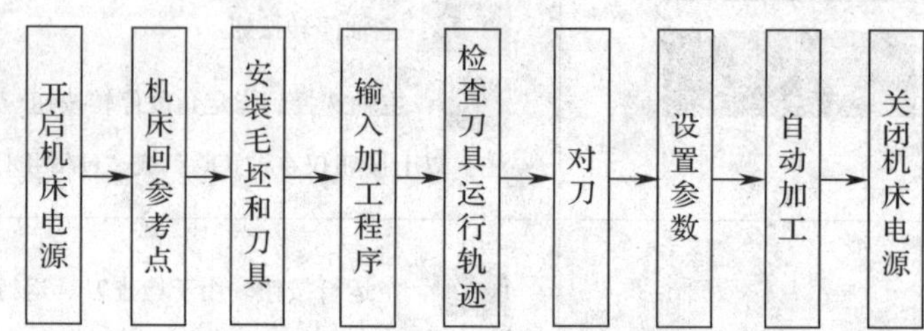

图 3—1—6　数控铣床/加工中心的基本操作内容及基本步骤

1. 开机与关机操作

开机是操作数控铣床/加工中心的第一步，开机前必须做好充分的准备。

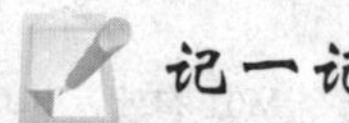

记一记

了解机床性能、结构、操作顺序及紧急停车方法；检查润滑油油位高度，确保其位于高位线和低位线之间，如图 3—1—7 所示；检查气压是否正常，如机床是否有漏气部位，气枪是否通气顺畅等；检查切削液液面高度是否合适；检查机床防护门、电气控制柜门是否关闭。

（1）开机步骤

1）检查机床和 CNC 系统各部分初始状态是否正常。

2）将机床背面电气柜上的电源开关向右旋至“ON”位，接通机床电源。

3）按下机床面板上的绿色 NC 启动按钮，数控系统开始启动，系统引导内容完成后，显示如图 3—1—8 所示的开机画面。

4）如屏幕下方闪烁“EMG”报警信息，则顺时针方向松开机床控制面板或手轮上急停按钮后，按下复位键，即可取消此报警信息。

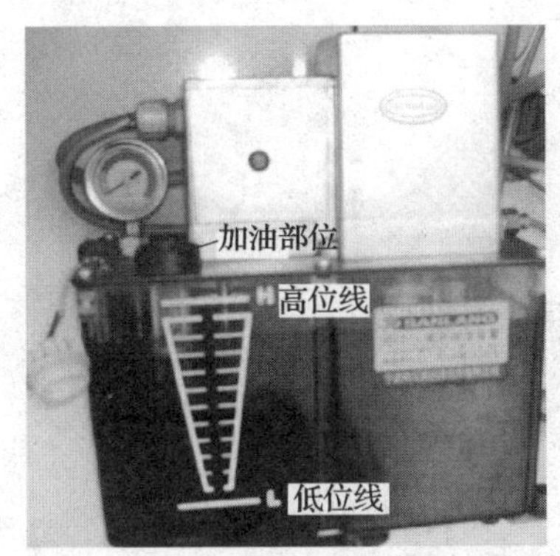

图 3—1—7　油位高度

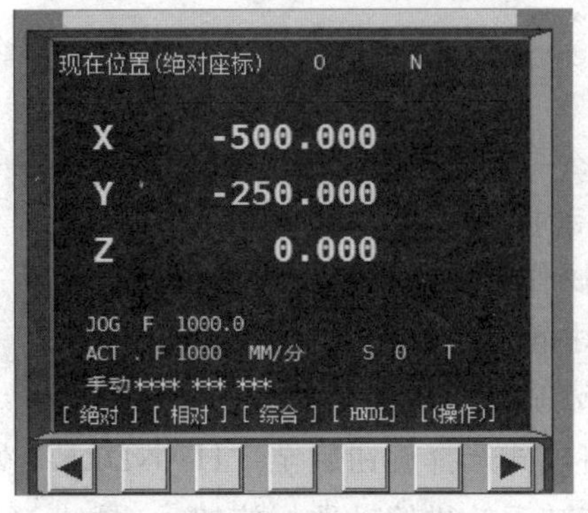

图 3—1—8　开机完成画面

5）检查风扇电动机是否旋转。

（2）关机步骤

1）检查操作面板上循环启动的指示灯是否熄灭。

2）检查 CNC 机床全部移动部件是否都已经停止运行。

3）卸下工件和刀具。

4）在“JOG”模式下，将主轴和工作台移动至安全位置后按下急停按钮。

5）按下机床面板上的红色 NC 关闭按钮▭，关闭数控系统电源。

6）将机床背面电气柜上的电源开关向左旋至“OFF”位。

练一练

按要求步骤进行开机、关机操作。

2. 回参考点操作

机床通电后，通常先执行手动返回参考点操作，如果机床没有执行手动返回参考点操作，机床的运动将不可预料。手动返回参考点必须在“REF”模式下进行。回参考点操作的目的是建立机床坐标系。当然，某些无须进行回参考点操作的机床除外。

手动回参考点操作步骤如下：

（1）将模式选择旋钮旋至“ZRN”处，系统进入回参考点模式。

（2）调节进给倍率旋钮，选择合适的进给速度倍率。

（3）按下“＋Z”轴方向键不松开，直到 Z 轴返回参考点的指示灯亮，显示屏中 Z 坐标变为“0.000”。

（4）分别按下“＋X”轴、“＋Y”轴方向键不松开，直到 X 轴、Y 轴的返回参考点的指示灯亮，此时显示屏界面如图 3—1—9 所示。

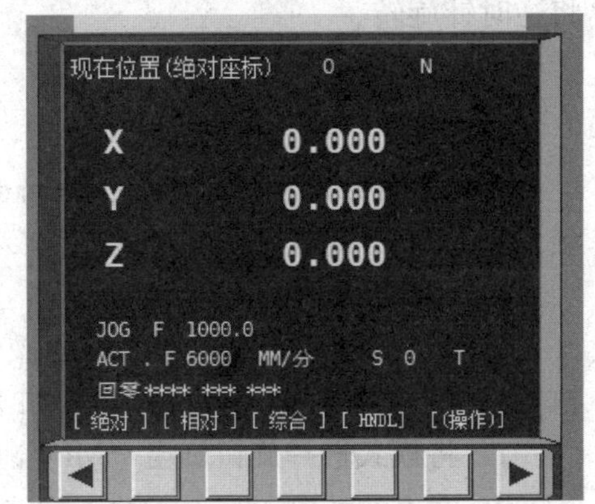

图 3—1—9　回参考点操作后显示屏界面

 想一想

为什么一般先进行 Z 坐标轴回参考点操作？

3. 手动操作

手动操作主要包括手轮进给操作、手动进给操作、主轴操作、MDI 操作等。

（1）手轮进给操作

手轮进给操作步骤如下：

1）将模式选择旋钮旋至“HANDLE”处，按下 MDI 功能键 。

2）旋转手轮进给轴选择旋钮，选择一个刀具要移动的轴。

3）旋转（设置）手轮进给倍率旋钮（×1、×10、×100），选择刀具移动的倍率。

4）顺时针或逆时针旋转手摇脉冲发生器，使刀具向相应坐标轴正方向或负方向移动。

练一练

通过手轮进给操作，使刀具沿 Z 轴下降 123.456 mm。

（2）手动进给操作

手动进给操作步骤如下：

1）将模式选择旋钮旋至“JOG”处，按下 MDI 功能键 。

2）调节进给倍率旋钮，选择合适的进给速度倍率。

3）选择需要手动进给的轴。

4）按住进给方向键不松开，实现刀具沿指定的方向手动连续慢速进给。如果同时按住快速移动按键 和指定轴的进给方向键不松开，则可实现该方向上的快速进给。

（3）主轴旋转操作

在手轮进给操作和手动进给操作模式下，按下机床控制面板上的主轴正转 按钮，主轴将顺时针旋转；按下主轴停止 按钮，主轴将停止转动；按下主轴反转 按钮，主轴将逆时针旋转。

记一记

自动运行时，主轴的转速、转向由程序中 S 代码和 M 代码所指定；在手动模式下，必须采用 MDI 方式设定主轴转速。

（4）MDI 操作

MDI 方式适用于简单程序段的操作，如指定主轴的转速、更换刀具等。这些程序段在执行后将不能被存储，其操作步骤如下：

1）将模式选择旋钮旋至“MDI”处，系统进入 MDI 模式。

2）在系统控制面板上，按下 按钮，CRT 显示器的左上角显示“程式（MDI）”的字样，如图 3—1—10 所示。

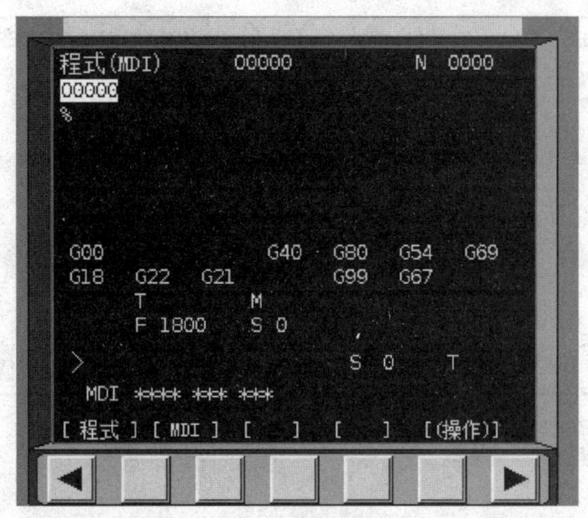

图 3—1—10 MDI 模式显示屏界面

3）输入要运行的程序段。

4）按下机床控制面板上的循环启动按钮，系统自动执行这些程序段。

通过 MDI 操作，输入 M03 S600，使主轴按 600 r/min 正转。

4. 对刀操作

对刀操作就是确定编程时选定的工件坐标系原点在机床坐标系中的位置（$-a$，$-b$，$-c$），如图 3—1—11 所示，并由机床偏置存储器进行储存。一般经对刀操作，并通过机床面板输入不同的零点偏移数值，如图 3—1—12 所示，数控系统可以设定 G54～G59 共 6 个不同的工件坐标系，在编程及加工过程中可以通过 G54～G59 指令对不同的工件坐标系进行选择及调用。

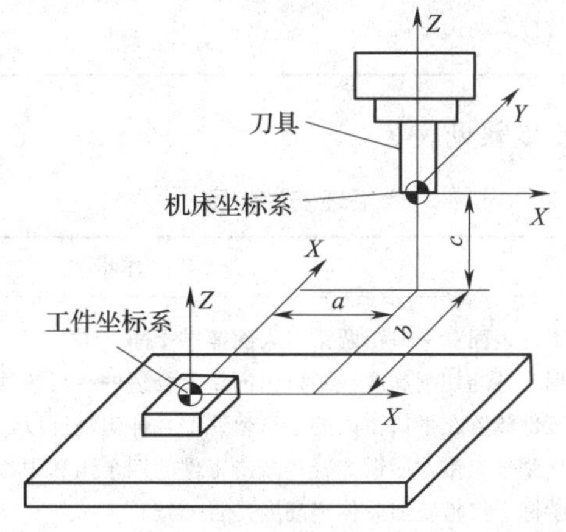

图 3—1—11 数控铣床回参考点后的位置状态

```
WORK COORDINATES                    00001 N0000
(G54)
NO.DATA                       NO.DATA
00      X 0.000               02      X -421.223
(EXT)   Y 0.000               (G55)   Y -234.445
        Z 0.000                       Z -308.379

01      X -521.223            03      X 0.000
(G54)   Y -334.445            (G56)   Y 0.000
        Z -308.379                    Z 0.000

[OFFSET] [SETING] [WORK] [  ] [OPRT]
```

```
WORK COORDINATES                    00001 N0000
(G54)
NO.DATA                       NO.DATA
04      X -371.223            06      X 0.000
(G57)   Y -284.445            (G59)   Y 0.000
        Z -308.379                    Z 0.000

05      X -321.223
(G58)   Y -134.445
        Z -308.379

[OFFSET] [SETING] [WORK] [  ] [OPRT]
```

图 3—1—12　机床偏置存储器参数

（1）对刀准备

对刀前应做好相应的准备工作，其中包括平口钳的安装与校正、毛坯安装、刀具安装等。

1）平口钳的安装与校正。平口钳的安装与校正步骤见表 3—1—3。

表 3—1—3　　平口钳的安装与校正步骤

操作项目	操作步骤
平口钳安装	将铣床工作台表面和平口钳钳体底座表面擦拭干净 将底座上的定位键放入工作台中央的 T 形槽内 用 T 形螺栓和螺母将平口钳紧固
平口钳校正	将装有百分表的磁力表座吸在主轴上，表杆与固定钳口垫铁平面大致垂直 将百分表的触头压在固定钳口上 沿平行于钳口的方向移动工作台 观看百分表读数，用铜棒轻敲平口钳进行调整，以保证在固定钳口全长范围内百分表的表针摆动范围应在 0.01 mm 以内 交替拧紧两边螺母

2）毛坯安装。毛坯安装步骤见表 3—1—4。

表 3—1—4　　毛坯安装步骤

操作项目	操作步骤
毛坯安装	将工件表面和平口钳两钳口表面擦拭干净 根据工件的切削高度在平口钳内垫上合适的平行垫铁 将工件放置在平口钳内的平行垫铁上，伸出高度以铣刀铣不到钳口上平面为宜 预夹紧平口钳，用铜棒轻轻敲击工件的四个角和中心位置 用游标卡尺检验前后伸出高度是否一致 确认无误后再次夹紧工件

3）刀具安装。数控铣刀安装包括两个阶段：刀具在刀柄上的安装、刀柄在主轴上的安装。

数控铣刀在刀柄上的安装步骤见表 3—1—5。

表 3—1—5　　数控铣刀在刀柄上的安装步骤

操作项目	操作步骤
铣刀安装于刀柄	选择如图 3—1—13 所示的弹簧夹头刀柄和 ER 型弹簧夹头 将弹簧刀柄的锁紧螺母、弹簧夹头和铣刀刀柄擦拭干净 将弹簧夹头装入锁紧螺母中 将刀柄装入如图 3—1—14 所示的锁刀器中，同时将装有夹头的锁紧螺母旋入刀柄 将铣刀装入弹簧夹头中，伸出长度适宜，用手旋紧锁紧螺母 用月牙扳将锁紧螺母锁紧，完成刀具在刀柄中的安装

图 3—1—13　弹簧夹头刀柄和 ER 型弹簧夹头

图 3—1—14　锁刀器

刀柄在机床主轴上的安装步骤见表 3—1—6。

表 3—1—6　　刀柄在机床主轴上的安装步骤

操作项目	操作步骤
刀柄安装于主轴	打开供气泵 将模式选择旋钮旋至“JOG”处 手握刀柄底部，将刀柄伸入主轴锥孔中，刀柄卡槽对准主轴底部凸起部分 按下主轴上如图 3—1—15 所示的气动按钮，同时向上推刀柄 松开气动按钮，然后用力向下拉刀柄，检查刀柄是否夹紧

图 3—1—15　按下气动按钮

练一练

按照要求步骤完成对刀准备操作和刀具安装。

（2）对刀方法

为确定工件坐标系坐标轴 X、Y、Z 的准确位置（原点位置），数控铣床/加工中心的对刀操作分为 X 轴、Y 轴对刀和 Z 轴对刀。显然，对刀的准确程度将直接影响零件加工精度，所以对刀方法（见表 3—1—7）要与零件的精度要求相适应。

表 3—1—7 对刀方法

对刀方法		相关说明
X 轴、Y 轴对刀	试切对刀法	直接采用加工刀具进行对刀，操作简单方便，但会在零件表面留下切削刀痕，影响零件表面质量且对刀精度较低
	刚性靠棒对刀法	利用刚性靠棒配合块规或塞尺进行对刀，与试切对刀法相似，不会在零件表面留下痕迹，但对刀精度不高且较为费时
	寻边器对刀法	利用机械寻边器或光电寻边器（见图 3—1—16）进行对刀，对定位基准面有要求，以确保高精度对刀。前者无须维护、成本适中；后者需维护、成本较高
	百分表对刀法	利用磁力表座和百分表进行对刀，如图 3—1—17 所示，一般用于带圆周面零件
	对刀仪对刀法	也称机外对刀法。首先获得一把标准刀具参数，然后利用专业对刀设备获取其他刀具和标准刀具差值（直径和长度），最后将每把刀具数据参数输入系统中。用于在加工中心加工零件
Z 轴对刀	试切对刀法	类似于 X 轴、Y 轴对刀中的试切对刀法
	Z 轴对刀仪对刀	利用有光电式或指针式 Z 轴设定器（见图 3—1—18）进行对刀，通过光电指示或指针判断刀具与对刀器是否接触

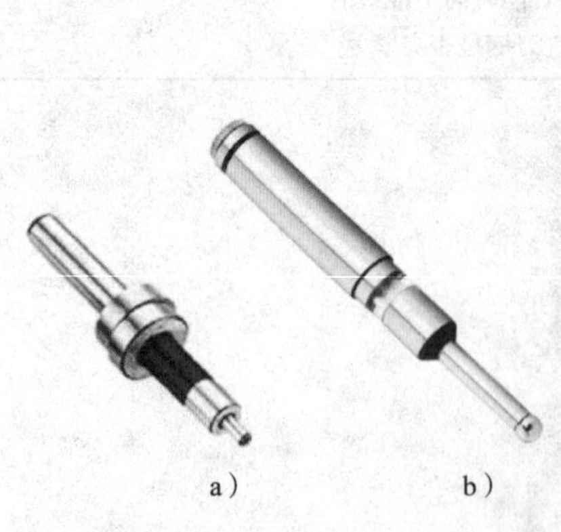

图 3—1—16 寻边器

a）机械寻边器 b）光电寻边器

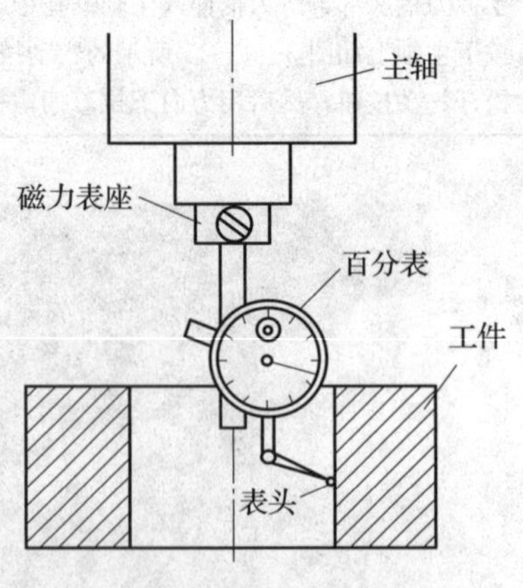

图 3—1—17 百分表对刀法

图 3—1—18 指针式 Z 轴设定器

(3) 对刀操作

对刀操作主要步骤可概括为移动、记录、输入，其主要内容见表 3—1—8。

表 3—1—8 对刀操作主要步骤及内容

对刀步骤	主要内容
移动	将刀具（或对刀工具）直接或间接移动到工件坐标系原点
记录	移动距离可通过数控系统面板显示屏获得。记录坐标值时，请务必记录机械坐标值，必要时还要作相应的计算，以得到坐标值（$-a$、$-b$、$-c$）
输入	将相应坐标值通过数控系统面板输入相应的机床偏置存储器参数，这类参数有 G54～G59 共计 6 个，编程操作时根据需要而定

(4) 应用示例

如图 3—1—19 所示加工零件图样，毛坯尺寸 80 mm×80 mm×20 mm，工件坐标系（G54）原点位于零件上表面中心，现采用试切对刀法进行对刀，假设对刀准备就绪，其对刀过程见表 3—1—9。

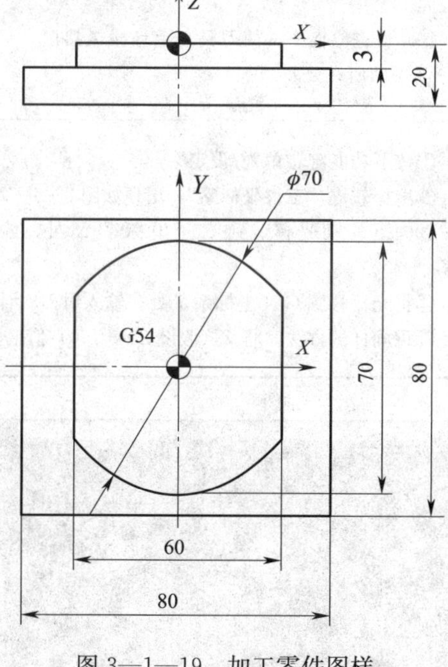

图 3—1—19 加工零件图样

表 3—1—9 试切对刀法操作过程

操作内容	操作过程
MDI 模式下转动主轴	①选择“MDI”模式，进入编辑界面 ②输入“M03 S600;” ③按下循环启动按钮，主轴正转

续表

操作内容	操作过程
X轴、Y轴对刀操作	①选择“HANDLE”模式，按下MDI功能键，再次按下软键“综合”，出现如图3—1—20所示界面 ②将手轮进给轴选择旋钮旋至“X”处，进给倍率旋钮旋至“×100”处 ③摇动手摇脉冲发生器，快速移动工作台和主轴，让铣刀靠近毛坯左侧面 ④将进给倍率旋钮旋至“×10”处，让铣刀慢慢接近毛坯左侧面，直到有轻微铁屑出现，记下界面中机械坐标系的X值，设为X_1（A处），如图3—1—21所示 ⑤抬起铣刀至毛坯上表面之上，快速移动工作台和主轴，让铣刀靠近毛坯右侧面 ⑥重复步骤④，记下机械坐标系的X_2值（B处） ⑦计算出工件坐标系的X值，$X=(X_1+X_2)/2$（Y轴所在处） ⑧用同样的方法测量并计算出工件坐标系的Y值（X轴所在处）
Z轴对刀操作	①将手轮进给轴选择旋钮旋至“Z”处，进给倍率旋钮旋至“×100”处 ②摇动手摇脉冲发生器，快速移动工作台和主轴，让铣刀靠近毛坯任意一角的上表面 ③降低进给倍率，使刀具与毛坯微微接触，记下屏幕界面中机械坐标系的Z值（XY平面所在处）
工件坐标系（G54）设定	①按下功能键“偏置/设定” ②选择软键“工件坐标系”，出现如图3—1—22所示的工件坐标系设定画面 ③向下移动光标，到G54坐标系X处，输入对刀时计算出的X值（假设X=-300） ④将光标移到G54坐标系Y处，输入对刀时计算出的Y值（假设Y=-215） ⑤用同样的方法，将Z（假设Z=-150）值输入G54坐标系Z处

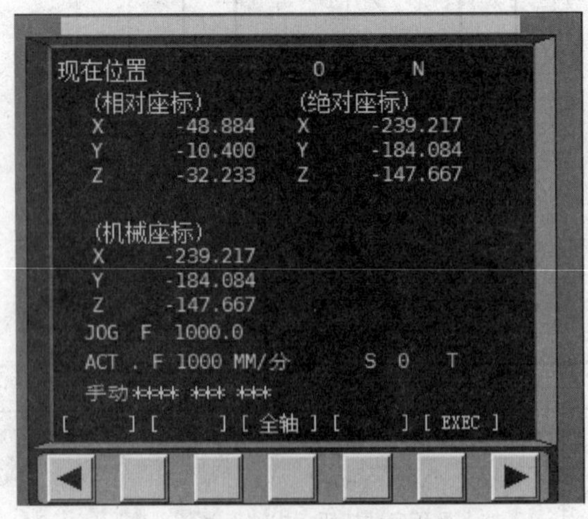

图3—1—20 “综合”界面

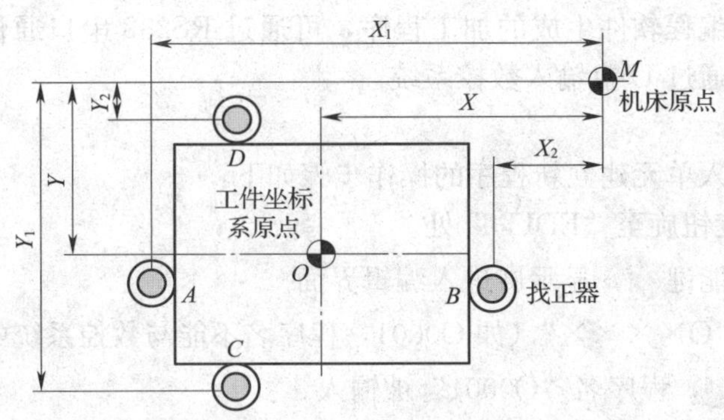

图 3—1—21 X 轴、Y 轴对刀

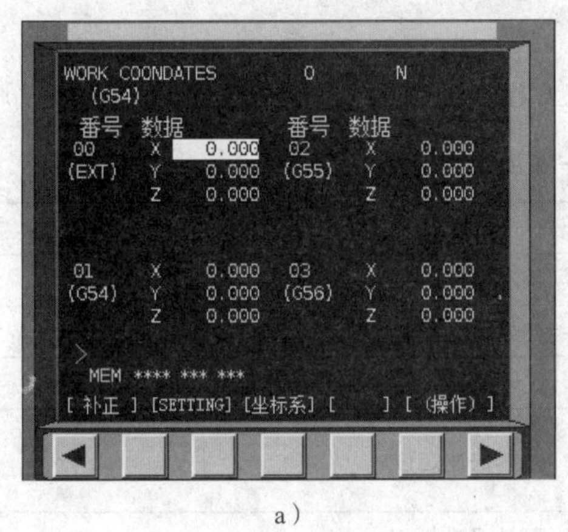

a）

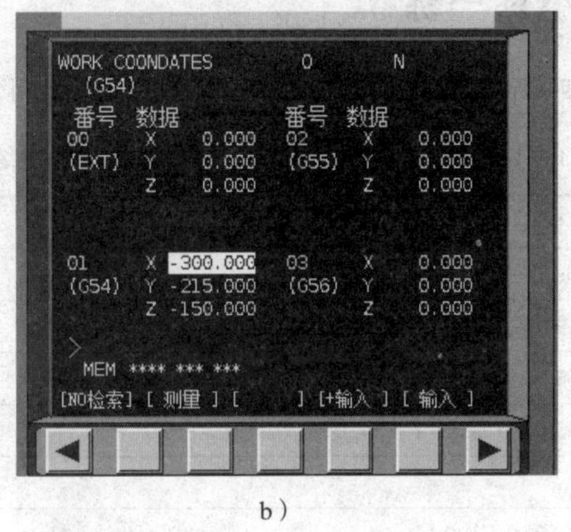

b）

图 3—1—22 工件坐标系设定画面

a）设定前 b）设定后

想一想

对于如图 3—1—23 所示不同工件坐标系原点设定情况，加工时如何进行 X 轴、Y 轴对刀？

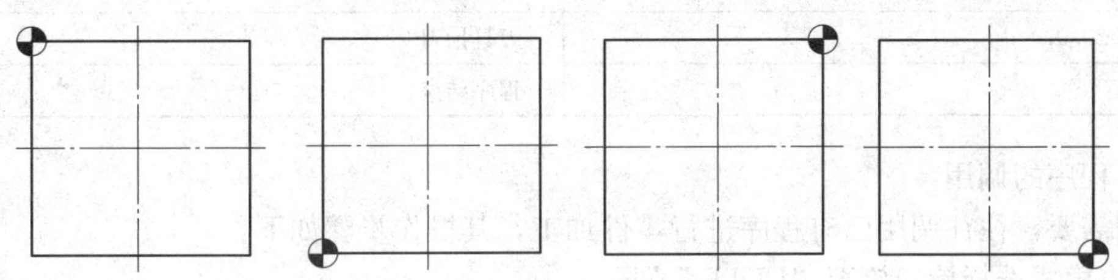

图 3—1—23 不同工件坐标系原点设定情况

5. 程序的输入与编辑

编制完成的加工程序，一般在“EDIT”模式下，通过手动数据输入单元输入数控系统。

当然，对于通过自动编程软件生成的加工程序，可通过 RS232 串口通信，借助传输软件输入数控系统，或直接通过 U 盘输入数控系统。

（1）建立新程序

通过手动数据输入单元建立新程序的操作步骤如下：

1）将模式选择旋钮旋至“EDIT ”处。

2）按下 MDI 功能键，显示屏进入编辑界面。

3）输入程序名“O××××”（如 O0001，程序名不能与数控系统中已有程序名重复）。

4）按下插入键，程序名“O0001”被输入。

5）按下键，再按下键，结束符“；”被输入，即可进行新程序内容的输入。

按照新建程序步骤完成表 3—1—10 所列加工程序的输入。

表 3—1—10　　建立新程序练一练加工程序

程序	注释
O0001；	程序号
G90 G94 G40 G17 G21 G54；	初始化
M03 S600；	主轴正转，转速为 600 r/min
G90 G00 X－50.0 Y－50.0；	刀具快速定位
Z20.0；	
G01 Z－3.0 F100；	刀具 Z 向下刀
G41 G01 X－30.0 D01；	建立刀补
Y30.0；	采用刀具半径补偿加工轮廓
X30.0；	
Y－30.0；	
X－50.0；	
G40 G01 Y－50.0；	取消刀补
G00 Z 20.0；	刀具抬刀
M30；	程序结束

（2）程序的调用

根据需要，往往调用已有程序进行零件加工，其操作步骤如下：

1）将模式选择旋钮旋至“EDIT ”处。

2）按下 MDI 功能键。

3）输入程序号“O××××”（如 O0001）。

4）按下键，即可完成程序 O0001 的调用。

(3) 程序的删除

对于已经不需要的加工程序，为了节省数控系统存储空间，可考虑将它们删除，其操作步骤如下：

1) 将模式选择旋钮旋至“EDIT”处。

2) 按下 MDI 功能键。

3) 输入程序号“O××××”(如 O0001)。

4) 按下编辑键，即可完成程序 O0001 的删除。

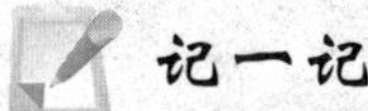

记一记

如果输入“O－9999”后按编辑键，可以删除存储器中所有程序。

(4) 程序的编辑

对于完成调用的加工程序，可通过光标移动、字的插入、字的查找、字的替换、字的删除等，对其内容进行编辑操作（见表 3—1—11）。

表 3—1—11 程序的编辑操作

编辑内容	操作步骤
光标移动	①按下光标键→或←时，光标逐字向前或向后移动，在所选的字处显示光标 ②按住光标键→或←不动时，连续移动 ③按下光标键↓或↑时，移动到下一程序段或上一程序段的第 1 个字 ④按住光标键↓或↑不动时，光标不断地移动，直至程序段的末尾或开头 ⑤按下翻页键或时，画面显示下一页或上一页，光标移动到第 1 个字 ⑥按住翻页键或不动时，向下或向上一页接一页显示
字的插入	①在编辑模式下，将光标移到希望插入位置的程序字前 ②输入希望插入的地址和数据 ③按下编辑键，完成程序字的插入
字的查找	①输入需要搜索的字母或代码 ②按↓键开始在当前数控程序中光标所在位置后搜索 (代码可以是一个字母或一个完整的字，如“G01”“M”等。如果此数控程序中有所搜索的代码，则光标停留在找到的代码处；如果此数控程序中光标所在位置后没有所搜索的代码，则光标停留在原处)

续表

编辑内容	操作步骤
字的替换	①在编辑模式下，将光标移到希望替换字的位置 ②输入新的地址和数据 ③按下编辑键，完成程序字的插入
字的删除	①在编辑模式下，将光标移到希望删除字的位置 ②按下编辑键，完成程序字的删除

按照下列要求对表 3—1—10 所列程序进行编辑：

①将 S600 替换为 S500。

②删除 G17。

6. **程序的校验与自动加工**

（1）程序的校验

数控系统为用户提供了多种校验加工程序的方法，其中包括机床锁住校验和图形显示功能校验。

机床锁住校验的操作步骤如下：

1）打开要校验的程序。

2）将模式选择旋钮旋至“AUTO ”处。

3）按下软键“检视”，使屏幕显示正在执行的程序和坐标。

4）按下机床锁住按钮，按下单段运行按钮。

5）按下循环启动按钮。

每按一下循环启动按钮，数控系统执行一个程序段，直至加工程序结束。

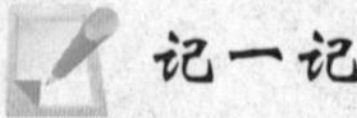

数控系统将检查所执行程序段是否正确，如出现错误（如程序格式等错误），则显示程序报警画面，机床停止运行。

通过数控系统的图形显示功能，可以在屏幕上绘出程序中的刀具运动轨迹，从而校验加工程序的正确性。

图形显示功能校验的操作步骤如下：

1）选择“AUTO”模式。

2）按下图形画面显示键，出现如图 3—1—24 所示的图形显示画面。

3）依次完成各项参数的设定。

4）按下屏幕软键“图形”。

5）按下循环启动按钮，机床开始移动，在屏幕上显示出刀具的运行轨迹。

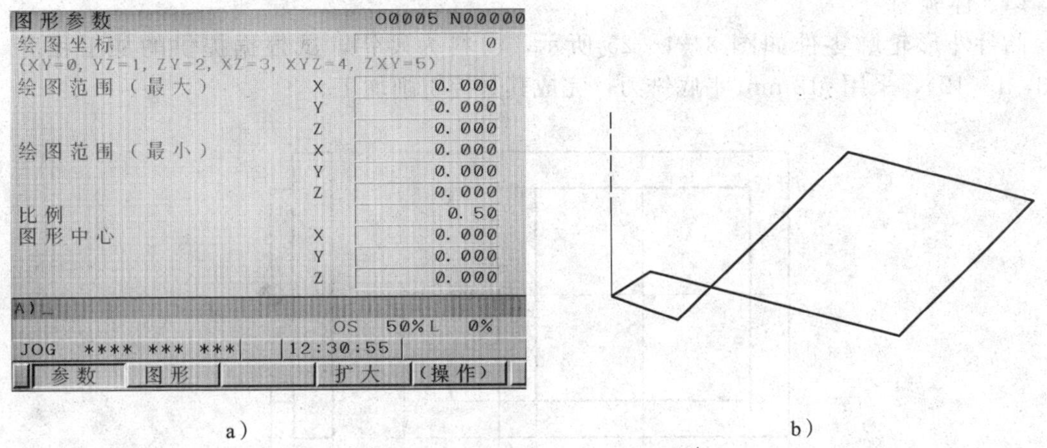

图 3—1—24　图形显示画面

a）图形显示参数设置画面　b）刀具轨迹

需要指出的是，图形显示功能校验主要用于校验程序轨迹的正确性，该功能可以在自动运行和机床锁住模式下使用。

练一练

试通过机床锁住模式下的图形显示功能校验操作，完成对表 3—1—10 所列加工程序的校验，画出加工零件的轮廓。

（2）自动加工

在上述所有工作完毕后，即可进入自动运行加工操作“AUTO”模式，进行零件的自动加工。

自动加工的操作步骤如下：

1）打开需运行的程序。

2）将模式选择旋钮旋至“AUTO ”处。

3）按下软键“检视”，使屏幕显示正在执行的程序和坐标。

4）按下循环启动按钮，自动执行加工程序。

根据实际需要，自动加工中涉及相关按钮及开关的使用，其相关说明参见表 3—1—2。

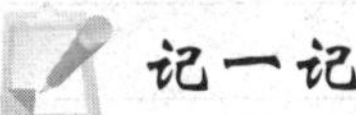

记一记

自动加工时，必须严格遵守操作规程，并注意：时刻监视机床运行状态，如刀具位置、切削情况等；确认切削液输出通畅，流量充足；不能打开防护门；机床运转时，切忌调整刀具、测量工件尺寸、用手靠近旋转的刀具和工件、用毛刷等工具清扫工件或刀具上的切屑。

7. 机床操作完整体验

（1）体验一

凸台外形轮廓零件如图 3—1—25 所示，材料为硬铝，试根据提供的加工程序（见表 3—1—12），采用 ϕ12 mm 平底铣刀，完成其数控铣削加工。

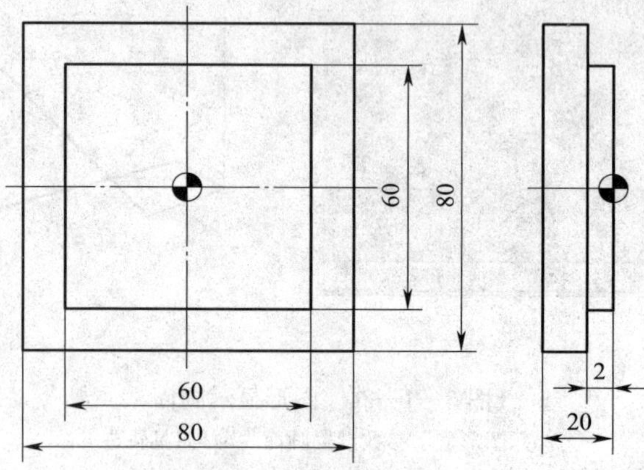

图 3—1—25　体验一零件图样

表 3—1—12　　体验一零件加工程序

程序	注释
O0001；	程序号
G90 G94 G40 G17 G21 G54；	程序初始化
M03 S600；	主轴正转，转速为 600 r/min
G90 G00 X－50.0 Y－50.0；	刀具定位
Z20.0；	
G01 Z－2.0 F100；	刀具 Z 向下刀
G41 G01 X－30.0 D01；	建立刀补
Y30.0；	采用刀具补偿轮廓加工
X30.0；	
Y－30.0；	
X－50.0；	
G40 G01 Y－50.0；	刀具半径补偿取消
G00 Z 20.0；	刀具抬刀
M30；	程序结束

1）加工准备。选用 FANUC 0i Mate－MD 系统数控铣床，备料 80 mm×80 mm×20 mm 硬铝，准备好工具、量具、刃具（见表 3—1—13）。

表 3—1—13 工具、量具、刃具准备

序号	名称	规格	数量
1	游标卡尺	0～150 mm 0.02 mm	1
2	百分表	0～10 mm 0.01 mm	1
3	磁性表座		1
4	平底铣刀	ϕ12 mm	1
5	平口钳	200 mm	
6	辅具	垫铁、活络扳手、月牙扳手等	各 1
7	其他	铜棒、毛刷等	

2）零件加工操作步骤。零件加工操作步骤为：开机床电源→机床回参考点→安装毛坯→安装刀具并对刀→参数设置→输入程序→轨迹校验→自动加工→零件测量。

加工完毕后，按下列要求结束机床操作。

记一记

将各坐标轴停在中间位置；从主轴上卸下刀具；卸下夹具（需要时）；清理、打扫机床（着重清理工作台表面、导轨表面及防护装置，如机床外壳和切屑防护装置），并涂防锈油；关机。

（2）体验二

凸台外形轮廓零件如图 3—1—26 所示，材料为硬铝，试根据提供的加工程序（见表 3—1—14），采用 ϕ12 mm 平底铣刀，完成其数控铣削加工。

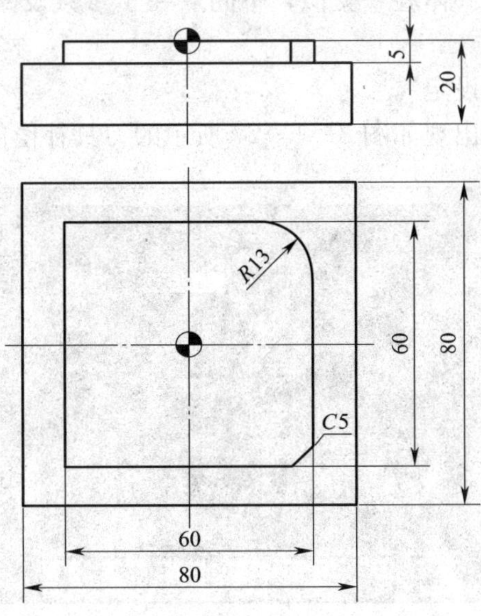

图 3—1—26 体验二零件图样

表 3—1—14　　体验二零件加工程序

程序	注释
O0001；	程序号
G90 G94 G40 G17 G21 G54；	程序初始化
M03 S600；	主轴正转，转速为 600 r/min
G90 G00 X-50.0 Y-50.0；	刀具定位
Z20.0；	
G01 Z-2.0 F100；	刀具 Z 向下刀
G41 G01 X-30.0 D01；	刀具半径补偿的建立
Y30.0；	采用刀具半径补偿加工轮廓
X17.0；	
G02 X30.0 Y17.0 R13.0；	
G01 Y-25.0；	
X25.0 Y-30.0；	
X-50.0；	
G40 G01 Y-50.0；	刀具半径补偿的取消
G00 Z 20.0；	刀具抬刀
M30；	程序结束

体验二零件的加工步骤和体验一类似，不同点在于参数设置时需设定刀具半径补偿值，其操作步骤如下：

1）按下功能键“偏置/设定”。

2）选择软键“补正”，出现如图 3—1—27 所示的刀具补偿值设定画面。

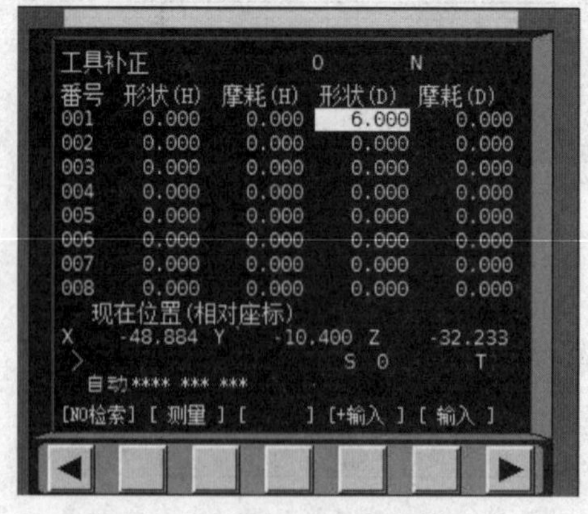

图 3—1—27　刀具半径补偿值设置

3）按方位键，移动光标至程序中指定的刀具补偿号 001 处，将刀具半径值 6 输入对应的“形状（D）”里。

4）如果刀具产生了磨损，也可直接将直径方向的磨损值输入对应的“磨损（D）”中。

第二节　数控铣削指令

一、编程方法及功能地址

编程方法有手工编程和自动编程两种。对于平面轮廓类零件及零件上的孔加工，由于几何形状不太复杂，程序编制、计算较为简单，程序段不多，用手工编程即可实现；对于具有空间曲面的零件（如塑料模具的型腔、型芯等），由于编制程序时计算烦琐、工作量大，采用手工编程难以完成，通常采用自动编程的方法。

编程离不开指令，指令字是组成数控加工程序的最小基本单元，它反映了数控系统的功能，并由字母（地址）和数字构成。FANUC 系统数控铣床加工程序中常用的地址及功能、意义或取值见表 3—2—1。

表 3—2—1　　常用地址的功能、意义或取值

地址	功能	意义或取值
O	程序号	程序号
N	程序段号	程序段号
G	准备功能	指令运动方式 G00～G99
X、Y、Z A、B、C U、V、W	尺寸字	坐标轴的移动指令
R		圆弧的半径；固定循环的参数
I、J、K		圆心坐标；固定循环的参数
F	进给速度	指定进给速度
S	主轴功能	指定主轴速度
T	刀具功能	指定刀具号（T0～T99）
M	辅助功能	机床辅助动作（M00～M99）
H、D	补偿号	指定刀具补偿号（00～99）
P、X	暂停	指定暂停时间
P	子程序号	指定子程序号
L	重复次数	子程序的重复次数；固定循环的重复次数
P、Q、R	参数	固定循环参数

二、基本编程指令

数控铣床/加工中心的基本编程指令主要有准备功能指令和辅助功能指令。FANUC 系统数控铣床/加工中心常用准备功能指令（G 代码）和辅助功能指令（M 代码）分别见附表 3 和附表 4。

采用手工编程的数控铣削加工，其对象一般为平面、内外轮廓面、孔或孔系，如图 3—2—1 所示，最基本的指令不外乎插补指令 G01、G02、G03 等，以及孔加工固定循环指令（G73～G89）。

图 3—2—1 手工编程铣削对象

需要指出的是，在数控车削加工中，除圆头车刀以外，由于刀位点半径很小，通常可以忽略。所以，在零件精度要求不太高的情况下，通常可以按照零件轮廓尺寸直接编制加工程序。数控铣削则大不相同，其表现为：第一，刀具半径不能忽略；第二，刀位点位于铣刀中心。所以，在没有采取一定措施（刀具半径补偿）的情况下，不能直接按照零件轮廓尺寸编制加工程序，否则，加工后的零件将单边相差一个刀具半径值。因而，为了满足轮廓尺寸的加工要求，必须使铣刀中心轨迹相对零件轮廓偏离一个刀具半径的距离，并以此来编制加工程序，这样使编程变得相对烦琐。

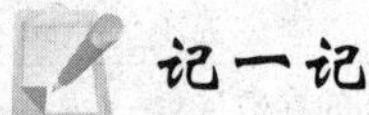

为了简化用户编程，数控系统提供了刀具半径补偿功能。刀具半径补偿指令的有效使用，将使按零件轮廓尺寸编程的刀具中心轨迹，在实际加工中自动偏离零件轮廓一个距离（该距离可按要求设定，通常为半径值）。

1. 初始化指令

出于加工安全，防止出现意外，在数控铣削程序开始最好进行初始化处理，即一般加入 G17、G21、G40、G49、G90 或 G94 等指令。

初始化内容通常涉及平面选择、公制/英制选择、每分钟进给/每转进给选择、取消刀具半径补偿等。

(1) 平面选择指令（G17、G18、G19）

在笛卡儿坐标系中，三个相互垂直的坐标轴 X、Y、Z 构成了三个相互垂直的平面 XY、ZX 和 YZ。数控铣削编程时，指令 G17、G18、G19 分别用来指定程序段中刀具的插补平面和刀具半径补偿平面，G17 表示选择 *XY* 平面，G18 表示选择 *ZX* 平面，G19 表示选择 *YZ* 平面，如图 3—2—2 所示。

在立式数控铣床/加工中心上加工零件时，如图 3—2—3 所示，一般安排刀具在 *XY* 平面内进行插补运动和刀具半径补偿，所以初始化时通常采用指令 G17。

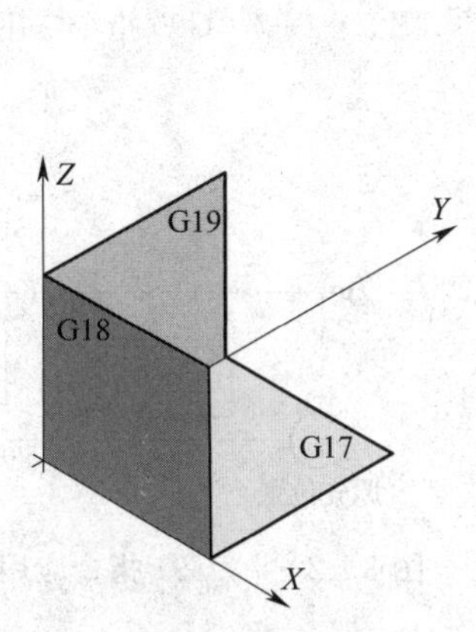

图 3—2—2 平面选择指令示意

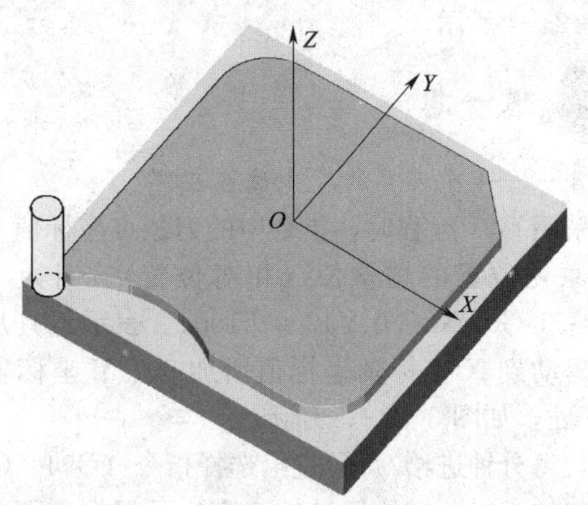

图 3—2—3 立式数控铣床/加工中心加工示意

记一记

平面选择指令只对 G02、G03 有效，对于 G00 和 G01 不起作用。

（2）公制/英制选择指令（G21、G20）

不同国家或地区的零件图样，可能采用不同的尺寸单位制。数控铣削指令中，对于公制和英制单位，分别用 G21 和 G20 来指令，其相关说明见表 3—2—2。

表 3—2—2 G20、G21 相关说明

公制/英制选择指令	线性轴	旋转轴
G20	英寸（in）	度（°）
G21	毫米（mm）	度（°）

注：1 mm ≈0.039 4 in；1 in≈25.4 mm。

（3）工件坐标系选择（调用）指令（G54～G59）

这些指令用于根据需要选择工件坐标系，例如，编程初始化时选择 G54，表明采用 G54 作为工件坐标系，并在对刀操作时，应将相关测得参数输入 G54 对应的存储单元。

（4）绝对值/增量值编程选择指令（G90、G91）

1）格式：G90（G91）；

数控加工时，刀具的位置是由刀位点的坐标值来表示的。就直角坐标系而言，数控系统提供了坐标值的两种表达方式：绝对坐标值和增量坐标值，并在程序中通过绝对值指令（G90）和增量值指令（G91）加以区分。

2）应用示例。当采用 G90 编程时，指令中的刀位点坐标值表示刀具在工件坐标系中的（绝对）位置。例如，程序段“N100 G90 G01 X80.0 Y40.0 F100；”表示刀具从原先位置插补运动到工件坐标系中坐标值（80，40）处，如图 3—2—4 所示。

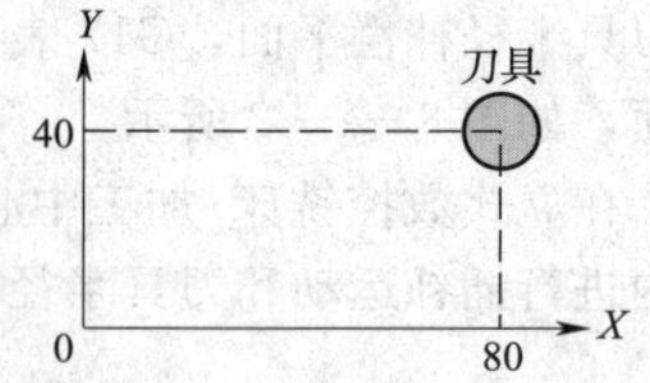

图 3—2—4　G90 指令应用示例

想一想

图 3—2—4 中刀具的原先位置在哪？

当采用 G91 编程时，指令中的刀位点坐标值表示刀具相对于原先位置的增量值（相对位置）。例如，程序段“N100 G91 G01 X80.0 Y40.0 F100；”表示刀具从原先位置插补运动到 X 坐标轴坐标值增加 80、Y 坐标轴坐标值增加 40 处，如图 3—2—5 所示。

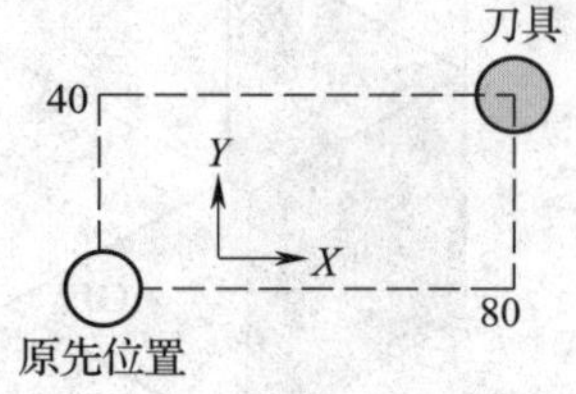

图 3—2—5　G91 指令应用示例

（5）每分钟进给/每转进给选择指令（G94、G95）

切削加工时，进给运动的速度，可根据需要采用每分钟进给（mm/min）或每转进给（mm/r）来表示。在数控铣削指令中，每分钟进给用 G94 指令，每转进给用 G95 指令。

需要指出的是，每分钟进给不受主轴转速影响，例如，程序段“G21 G94 G01 F100；”表示主轴（刀具）每分钟进给 100 mm；而每转进给则不然，例如，程序段“G21 G95 G01 F0.05；”表示主轴（刀具）每转进给 0.05 mm，显然，主轴转速将直接影响进给运动速度。

（6）刀具补偿取消指令（G40、G49）

通常先不考虑刀具半径及长度的影响，为此，一般先关闭刀具半径和刀具长度补偿功能。

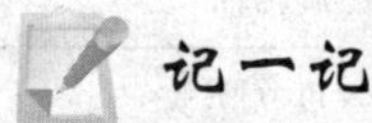

记一记

当进行轮廓铣削时，为便于确定基点坐标值（直接按工件轮廓尺寸）、便于控制尺寸精度（修改补偿量）、便于划分加工阶段（修改补偿量），可考虑采用刀具半径补偿（G41 或 G42）。当进行多刀加工自动换刀时，考虑采用刀具长度补偿（G43 或 G44）。

2. 插补指令（G01、G02、G03）

（1）直线插补指令 G01

1）格式及功用。G01 指令格式为：G01 X_ Y_ Z_ F_；

通过执行 G01，能控制刀具以联动的方式，以指定的进给速度 F，从当前位置按线性路线移动到程序段指定的目标点（X，Y，Z）。如图 3—2—6 所示，假如刀具当前位置在工件坐标系（40，40）处，则执行 G90 G94 G01 X100.0 Y70.0 F100 后，刀具将以 100 mm/min 的进给速度，从当前位置沿线性路线移动到（100，70）处。

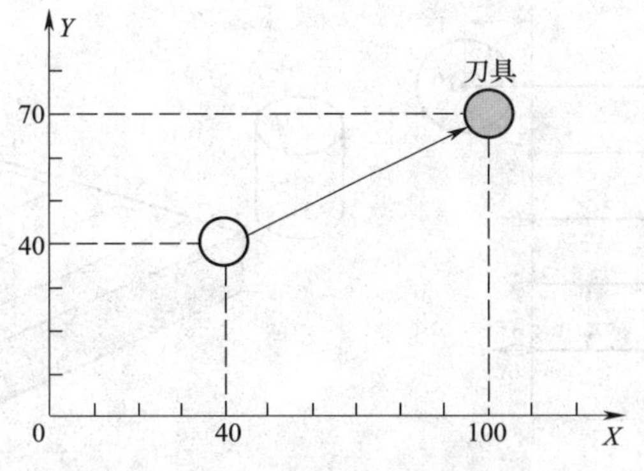

图 3—2—6　G01 指令刀具运动路线

记一记

加工平面时，其刀具运动轨迹较为简单，一般走直线段即可，采用 G01 指令便能完成编程。对于较小的平面，采用直径大于平面宽度的面铣刀，一次走刀便可以完成整个平面的加工；对于较大的平面，则应根据加工平面的大小和刀具直径，设计刀具运动路线，然后依此进行编程。

2）应用示例。图 3—2—7 所示为平面加工零件图样，零件材料为 45 钢，毛坯尺寸为 200 mm×140 mm×32 mm，采用 ϕ50 mm 四齿可转位硬质合金面铣刀进行上表面加工。

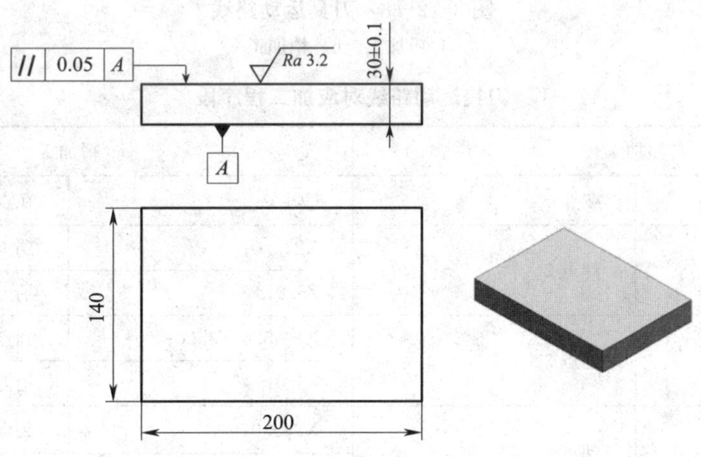

图 3—2—7　应用示例零件图样

考虑到加工余量为 2 mm，表面粗糙度为 $Ra3.2\ \mu m$，决定采用粗、精阶段进行加工，加工余量分别为 1.5 mm、0.5 mm，且粗加工选用效率较高的双向铣削方式，精加工采用质量较好的单向铣削方式。其工件坐标系原点及刀具运动路线如图 3—2—8 所示，对应加工程序段见表 3—2—3。

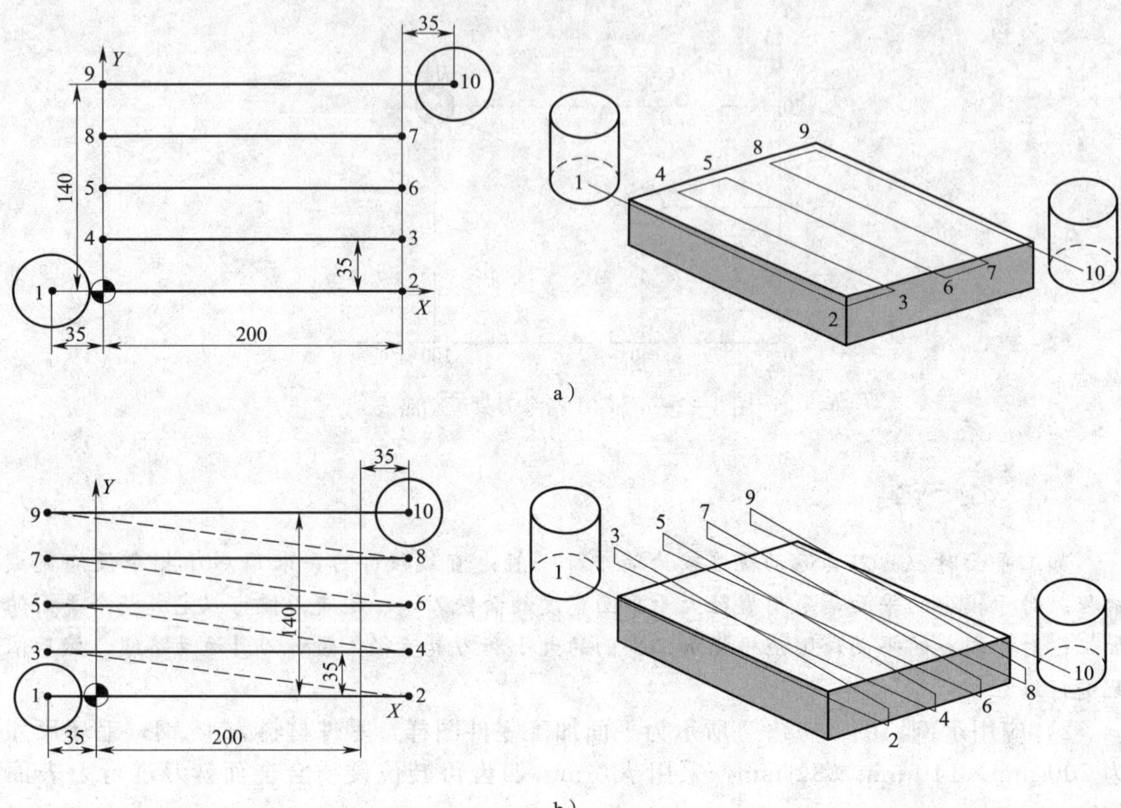

a）

b）

图 3—2—8　刀具运动路线

a）粗加工　b）精加工

表 3—2—3　　　　刀具运动路线对应加工程序段

粗加工		精加工	
G01…	在点 1	G01…	在点 1
X200. 0；	到点 2	X235. 0；	到点 2
		Z5. 0；	抬刀
Y35. 0；	到点 3	X－35. 0 Y35. 0；	到点 3
		Z5. 0；	抬刀
X0；	到点 4	X235. 0；	到点 4
		Z5. 0；	抬刀
Y70. 0；	到点 5	X－35. 0 Y70. 0；	到点 5
		Z5. 0；	抬刀
X200. 0；	到点 6	X235. 0；	到点 6
		Z5. 0；	抬刀

续表

粗加工		精加工	
Y105.0；	到点 7	X-35.0 Y105.0；	到点 7
		Z5.0；	抬刀
X0；	到点 8	X235.0；	到点 8
		Z5.0；	抬刀
Y140.0；	到点 9	X-35.0 Y140.0；	到点 9
		Z5.0；	抬刀
X230.0；	到点 10	X235.0；	到点 10
…		…	

记一记

双向铣削时，刀具从每行的起始位置到结束位置后，不抬刀，沿着另一个轴的方向移动一个距离，然后再沿着反向移动到另一侧；单向铣削时，每次都是从零件一侧向另一侧加工，即刀具从每条运动路线的起始位置到终止位置后，抬刀返回到下一个运动路线的起始位置，再次加工。

想一想

如果工件坐标系原点选择在毛坯上表面中心，对应程序段如何？

从粗、精加工刀具运动路线不难发现，单向铣削抬刀（空走、不切削）较多，为提高加工效率，可考虑采用快速定位指令 G00。

指令 G00 的格式为“G00 X__ Y__ Z__；”，执行 G00，将控制刀具以数控系统预先设定的移动速度，从当前位置快速移动到程序段指定的目标点（X，Y，Z）。由于速度较快，且运动路线不一定为一条直线（不同于插补指令 G01），如图 3—2—9 所示，刀具当前位置在工件坐标系原点，当执行“G90 G00 X90.0 Y50.0；”时，运动路线可能是 $O \to A \to B$，而不是预期的 $O \to B$，故不能用于切削加工，而用于加工前的快速定位或加工后的快速退刀，例如，上述单向铣削时的抬刀等。因而，在使用 G00 指令编程时应格外小心，避免刀具与工件发生碰撞。

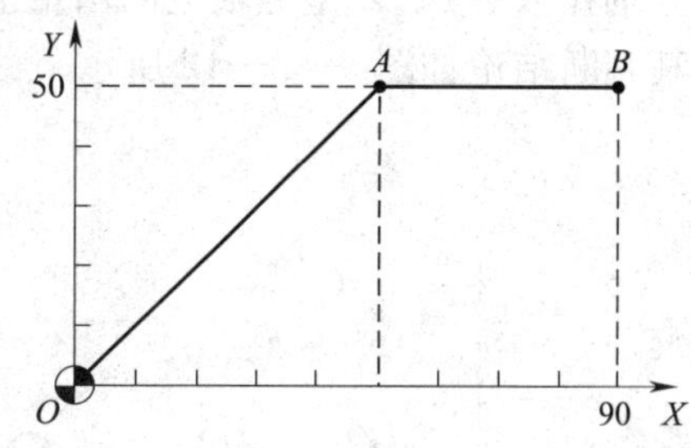

图 3—2—9　G00 指令可能的运动路线

练一练

根据图 3—2—10 所示铣削加工刀具运动路线（顺序 1～9）和运动要求［1→2 和 8→9 按 G00，其余按 G01（F100）；刀具初始和结束高度均为 30］，完成对应程序段的编写。

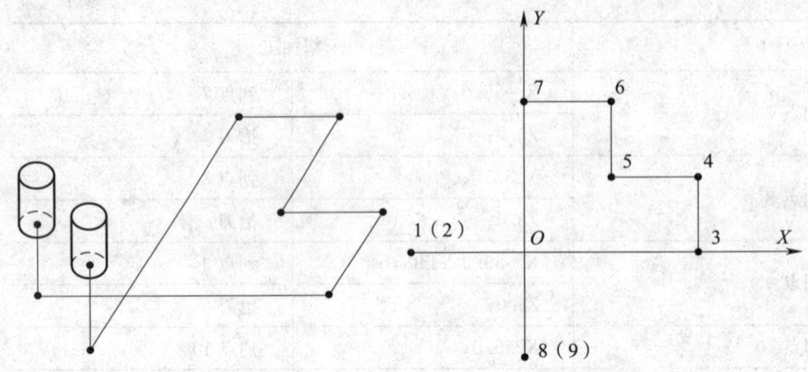

点坐标值

点	X	Y	Z
1（2）	－30	0	(25) 0
3	50	0	0
4	50	25	0
5	25	25	0
6	25	50	0
7	0	50	0
8（9）	0	－30	0 (25)

图 3—2—10　铣削加工刀具运动路线

（2）G02/G03

1）格式及功用。根据圆弧插补平面及圆弧描述参数（圆弧起点、圆弧终点和圆弧半径或圆弧起点、圆弧终点和圆心位置）不同，G02/G03 指令格式可表示如下：

$$G17\left\{\begin{matrix}G02\\G03\end{matrix}\right\}X\_\ Y\_\left\{\begin{matrix}I\_\ J\_\\R\_\end{matrix}\right\}F\_;$$

$$G18\left\{\begin{matrix}G02\\G03\end{matrix}\right\}X\_\ Z\_\left\{\begin{matrix}J\_\ K\_\\R\_\end{matrix}\right\}F\_;$$

$$G19\left\{\begin{matrix}G02\\G03\end{matrix}\right\}Y\_\ Z\_\left\{\begin{matrix}J\_\ K\_\\R\_\end{matrix}\right\}F\_;$$

通过执行 G02/G03，能控制刀具以联动的方式，以指定的进给速度 F，从当前位置（圆弧起点）按圆弧路线移动到程序段指定的目标点（圆弧终点），如图 3—2—11 所示。圆弧插补平面由平面选择指令（G17/G18/G19）指定；圆弧半径由 R 或圆弧圆心相对于圆弧起点分别在 X、Y、Z 坐标轴上的增量值 I、J、K 决定；G02/G03 表示顺时针/逆时针圆弧插补，其判断结论如图 3—2—12 所示。

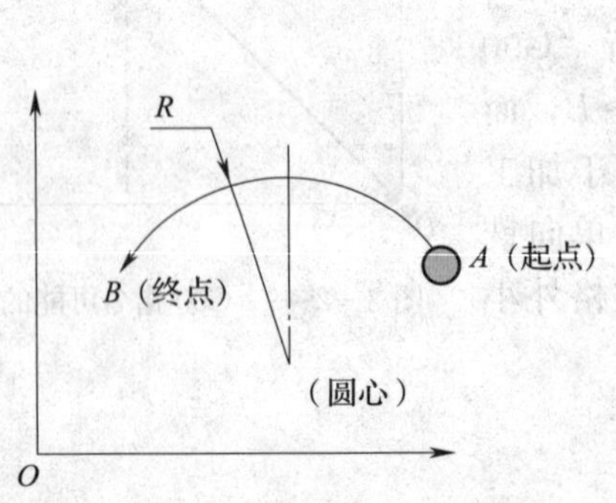

图 3—2—11　G02/G03 指令运动路线

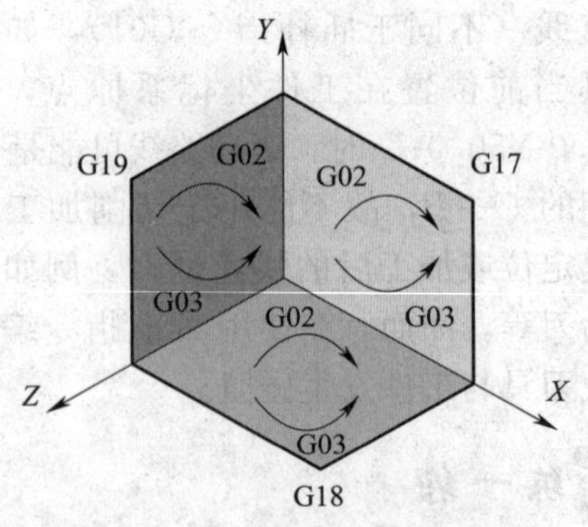

图 3—2—12　G02/G03 判断结论

记一记

圆弧有优弧（圆心角小于180°）、劣弧（圆心角大于180°）之分，它们可通过半径R的正、负值来区分。例如，对于图3—2—13中刀具运动圆弧路线AB，用R表示时，优弧描述为“G17 G03 X30.0 Y-40.0 R-50.0;”，劣弧则描述为“G17 G03 X30.0 Y-40.0 R50.0;”。

对于整圆移动路线，如图3—2—14所示，假设C点为圆弧起点，若采用非半径格式指令，一个程序段“G03 X50.0 Y0 I-50.0 J0;”（或简写成G03 I-50.0）便可描述。

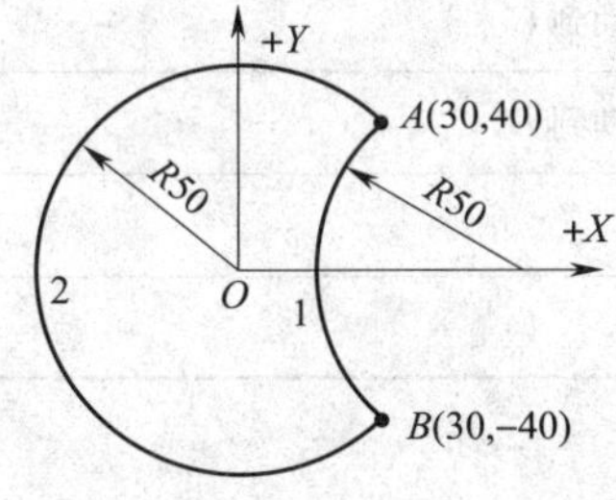

图3—2—13 优弧和劣弧

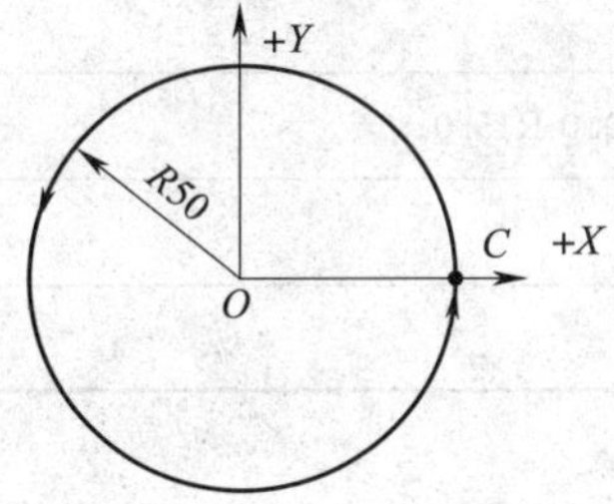

图3—2—14 整圆移动路线

2）应用示例。从理论上来说，对于仅有直线段、圆弧段构成轮廓的一般平面类零件，在完成刀具运动路线设计的基础上，都能进行加工指令编写。

如图3—2—15所示为深度2 mm的“C”字槽，采用ϕ12 mm键槽铣刀进行加工，工件坐标系原点设置在毛坯（60 mm×70 mm×25 mm）上表面中心，根据给定的刀具运动路线及要求，其相应的参考程序段见表3—2—4。

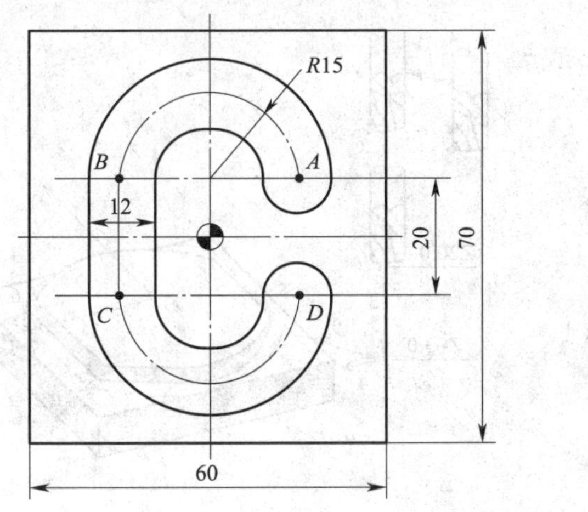

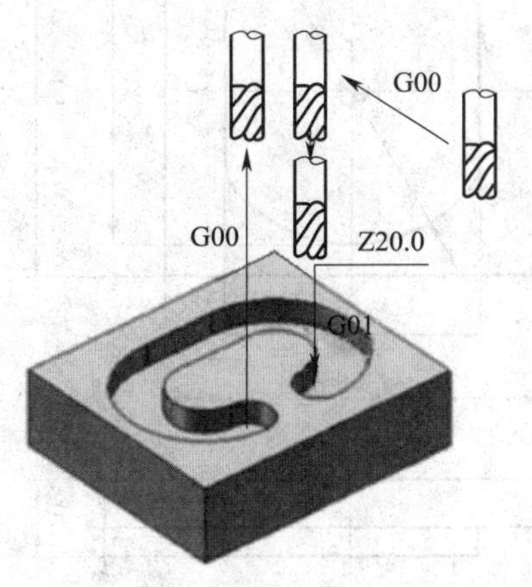

图3—2—15 “C”字槽和刀具运动路线及要求

表 3—2—4　　“C”字槽加工参考程序段

程序段	注释
…	
G90 G00 X15.0 Y10.0；	
Z20.0；	
G01 Z-3.0 F100；	下刀到 *A*
G03 X-15.0 Y10.0 R15.0；	运动到 *B*
G01 Y-10.0；	运动到 *C*
G03 X15.0 Y-10.0 R15.0；	运动到 *D*
G00 Z50.0；	
…	

练一练

试根据图 3—2—16 所示零件图样和刀具运动路线，编写出 1～9 刀具运动路线所对应的程序段。已知毛坯尺寸为 80 mm×80 mm×20 mm，刀具为 ϕ16 mm 平底铣刀，进给速度为 100 mm/min。

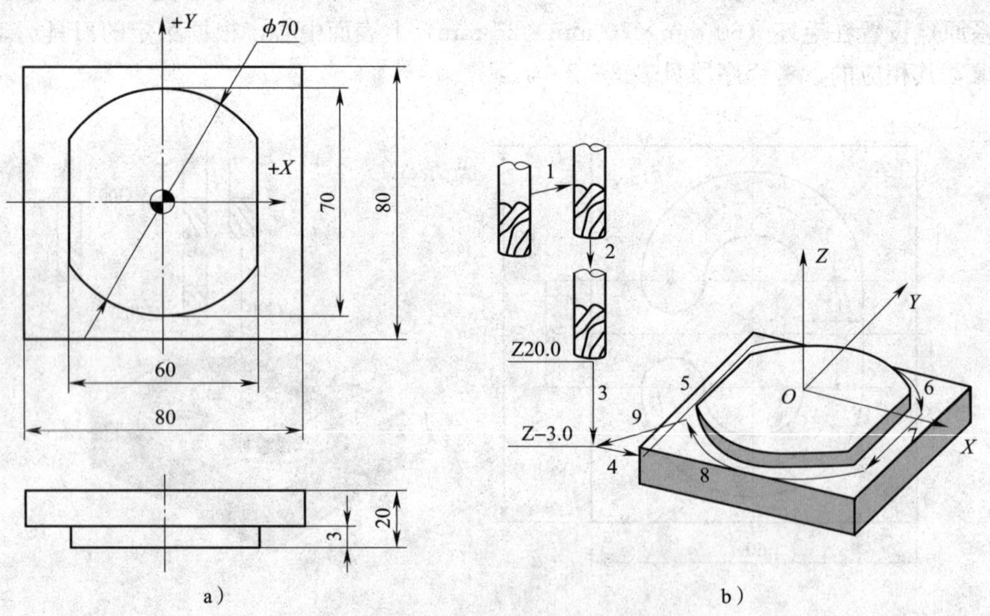

图 3—2—16　零件图样和刀具运动路线

a）零件图样　b）刀具运动路线

3. 刀具半径补偿

在进行轮廓铣削时，根据加工要求设计的刀具运动路线，是刀位点（位于刀具中心）的运动路线。由于刀具半径的存在，为了加工出所需要的轮廓，刀具中心必须偏离零件轮廓一个刀具半径值，如图 3—2—17 所示。

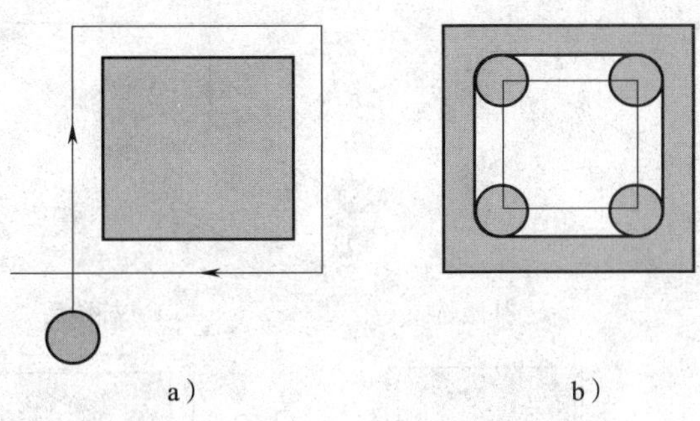

图 3—2—17 刀具运动路线与零件轮廓的关系

a）外轮廓加工 b）内轮廓加工

想一想

如果所规划的刀具中心（刀位点）运动路线与零件轮廓重合，加工结果如何？

对于简单轮廓（如四方轮廓、圆形轮廓等）零件，可以直接看出偏离后刀具中心轨迹的坐标值；对于其他轮廓，则难以直接看出，需另外确定。如果正确使用刀具半径补偿指令，则仅需要按零件轮廓坐标值编程，数控系统将自动控制刀具的偏移。

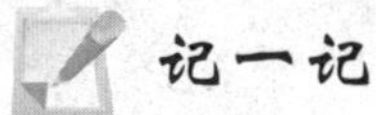

记一记

如果刀具半径补偿指令使用不合理，将产生过切、少切现象，甚至系统报警，使加工不能进行。

（1）刀具半径补偿指令（G41、G42、G40）

1）指令格式：

$$\left\{\begin{matrix} G17 \\ G18 \\ G19 \end{matrix}\right\}\left\{\begin{matrix} G40 \\ G41 \\ G42 \end{matrix}\right\}\left\{\begin{matrix} G00 \\ G01 \end{matrix}\right\} X\_\ Y\_\ Z\_\ D\_;$$

2）补偿类型及其确定。补偿类型有左补偿、右补偿之分，分别用 G41、G42 指令。以四方外轮廓数控铣削加工为例，如图 3—2—18 所示，当采用图 3—2—18a 所示的加工刀具运动路线，使用 G41（刀具半径左补偿）才能符合加工要求；当采用图 3—2—18b 所示的加工刀具运动路线，使用 G42（刀具半径右补偿）才能符合要求。所以，加工路线决定了补偿类型。

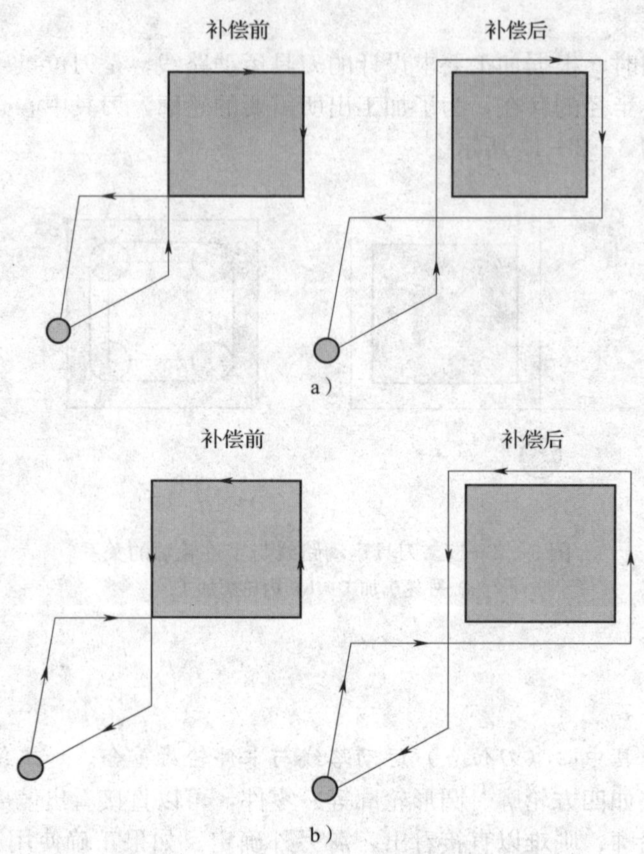

图 3—2—18　补偿类型判断

想一想

左、右补偿与顺铣、逆铣关系如何?

(2) 刀具半径补偿的建立与取消

建立刀具半径补偿必须同时具备五个条件，具体内容见表 3—2—5。

表 3—2—5　　建立刀具半径补偿必须同时具备的五个条件

条件	具体内容
1	指定了补偿类型（有 G41 或 G42 被指定）
2	指定了补偿平面（例如，在 XY 平面内进行轮廓加工时的 G17 指令）
3	指定了一个不为 D00 的补偿号（如 D01 等，其中将存放操作者根据加工需要输入的刀具中心偏移量，通常为刀具半径）
4	在补偿平面内刀具有运动（如 X、Y 坐标值的变化）
5	G00 或 G01 模式有效（出于安全，通常采用 G01 运动方式）

在开始满足五个条件的程序段处，刀具中心就按 G41/G42 给定的方向，以 D×× (如 D01) 中存放的刀具中心偏移量（如刀具半径值）偏离该程序段指令的位置，并一直保持该模式，直到指令取消该模式。

轮廓加工结束后，最好取消刀具半径补偿模式，使刀具中心运动路线与程序段指令路线一致，结束偏离状态。刀具半径补偿的取消用 G40 或 D00 执行。通常，取消刀具半径补偿程序段只能在 G00 或 G01 运动指令模式下才有效。同样出于安全，通常采用 G01 运动方式来取消刀补。

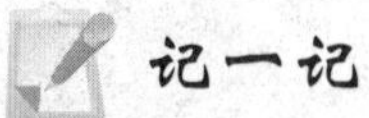

记一记

应选择好刀补建立和取消的时机。通常选择在轮廓开始切削前完成建立工作，并尽量采用沿加工轮廓表面切线或切线延长线方向切入零件（见图 3—2—19）；刀补取消则应安排在所有轮廓加工完成后。对不便于沿加工轮廓表面切线方向切入切出时，可根据情况增加一个辅助圆弧。

(3) 应用示例

采用半径补偿方式进行轮廓加工编程时，首先按零件轮廓要求编写指令字，然后在开始建立刀补处添加若干指令字（满足五个条件），最后在开始取消刀补处添加相应指令字。以图 3—2—20 所示外轮廓加工为例，其编程指令对比见表 3—2—6。

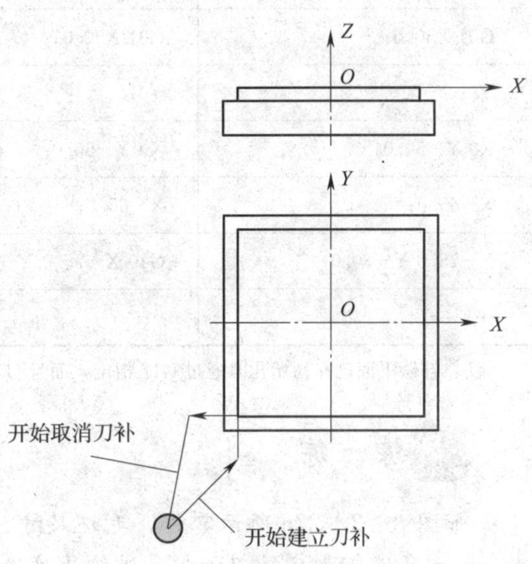

图 3—2—19 刀补建立和取消

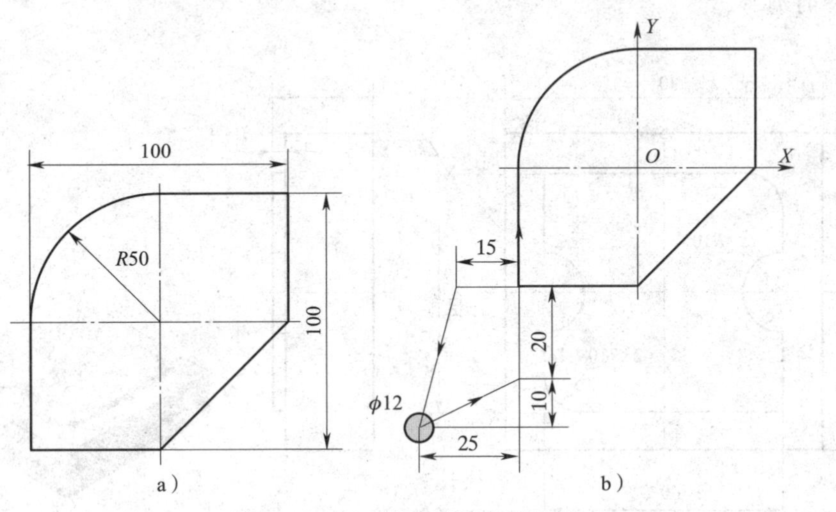

图 3—2—20 半径补偿应用示例

a) 轮廓尺寸 b) 刀具运动路线

表 3—2—6　　编程指令对比

按零件轮廓编写	采用半径补偿编写	注释
…	…	
G01 X-50.0 Y-70.0 F40；	G41 G01 X-50.0 Y-70.0 D01 F40；	开始建立刀具半径补偿
Y0；	Y0；	采用刀具补偿轮廓加工
G02 X0 Y50.0 R50.0；	G02 X0 Y50.0 R50.0；	
G01 X50.0；	G01 X50.0；	
Y0；	Y0；	
X0 Y-50.0；	X0 Y-50.0；	
X-65.0；	X-65.0；	
X-75.0 Y-80.0；	G40 X-75.0 Y-80.0；	取消刀具半径补偿
…	…	

注：补偿平面已在初始化时通过 G17 指定，而且 G17 也是开机默认代码。

练一练

如图 3—2—21a 所示零件，毛坯尺寸为 80 mm×80 mm×25 mm，材料为 45 钢，采用 ϕ16 mm 高速钢平底铣刀加工，进给速度选择 20 mm/min。

试根据如图 3—2—21b 给定的加工刀具运动路线，采用刀具半径补偿指令，完成顶部轮廓加工指令的编写。

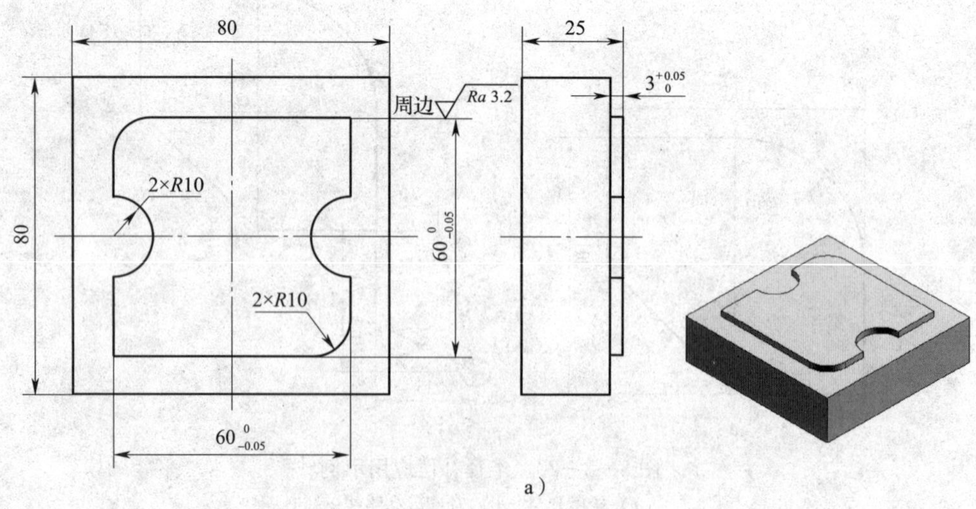

a）

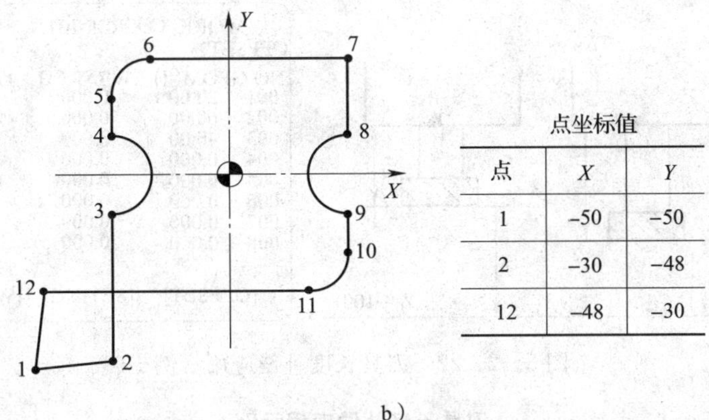

点坐标值

点	X	Y
1	–50	–50
2	–30	–48
12	–48	–30

图 3—2—21　零件及给定加工路线图样

4. 刀具长度补偿

数控编程过程中，一般不考虑刀具的长度，而只考虑刀位点与编程轨迹重合。但在实际加工过程中，尤其是采用自动换刀的加工中心进行加工时，必须考虑所用刀具的长度及其尺寸差值，并通过刀具长度补偿指令进行相应补偿。

（1）刀具长度补偿指令（G43、G44、G49）

1）指令格式：

$$\left\{\begin{matrix}G17\\G18\\G19\end{matrix}\right\}\left\{\begin{matrix}G43\\G44\\G49\end{matrix}\right\}\left\{\begin{matrix}G00\\G01\end{matrix}\right\}X\_\ Y\_\ Z\_\ D\_;$$

2）补偿类型及其确定。刀具长度补偿类型有刀具长度补偿“+”和“-”之分，分别用 G43 H××和 G44 H××指令。

H××用于指令偏置存储器的偏置号（如 H01 等）。在地址 H 所对应的偏置存储器中存入相应的偏置值。执行刀具长度补偿指令时，系统首先根据偏移方向指令将指令要求的移动量与偏置存储器中的偏置值作相应的“+”（G43）或“-”（G44）运算，计算出刀具的实际移动值，然后指令刀具做相应的运动。

G43、G44 的撤销可以使用 G49 指令或选择 H00（“刀具偏置值”H00 规定为 0）进行。

记一记

在实际编程中，为避免产生混淆，通常采用 G43 而非 G44 的指令格式进行刀具长度补偿的编程。

（2）应用示例

假设刀具长度为 0，H01、H02、H03 中的偏置值分别为 20.0、60.0、40.0，如图 3—2—22 所示，则执行程序段“G43 G01 Z-100.0 H×× F100;”后，刀具从当前位置移动至工件表面的实际移动量见表 3—2—7。

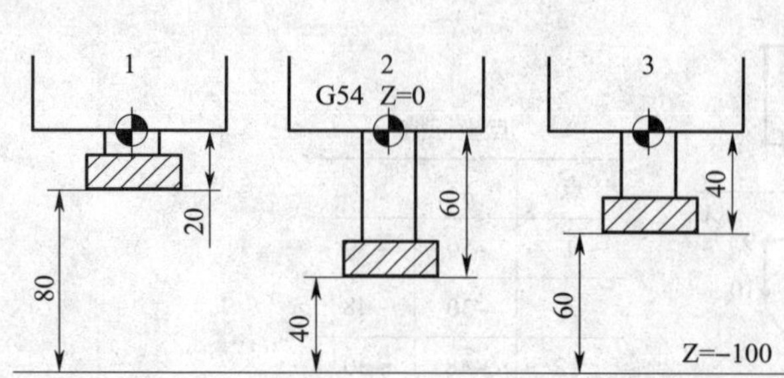

WORK COORDINATES O0001 N0000

OFFSET

NO.	GEOM(H)	WEAR(H)	GEOM(D)	WEAR(D)
001	20.00	0.000	0.000	0.000
002	60.00	0.000	0.000	0.000
003	40.00	0.000	0.000	0.000
004	0.000	0.000	0.000	0.000
005	0.000	0.000	0.000	0.000
006	0.000	0.000	0.000	0.000
007	0.000	0.000	0.000	0.000
008	0.000	0.000	0.000	0.000

[OFFSET] [SETING] [WORK] [ ] [OPRT]

图 3—2—22 刀具长度补偿应用示例

表 3—2—7 **刀具长度补偿应用示例**

执行程序段	实际移动量
G43 G01 Z－100.0 H01 F100；	－100＋20＝－80（刀具下移 80 mm）
G43 G01 Z－100.0 H02 F100；	－100＋60＝－40（刀具下移 40 mm）
G43 G01 Z－100.0 H03 F100；	－100＋40＝－60（刀具下移 60 mm）

5. 自动返回参考点指令（G28）

（1）功能与格式

执行 G28 指令，可以使刀具从当前位置经过中间点返回到机床参考点，常用于刀具自动更换前的准备。其格式为：“G90（G91）G28 X _ Y _ Z _ ；”，（X、Y、Z）为返回参考点时经过的中间点，其坐标值可以用增量（G91）或绝对（G90）方式表示。设定中间点的目的是防止刀具在返回参考点过程中与工件或夹具发生干涉。

 **记一记**

在执行 G28 指令之前，应该取消刀具半径补偿和刀具长度补偿。

（2）应用示例

在加工中心上采用自动换刀方式进行零件加工时，离不开 G28 指令的使用，表 3—2—8 所列为其应用示例。

表 3—2—8 **含有自动返回参考点指令的加工程序**

程序	注释
O0220；	程序名
G90 G94 G80 G21 G17 G54；	初始化
G91 G28 Z0；	返回参考点
M06 T01；	换 ϕ10 mm 铰刀
…	铰孔
G91 G28 Z0 M05；	返回参考点

续表

程序	注释
M06 T02;	换 ϕ30 mm 镗刀
…	镗孔
G80 G49 M05;	取消孔循环、长度补偿，主轴停止
G91 G28 Z0 M09;	返回参考点，冷却液关
M30;	

6. **子程序**

有关子程序的相关内容在第二章第二节中已作介绍，此处仅举例。

如图 3—2—23 所示零件图样，毛坯尺寸 80 mm×80 mm×30 mm，加工部位为 60 mm×60 mm×15 mm 台阶侧面，试根据刀具运动路线，完成子程序编写。

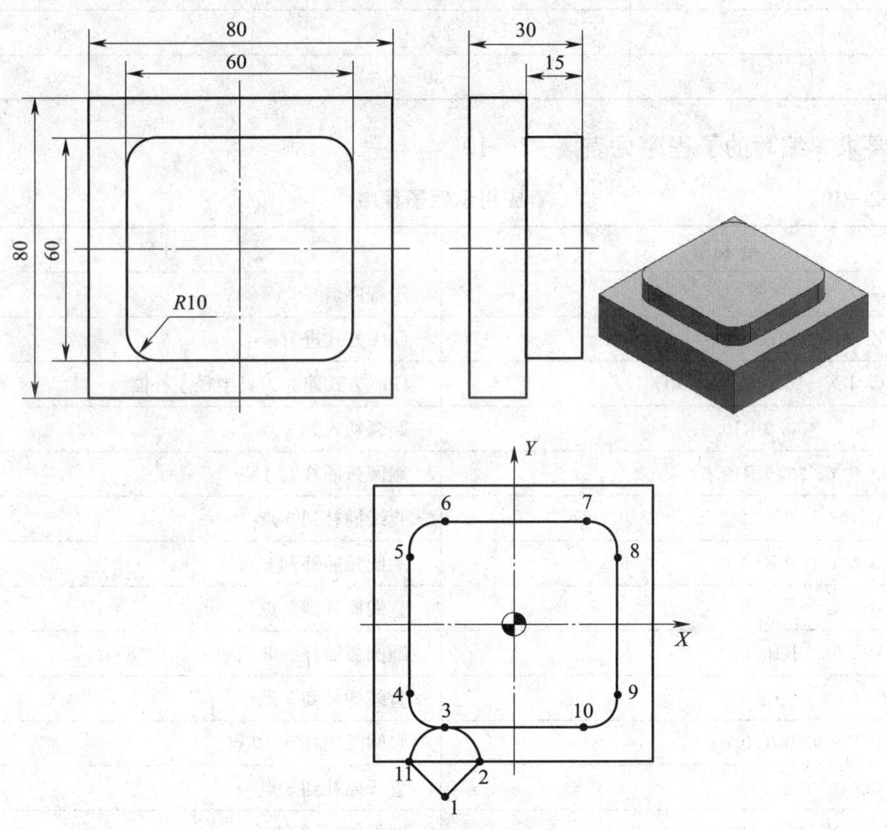

图 3—2—23　应用示例零件图样和刀具路线

由于台阶较深，出于工艺考虑，采用分层切削，每层深度为 3 mm，共分为五层。切削时，刀具重复进行一组刀具动作：下移（3 mm）和切削零件轮廓（带 R10 mm 圆角 60 mm×60 mm 四方），具体线路为：下刀 1→2→3→4→5→…→9→10→3→11→1，重复五次。各基点坐标值见表 3—2—9。

表 3—2—9　　各基点坐标值

基点	X	Y
1	－20	－50
2	－10	－40
3	－20	－30
4	－30	－20
5	－30	20
6	－20	30
7	20	30
8	30	20
9	30	－20
10	20	－30
11	－30	－40

根据要求，编写的子程序见表 3—2—10。

表 3—2—10　　应用示例子程序

子程序	注释
O0101；	子程序名
G91 G01 Z－3.0 F40；	G91 方式进刀
G90 G41 G01 X－10.0 Y－40.0 D01；	G90 方式建立刀具半径左补偿
G03 X－20.0 Y－30.0 R10.0；	圆弧切入到 3 点
G02 X－30.0 Y－20.0 R10.0；	顺圆弧插补到 4 点
G01 Y20.0；	直线插补到 5 点
G02 X－20.0 Y30.0 R10.0；	顺圆弧插补到 6 点
G01 X20.0；	直线插补到 7 点
G02 X30.0 Y20.0 R10.0；	顺圆弧插补到 8 点
G01 Y－20.0；	直线插补到 9 点
G02 X20.0 Y－30.0 R10.0；	顺圆弧插补到 10 点
G01 X－20.0；	直线插补到 3 点
G03 X－30.0 Y－40.0 R10.0；	圆弧切出到 11 点
G40 G01 X－20.0 Y－50.0；	取消刀具半径左补偿
M99；	子程序结束

需要说明的是，当一个零件同一平面上有多个相同轮廓形状的加工内容时（见图 3—2—24），只需编写一个轮廓加工的子程序，然后用相应的主程序来调用即可。

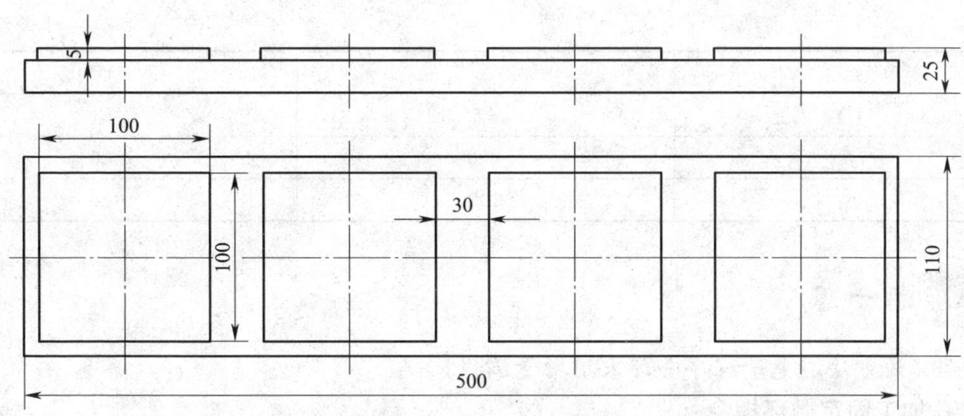

图 3—2—24　同平面内多个相同轮廓形状零件图样

为此，可以规划如图 3—2—25 所示的刀具运动路线，其中，重复出现的一组刀具动作为：1→2→3→4→5→6→7→8，8→9→10→11→12→13→14→15，15→16→17→18→19→20→21→22，22→23→24→25→26→27→28。当然，通常需要主程序中采用 G90（绝对坐标值）方式编程，且进行刀具切削起始点的定位（点 1），定位后，通过指令 M98 调用子程序，即可完成轮廓的加工；子程序则采用 G91（增量坐标值）方式编程。

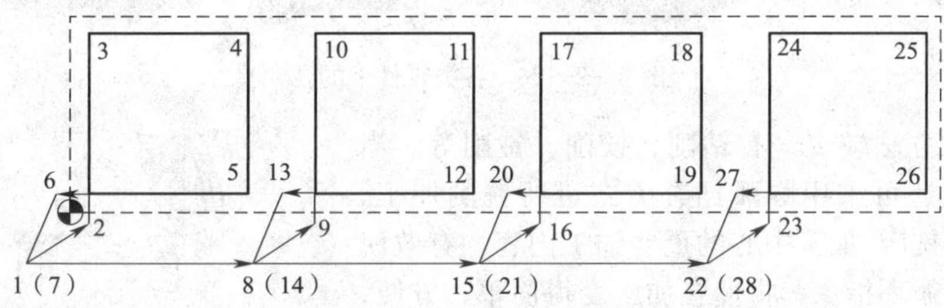

图 3—2—25　刀具运动路线规划

练一练

假设每次切削深度 5 mm，试根据刀具运动路线及表 3—2—11 提供的基点（1～8）绝对坐标值数据，通过半径补偿，完成轮廓加工子程序的编写。

表 3—2—11　　基点绝对坐标值

基点	X	Y
1	-20	-20
2	5	-5
3	5	105
4	105	105
5	105	5

续表

基点	X	Y
6	-5	5
7	-20	-20
8	105	-20

想一想

有无其他方法避免子程序全部采用增量编程？

7. 孔加工固定循环指令

孔在机械产品中所占的比例很大，在各类零件上都能看到它的踪影，如轴类零件、盘类零件、壳体类零件和箱体类零件等，如图 3—2—26 所示 。

图 3—2—26　各类零件上的孔

孔的加工方法较多，有钻削、铰削、镗削等。当然，大直径孔还可采用圆弧插补方式进行铣削加工。孔加工是数控铣床/加工中心的重要加工内容，有效使用孔加工固定循环指令，将使孔加工变得简单、方便，达到事半功倍的效果。

（1）孔加工固定循环动作及指令

在数控铣床/加工中心上进行的任何方式的孔加工，无论是钻孔、铰孔、镗孔还是攻螺纹，都是由如图 3—2—27 所示的固定动作序列所组成，其动作说明见表 3—2—12。

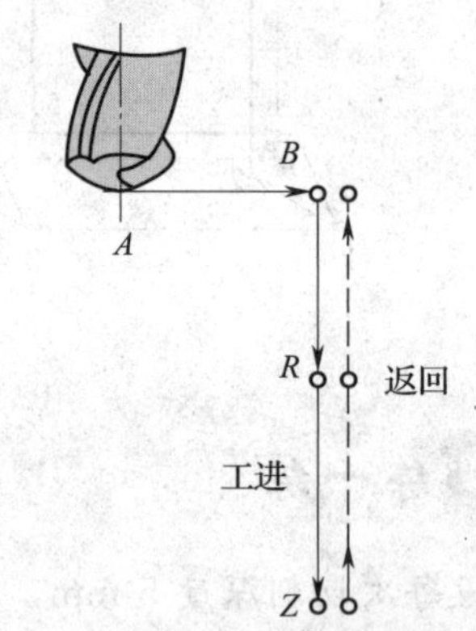

图 3—2—27　孔加工固定循环动作

表 3—2—12　　孔加工固定循环动作及其说明

动作	说明
动作 1（*AB* 段）	G17（*XY*）平面内快速定位，以 G00 移动到孔的 *X*、*Y* 坐标位置
动作 2（*BR* 段）	*Z* 向快速进给到 *R* 点，以 G00 移动到参考平面高度，为工进做准备
动作 3（*RZ* 段）	*Z* 向切削进给，以 G01 进行孔加工
动作 4（*Z* 点）	孔底部动作，如延时、准停等
动作 5（*ZR* 段或 *ZB* 段）	退刀，刀具从孔底平面（*Z* 高度所在平面）退刀返回时，有两种方式，即返回到参考平面（*R* 高度所在平面）和返回到初始平面（*A*、*B* 高度所在平面）

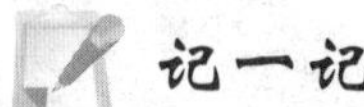

进行孔加工固定循环动作前，应指令刀具运动到初始平面的 A 点。不同孔加工方式，对动作 3、动作 4、动作 5 有着不同的具体要求，在实际使用中必须加以充分的注意。参考平面距工件表面的距离一般取 2～5 mm。

在 FANUC 0i 系统中，孔加工固定循环指令代码及功能见表 3—2—13。

表 3—2—13　　孔加工固定循环指令代码及功能

G 代码	孔加工动作（-Z 向）	孔底动作	返回方式（+Z 向）	用途
G73	间歇进给	—	快速进给	高速深孔往复排屑钻
G74	切削进给	暂停→主轴正转	切削进给	攻左旋螺纹
G76	切削进给	主轴定向停止→刀具移位	快速进给	精镗孔
G80	—	—	—	取消固定循环
G81	切削进给	—	快速进给	中心孔、钻孔
G82	切削进给	暂停	快速进给	锪孔、镗孔、阶梯孔
G83	间歇进给	—	快速进给	深孔往复排屑钻
G84	切削进给	暂停→主轴反转	切削进给	攻右旋螺纹
G85	切削进给	—	切削进给	精镗孔
G86	切削进给	主轴停止	快速进给	镗孔
G87	切削进给	主轴停止	快速进给	反镗孔
G88	切削进给	暂停→主轴停止	手动操作	镗孔
G89	切削进给	暂停	切削进给	精镗阶梯孔

根据铰孔加工知识，采用哪个 G 代码指令较为恰当？G81 可否？为什么？

显而易见，如果没有孔加工固定循环指令，描述一次孔加工动作就需要多个程序段。当然，使用好孔加工固定循环指令，必须掌握其格式及参数（见表 3—2—14）。

表 3—2—14　　孔加工固定循环指令通用格式及参数

通用格式	G73～G89 X_Y_Z_R_Q_P_F_L_；	
参数	X_Y_	指定孔在 XY 平面内的位置
	Z	指定孔底平面所在位置
	R	指定参考平面所在位置
	Q	指定间歇进给时的每次加工深度
	P	指定刀具在孔底的停留时间（数字不加小数点，以 ms 为时间单位）
	F	指定孔加工切削加工速度
	L	指定孔加工循环次数

注：返回位置分别用 G98（R 平面）和 G99（初始平面）来指令。

（2）钻孔与锪孔循环指令（G81、G82）

1）指令格式：

G81 X__ Y__ Z__ R__ F__；（钻孔加工）

G82 X__ Y__ Z__ R__ P__ F__；（锪孔加工）

2）动作说明。G81 指令适用于一般的钻孔加工，切削进给执行到孔底，然后刀具从孔底快速退回。

G82 动作类似于 G81，只是在孔底增加了进给后的暂停动作，因此，更适合于盲孔、台阶孔的加工。

3）应用示例。如图 3—2—28 所示零件图样，已知毛坯尺寸 80 mm×40 mm×20 mm，加工两个台阶孔，盲孔直径为 ϕ16 mm，通孔直径为 ϕ10 mm，采用钻孔、扩孔的加工步骤。钻孔采用 ϕ10 mm 麻花钻，使用 G81 指令；扩孔采用 ϕ16 mm 麻花钻，使用 G82 指令。工件坐标系原点选择在毛坯上表面中心，加工顺序为：先加工右侧孔，再加工左侧孔。相应加工指令见表 3—2—15。

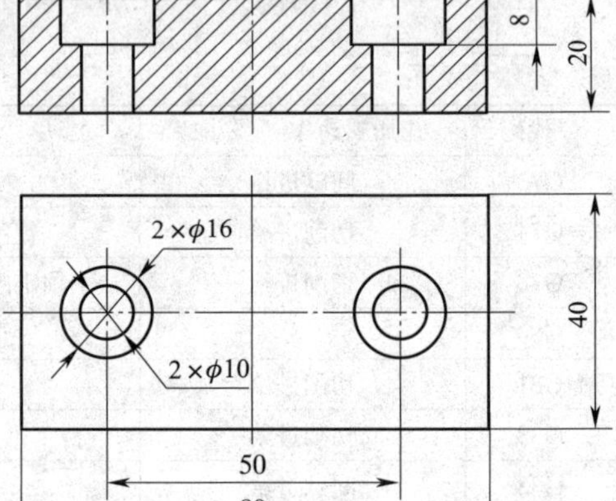

图 3—2—28 钻孔与锪孔应用示例零件图样

表 3—2—15 钻孔与锪孔应用示例加工指令

程序段	注释
…	
T01 M06；	换 ϕ10 mm 麻花钻
G43 Z20.0 H01 M08；	Z 向快速定位到初始平面，开冷却液
M03 S800；	主轴正转
G99 G81 X25.0 Y0 Z-25.0 R5.0 F80；	加工两个孔
X-25.0；	
G80 G49 M09；	取消固定循环，取消长度补偿，关冷却液
G91 G28 Z0；	返回参考点
T02 M06；	换 ϕ16 mm 麻花钻
…	
G43 Z20.0 H02 M08；	Z 向快速定位到初始平面，开冷却液
G99 G82 X25.0 Y0 Z-8.0 R5.0 P1000 F80；	加工两个孔，孔底暂停 1 s
X-25.0；	
…	

(3) 深孔钻循环指令（G83、G73）

1）指令格式：

G73 X_ Y_ Z_ R_ Q_ F_；（断屑深孔加工）

G83 X_ Y_ Z_ R_ Q_ F_；（排屑深孔加工）

2）动作说明。G73 指令通过如图 3—2—29a 所示 Z 轴方向的啄式进给，可以较容易地实现断屑与排屑。指令中的 Q 值是指每一次的加工深度（均为正值）。d 值由机床系统指定，无须用户指定。

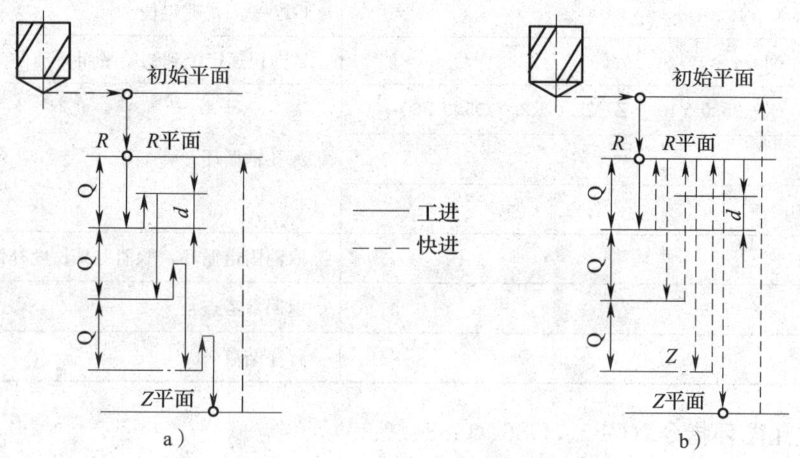

图 3—2—29　深孔钻动作图

a）G99 G73　b）G98 G83

G83 指令通过图 3—2—29b 所示 Z 轴方向的啄式进给，来实现断屑与排屑的目的。但与 G73 指令不同的是，刀具间隙进给后快速回退到 R 点，再快速进给到 Z 向距上次切削孔底平面 d 处，从该点处，快进变成工进，工进距离为 $Q+d$。此种方式多用于加工深孔。

3）应用示例。如图 3—2—30 所示零件图样，已知六面体毛坯已加工符合要求，现要求加工三个 $\phi10$ mm 通孔。考虑到孔深较大，决定采用 G73（或 G83）指令及 G90 方式。设工件坐标系原点选择在毛坯上表面中心，则完整加工程序见表 3—2—16。

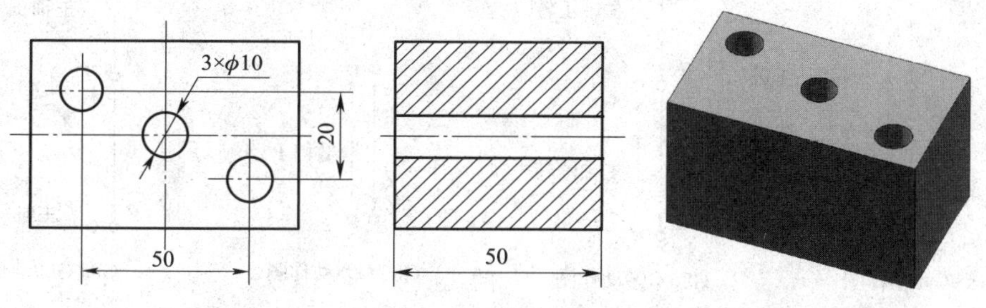

图 3—2—30　深孔钻循环指令应用示例零件图样

表 3—2—16　　应用示例孔加工程序

程序	注释
O0001；	程序名
G90 G94 G40 G80 G21 G54；	初始化
G91 G28 Z0；	退刀至 Z 向参考点
M03 S600；	主轴以 600 r/min 顺时针旋转
G90 G00 X－25.0 Y10.0；	G17 平面快速定位
G43 Z30.0 H01 M08；	Z 向快速定位到初始平面
G99 G73（G83）X－25.0 Y10.0 Z－25.0 R3.0 Q5.0 F60；	深孔钻循环
X0 Y0；	
X25.0 Y－10.0；	
G80 G49 M09；	取消固定循环，取消刀具长度补偿
G91 G28 Z0；	返回参考点
M30；	程序结束

（4）粗镗孔循环指令（G85、G86、G88、G89）

1）指令格式：

G85 X＿ Y＿ Z＿ R＿ F＿；

G86 X＿ Y＿ Z＿ R＿ P＿ F＿；

G88 X＿ Y＿ Z＿ R＿ P＿ F＿；

G89 X＿ Y＿ Z＿ R＿ P＿ F＿；

2）动作说明。粗镗孔循环加工动作如图 3—2—31 所示。

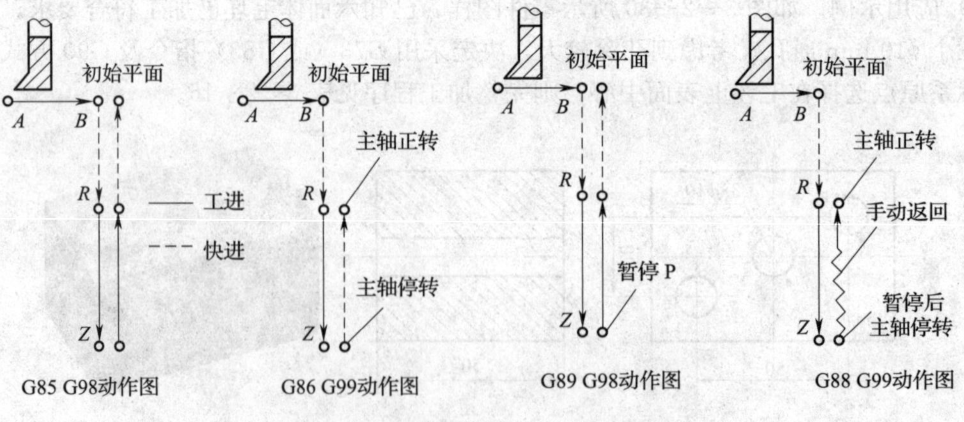

图 3—2—31　粗镗孔循环加工动作

执行 G85 指令，刀具以切削进给方式加工到孔底，然后以切削进给方式返回到 R 平面。该指令可用于较精密的镗孔，以及铰孔、扩孔加工。

执行 G86 指令，刀具以切削进给方式加工到孔底，然后主轴停转，刀具快速退到 R 点平面后，主轴正转。由于刀具在退回过程中容易在工件表面划出条痕，该指令常用于精度或表面粗糙度要求不高的镗孔加工。

G89 指令动作与 G85 指令动作基本类似，区别在于执行 G89 指令时在孔底增加了暂停动作，故该指令更适合于阶梯孔加工。

执行 G88 指令，刀具以切削进给方式加工到孔底，刀具在孔底暂停后主轴停转，这时可通过手动方式从孔中安全退出刀具，再开始自动加工，Z 轴快速返回 R 点或初始平面，主轴恢复正转。此种方式虽然相应提高了孔的加工精度，但加工效率较低。

3）应用示例。如图 3—2—32 所示零件图样，外轮廓表面加工完毕，四个孔已分别加工至 ϕ11.8 mm 和 ϕ29.5 mm，现要求进行最终加工。考虑到图样要求，决定采用 G85 指令，其完整加工程序见表 3—2—17。

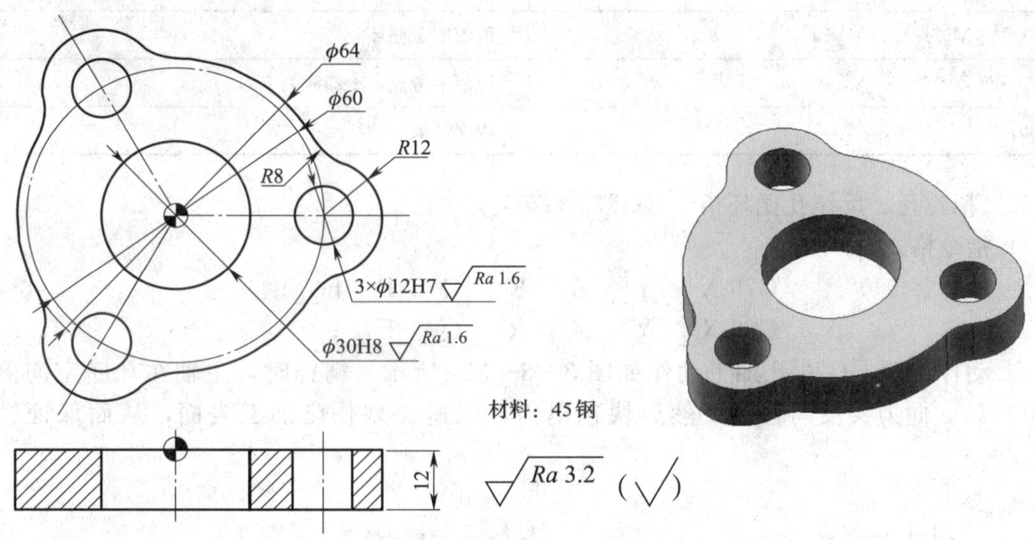

图 3—2—32 粗镗孔循环指令应用示例零件图样

表 3—2—17 应用示例加工程序

程序	注释
O0220;	程序名
G90 G94 G80 G21 G17 G54;	初始化
G91 G28 Z0;	
M06 T01;	换 ϕ10 mm 铰刀
S200 M03;	主轴以 200 r/min 顺时针方向旋转
G90 G43 G00 Z30.0 H01;	建立且使用长度补偿

续表

程序	注释
G85 X30.0 Y0 Z-16.0 R5.0 F60 M08；	铰孔
X-15.0 Y25.98；	
Y-25.98；	
G80 G49 M09；	取消孔循环及长度补偿
G91 G28 Z0 M05；	返回参考点，主轴停止
M06 T02；	换 ϕ30 mm 镗刀
S1200 M03；	主轴以 1 200 r/min 正向旋转
G90 G00 X0 Y0 M08；	刀具定位至（0，0）处，冷却液开
G43 Z30.0 H02；	
G85 X0 Y0 Z-15.0 R5.0 F60；	镗孔
G80 G49 M05；	取消固定循环
G91 G28 Z0 M09；	返回参考点，冷却液关
M30；	程序结束

（5）精镗孔、反镗孔循环指令（G87、G76）

1）指令格式：

G76 X_ Y_ Z_ R_ Q_ P_F_；

G87 X_ Y_ Z_ R_ Q_ F_；

2）动作说明。G76 孔加工动作如图 3—2—33a 所示。精镗时，主轴在孔底定向停止（准停）后，向刀尖反向移动，然后快速退刀，以避免划伤已加工表面，从而保证镗孔质量。

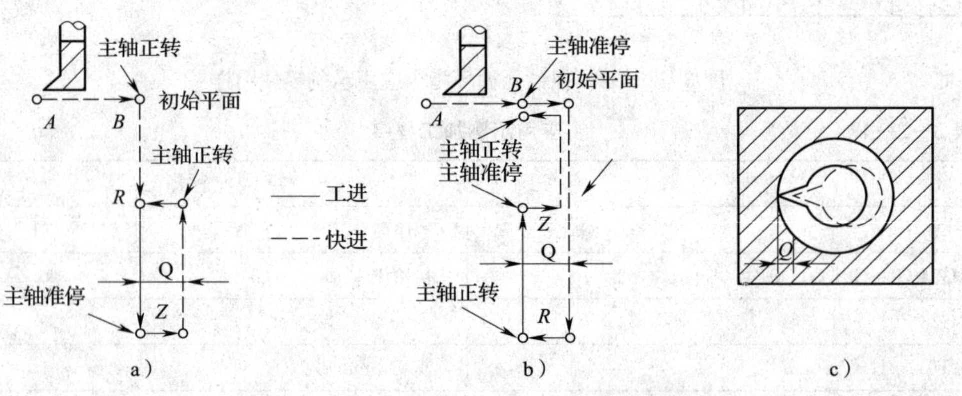

图 3—2—33　精镗孔、反镗孔循环动作

a）G76 G99　b）G87 G98　c）主轴准停

G87 孔加工动作如图 3—2—33b 所示。刀具在 G17 平面内定位后，主轴停止，刀具以与刀尖相反方向按指令设定的偏移量 Q 位移，并快速定位到孔底。在该位置刀具按原偏移量返回，然后主轴正转，沿 Z 轴正向加工到 Z 点。在此位置主轴再次停止后，刀具再次按原偏移量反向位移，然后主轴向上快速移动到达初始平面（只能用 G98），并按原偏移量返回后主轴正转，循环结束。由于 G87 循环刀尖无须在孔中经工件表面退出，故加工表面质量较好，适合于精密孔的镗削加工。

练一练

采用 G76 代码写出图 3—2—32 中 ϕ30 mm 孔最终加工指令。

（6）攻螺纹循环指令（G84、G74）

1）指令格式：

G84 X_ Y_ Z_ R_ P_ F_；（攻右旋螺纹）

G74 X_ Y_ Z_ R_ P_ F_；（攻左旋螺纹）

2）动作说明。攻螺纹循环动作如图 3—2—34 所示。

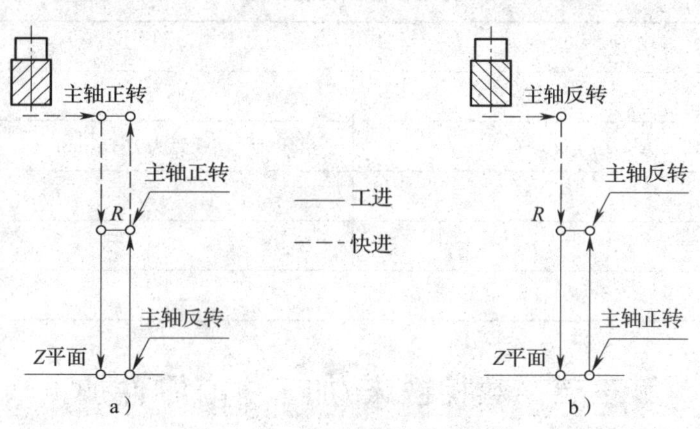

图 3—2—34　攻螺纹循环动作

a）G98 G84　b）G99 G74

G84 用于加工右旋螺纹。执行该循环时，主轴正转，在 G17 平面快速定位后快速移动到 R 点，执行攻螺纹到达孔底后，主轴反转退回到 R 点，完成攻螺纹动作。

G74 用于加工左旋螺纹。执行该循环时，主轴反转，在 G17 平面快速定位后快速移动到 R 点，执行攻螺纹到达孔底后，主轴正转退回到 R 点，完成攻螺纹动作。

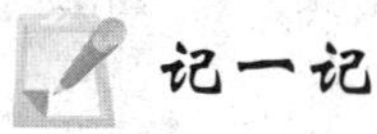

攻螺纹时，应根据不同的进给模式指定进给量 F。当采用 G94 模式时，进给量 F=导程×转速。当采用 G95 模式时，进给量 F=导程。

3）应用示例。如图 3—2—35 所示零件图样，根据需要，已完成除攻螺纹外的所有加工内容。现采用 G84 指令进行两个 M12 螺纹孔加工，其主要程序段内容见表 3—2—18。

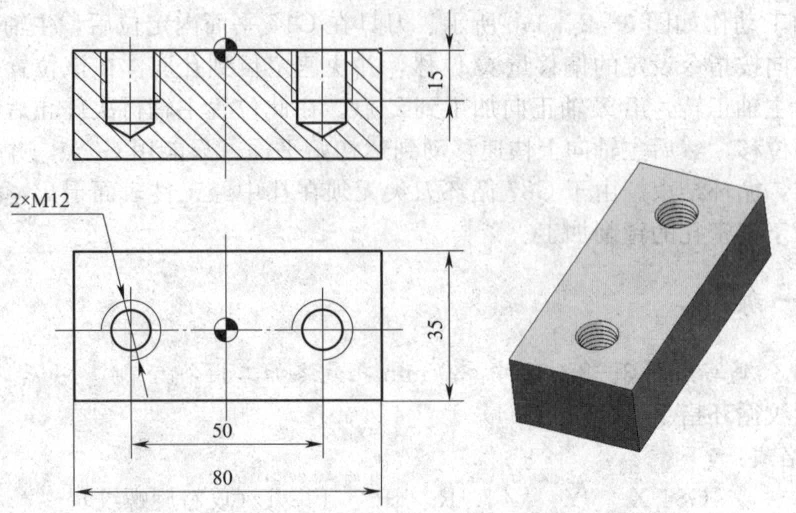

图 3—2—35 攻螺纹循环指令应用示例零件图样

表 3—2—18 应用示例主要程序段

程序段	注释
…	
G99 G84 X25.0 Z-15.0 R3.0 F1.75；	粗牙螺纹，螺距为 1.75 mm
X-25.0；	
G80 G94 G49 M09；	
…	

第三节 数控铣床/加工中心零件加工

在数控铣床/加工中心上进行零件加工，就是根据零件图样的要求，结合加工条件，选择合理的加工工艺及切削用量，进行加工程序的编写，并通过机床操作完成零件的加工。

一、加工示例一

零件图样如图 3—3—1 所示，材料为 45 钢，毛坯尺寸 100 mm×80 mm×10 mm。试在配置 FANUC 0i 系统数控铣床/加工中心上，完成该零件的加工任务。

1. 零件图样分析

该零件主要加工表面包括：一个由若干直线段、圆弧段构成的内轮廓表面，两个 ϕ10 mm 通孔，一个 60 mm×1 mm 台阶；两 ϕ10 mm 孔中心距尺寸精度，以及尺寸 60 mm、80 mm 精度要求较高；零件尺寸标注完整，结构清晰。

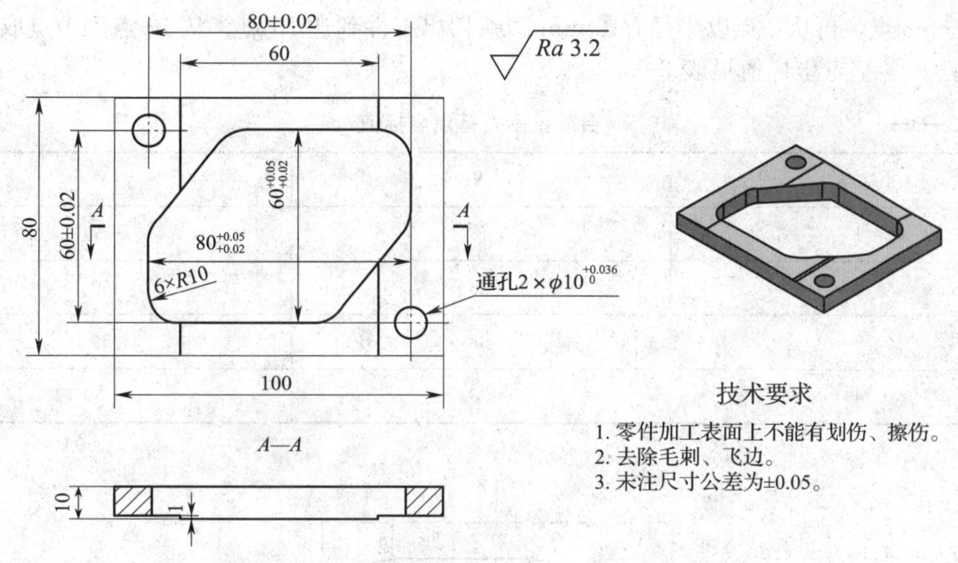

图 3—3—1　加工示例—零件图样

2. 工艺设计

由于毛坯外形无须加工，零件加工内容较少，现对加工工步进行如下安排。

(1) 加工 60 mm×1 mm 的台阶。由于台阶的宽度和深度尺寸精度要求不高，采用 ϕ16 mm 平底铣刀一次加工完成。

(2) 加工 80 mm×60 mm 内轮廓表面。考虑到内轮廓表面尺寸有一定的公差要求，采用刀具半径补偿方式编程，刀具选择 ϕ16 mm 平底铣刀，以满足内轮廓最小凹圆弧尺寸 R10 mm 的要求。

(3) 加工 ϕ10 mm 两孔。考虑到两孔距公差要求比较严，故采用三步来完成孔的加工：第一步采用直径 ϕ3 mm 的中心钻钻中心孔，第二步采用直径 ϕ9.8 mm 的钻头钻孔，第三步选用 ϕ10 mm 铰刀铰孔，从而保证两孔的精度要求。

3. 确定加工路线

(1) 加工 60 mm×1 mm 台阶刀具路线

60 mm×1 mm 台阶加工刀具路线及工件坐标系原点（毛坯上表面中心）如图 3—3—2 所示。刀具从 1 点下刀，然后依次到达 2 点→3 点→4 点，并在 4 点抬刀至安全高度（取 Z=20）快速移动到 5 点下刀，然后依次到达 6 点→7 点→8 点，并在 8 点抬刀至安全高度。各基点坐标值见表 3—3—1。

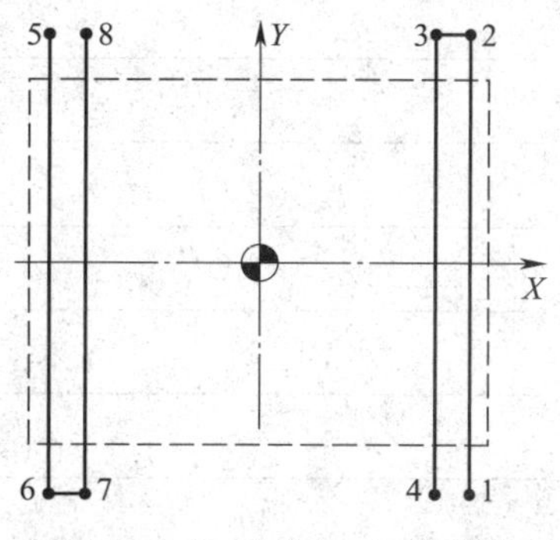

图 3—3—2　台阶加工刀具路线

(2) 加工 80 mm×60 mm 内轮廓刀具路线

80 mm×60 mm 内轮廓表面加工刀具路线及工件坐标系原点（毛坯上表面中心）如图 3—3—3 所示。刀具从 1 点下刀至相应深度后，由 1 点到 2 点建立刀具半径左补偿，并以半径 R10 mm 圆弧路线切入工件，然后依次到达 3 点→4 点→

5 点→…→3 点，再从 3 点以半径 R10 mm 圆弧切出工件到达 10 点，从 10 点到 1 点取消刀具半径补偿。各基点坐标值见表 3—3—2。

表 3—3—1　台阶铣削各基点坐标值

基点	X	Y
1	46	-50
2	46	50
3	38	50
4	38	-50

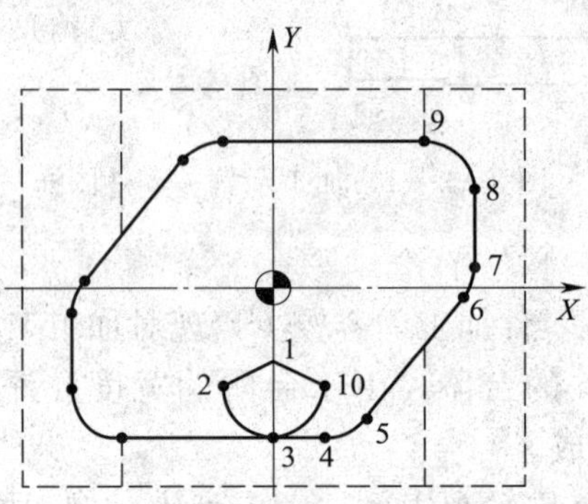

图 3—3—3　内轮廓表面加工刀具路线

表 3—3—2　内轮廓表面铣削各基点坐标值

基点	X	Y
1	0	-15
2	-10	-20
3	0	-30
4	10.194	-30
5	18.002	-26.247
6	37.809	-1.489
7	40	4.758
8	40	20
9	30	30
10	10	-20

(3) 加工 ϕ10 mm 两孔刀具路线

ϕ10 mm 两孔加工刀具路线及工件坐标系原点（上表面中心）如图 3—3—4 所示。

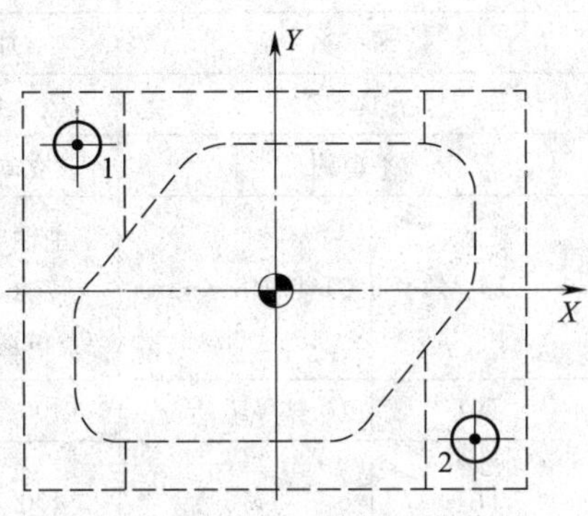

图 3—3—4 孔加工刀具路线

刀具先定位到 1 点，通过孔加工循环指令加工第一个孔；刀具再定位到 2 点，通过孔加工循环指令加工第二个孔。各孔位坐标值见表 3—3—3。

表 3—3—3 孔位坐标值

孔位	X	Y
1	-40	30
2	40	-30

4. 确定切削用量

根据应用示例一的加工实际情况，切削用量选择见表 3—3—4。

表 3—3—4 加工示例一切削用量选择

序号	名称	规格 (mm)	切削速度 (m/min)	主轴转速 (r/min)	进给速度 (mm/min)
1	平底铣刀	ϕ16	20	400	40
2	中心钻	ϕ3	20	2 120	55
3	钻头	ϕ9.8	20	650	32
4	铰刀	ϕ10	6	190	40

5. 装夹

根据加工示例一零件的形状，采用平口钳和垫铁进行装夹。

6. 填写加工工艺卡

加工示例一零件数控铣削工艺卡见表 3—3—5。

表 3—3—5　　加工示例一零件数控铣削工艺卡

<table>
<tr><td rowspan="2">单位名称</td><td rowspan="2" colspan="2">×××</td><td colspan="2">产品名称或代号</td><td colspan="2">零件名称</td><td>零件图号</td></tr>
<tr><td colspan="2">×××</td><td colspan="2">加工示例一</td><td>图 3—3—1</td></tr>
<tr><td>工序号</td><td colspan="2">程序编号</td><td colspan="2">夹具名称</td><td colspan="2">使用设备</td><td>车间</td></tr>
<tr><td>×××</td><td colspan="2">3001</td><td colspan="2">平口钳</td><td colspan="2">立式数控镗铣床</td><td>数控中心</td></tr>
<tr><td>工步号</td><td colspan="2">工 步 内 容</td><td>刀具号</td><td>刀具规格（mm）</td><td>主轴转速（r/min）</td><td>进给速度（mm/min）</td><td>铣削层深度（mm）</td></tr>
<tr><td>1</td><td colspan="2">台阶加工</td><td>T01</td><td>ϕ16</td><td>400</td><td>40</td><td>1</td></tr>
<tr><td>2</td><td colspan="2">80 mm×60 mm
内轮廓加工</td><td>T01</td><td>ϕ16</td><td>400</td><td>40</td><td>2</td></tr>
<tr><td rowspan="3">3</td><td rowspan="3" colspan="2">孔加工</td><td>T02</td><td>ϕ3（中心钻）</td><td>2 120</td><td>55</td><td>1.5</td></tr>
<tr><td>T03</td><td>ϕ9.8（钻头）</td><td>650</td><td>32</td><td>4.9</td></tr>
<tr><td>T04</td><td>ϕ10（铰刀）</td><td>190</td><td>40</td><td>0.1</td></tr>
<tr><td>编制</td><td>××</td><td>审核</td><td>××　批准</td><td>××</td><td colspan="2">年　月　日</td><td>共　页　第　页</td></tr>
</table>

7. 程序编制

加工示例一零件数控铣削加工程序见表 3—3—6。

表 3—3—6　　加工示例一零件数控铣削加工程序

<table>
<tr><td rowspan="3">数控铣床程序卡</td><td>编程原点</td><td colspan="3">工件上表面的中心</td><td>数控系统</td><td>FANUC 0i</td></tr>
<tr><td>零件名称</td><td>加工示例一</td><td>零件图号</td><td>图 3—1—1</td><td>材料</td><td>45 钢</td></tr>
<tr><td>机床型号</td><td>TOM－L6645</td><td>夹具名称</td><td>平口钳</td><td>实训车间</td><td>数控中心</td></tr>
</table>

工步 1 台阶加工参考程序

程序段号	程序	注释
	O0100；	程序名
N010	G00 G17 G21 G40 G49 G80 G90 G54；	初始化
N020	G91 G28 Z0；	返回机床参考点
N030	T01 M06；	ϕ16 mm 平底铣刀
N040	G90 G43 Z20.0 H01；	建立刀具长度补偿
N050	M08；	冷却液开
N060	X46.0 Y－50.0；	快速定位到下刀位置
N070	M03 S400；	主轴正转 400 r/min
N080	Z5.0；	快速下降到 Z5
N090	G01 Z－1.0 F40；	下降到 Z－1
N100	Y50.0；	到 2 点

续表

程序		注释
N110	X38.0;	到3点
N120	Y-50.0;	到4点
N130	G00 Z20.0;	抬刀至安全高度
N140	X-46.0 Y50.0;	快速定位到下刀位置
N150	Z5.0;	快速下降到Z5
N160	G01 Z-1.0 F40;	下降到Z-1
N170	Y-50.0;	到6点
N180	X-38.0;	到7点
N190	Y50.0;	到8点
N200	G00 Z20.0;	抬刀至安全高度
N210	M09;	冷却液关
N220	M05;	主轴停止
N230	G91 G49 G28 Z0;	取消刀具长度补偿并返回参考点
N240	M30;	程序结束

工步2内轮廓加工参考程序

程序段号	O0200;	程序名
N010	G00 G17 G21 G40 G49 G80 G90 G54;	初始化
N020	G91 G28 Z0;	返回机床参考点
N030	T01 M06;	ϕ16mm 平底铣刀
N040	G90 G43 Z20.0 H01;	建立刀具长度补偿
N050	M08;	冷却液开
N060	X0 Y-15.0;	快速定位到下刀位置
N070	M03 S400;	主轴正转400 r/min
N080	Z5.0;	快速下降到Z5
N090	G01 Z-1.0 F40;	下降到Z-1
N100	M98 P0201 L5;	调用子程序五次
N110	G00 Z20.0;	抬刀至安全高度
N120	M09;	冷却液关
N130	M05;	主轴停止
N140	G91 G49 G28 Z0;	取消刀具长度补偿并返回参考点
N150	M30;	程序结束

子程序

程序段号	O0201;	子程序
N010	G91 Z-2.0;	下降到深度

续表

程序		注释
N020	G90 G41 G01 X－10.0 Y－20.0 D01；	建立刀具半径补偿（粗刀补值 8.1 mm，精刀补值 7.98 mm）
N030	G03 X0 Y－30.0 R10.0；	圆弧切入
N040	G01 X10.194；	到 4 点
N050	G03 X18.002 Y－26.247 R10.0；	到 5 点
N060	G01 X37.809 Y－1.489；	到 6 点
N070	G03 X40.0 Y4.758 R10.0；	轮廓加工
N080	G01 Y20.0；	轮廓加工
N090	G03 X30.0 Y30.0 R10.0；	轮廓加工
N100	G01 X－10.194；	轮廓加工
N110	G03 X－18.002 Y26.247 R10.0；	轮廓加工
N120	G01 X－37.809 Y1.489；	轮廓加工
N130	G03 X－40.0 Y－4.758 R10.0；	轮廓加工
N140	G01 Y－20.0；	轮廓加工
N150	G03 X－30.0 Y－30.0 R10.0；	轮廓加工
N160	G01 X0；	轮廓加工
N170	G03 X10.0 Y－20.0 R10.0；	轮廓加工
N180	G40 G01 X0 Y－15.0；	取消刀具半径补偿
N190	M99；	子程序结束
工步 3.1 孔加工（钻中心孔）		
程序段号	O0300；	程序名
N010	G00 G17 G21 G40 G49 G80 G90 G54；	初始化
N020	G91 G28 Z0；	返回到换刀点
N030	T02 M06；	ϕ3 mm 中心钻
N040	G90 G43 Z20.0 H02；	建立刀具长度补偿
N050	M08；	冷却液开
N060	X－40.0 Y30.0；	到 1 点
N070	M03 S2120；	主轴正转 2 120 r/min
N080	G81 X－40.0 Y30.0 Z－5.0 R5.0 F55；	钻第一个孔
N090	X40.0 Y－30.0；	钻第二个孔
N100	G80；	取消固定循环指令
N110	G00 Z20.0；	抬刀至安全高度
N120	M09；	冷却液关
N130	M05；	主轴停止

续表

程序		注释
N140	G91 G49 G28 Z0；	取消刀具长度补偿并返回参考点
N150	M30；	程序结束
工步 3.2 孔加工（钻孔）		
程序段号	O0400；	程序名
N010	G00 G17 G21 G40 G49 G80 G90 G54；	初始化
N020	G91 G28 Z0；	返回到换刀点
N030	T03 M06；	ϕ9.8 mm 钻头
N040	G90 G43 Z20.0 H03；	建立刀具长度补偿
N050	M08；	冷却液开
N060	X－40.0 Y30.0；	到 1 点
N070	M03 S650；	主轴正转 650 r/min
N080	G73 X－40.0 Y30.0 Z－15.0 Q5.0 R5.0 F32；	钻第一个孔
N090	X40.0 Y－30.0；	钻第二个孔
N100	G80；	取消固定循环指令
N110	G00 Z20.0；	抬刀至安全高度
N120	M09；	冷却液关
N130	M05；	主轴停止
N140	G91 G49 G28 Z0；	取消刀具长度补偿并返回参考点
N150	M30；	程序结束
工步 3.3 孔加工（铰孔）		
程序段号	O0500；	程序名
N010	G00 G17 G21 G40 G49 G80 G90 G54；	初始化
N020	G91 G28 Z0；	返回到换刀点
N030	T04 M06；	ϕ10 mm 铰刀
N040	G90 G43 Z20.0 H04；	建立刀具长度补偿
N050	M08；	冷却液开
N060	X－40.0 Y30.0；	到 1 点
N070	M03 S190；	主轴正转 190 r/min
N080	G85 X－40.0 Y30.0 Z－12.0 R5.0 F40；	铰第一个孔
N090	X40.0 Y－30.0；	铰第二个孔
N100	G80；	取消固定循环指令
N110	G00 Z20.0；	抬刀至安全高度
N120	M09；	冷却液关
N130	M05；	主轴停止
N140	G91 G49 G28 Z0；	取消刀具长度补偿并返回参考点
N150	M30；	程序结束

8. 加工操作

（1）工件装夹

根据加工零件的形状，采用平口钳和垫铁进行装夹。

（2）装刀与对刀

根据加工顺序，依次完成所用刀具的装夹与对刀。

（3）精度控制

在加工过程中，当程序停止，应对加工尺寸进行严格的检测。当尺寸出现偏差时，根据偏差情况，对刀具半径补偿量或者程序加以修正后，再次执行加工程序，然后再次检测，直到满足图样要求。

零件图样如图 3—3—5 所示，材料 45 钢，毛坯尺寸 100 mm×80 mm×30 mm。试在配置 FANUC 0i 系统的数控铣床/加工中心上，完成该零件的加工任务。

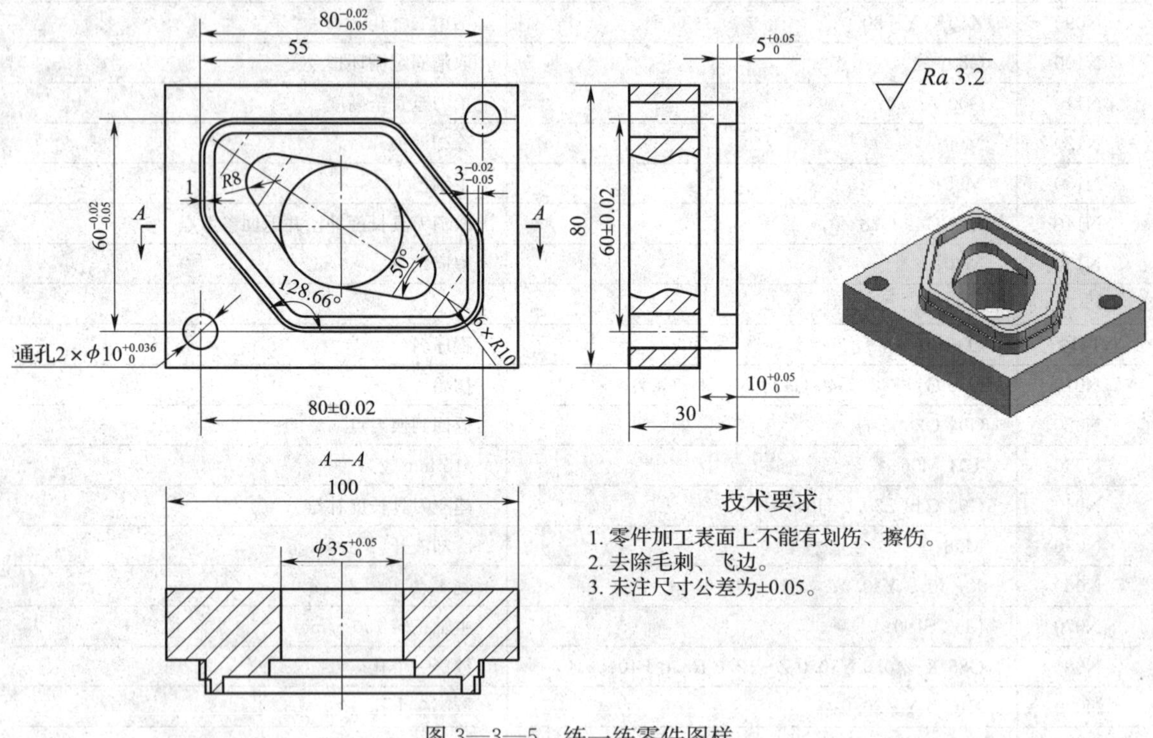

图 3—3—5 练一练零件图样

二、加工示例二

零件图样如图 3—3—6 所示，材料 45 钢，毛坯尺寸 ϕ100 mm×30 mm。试在配置 FANUC 0i 系统的数控铣床/加工中心上，完成该零件的加工任务。

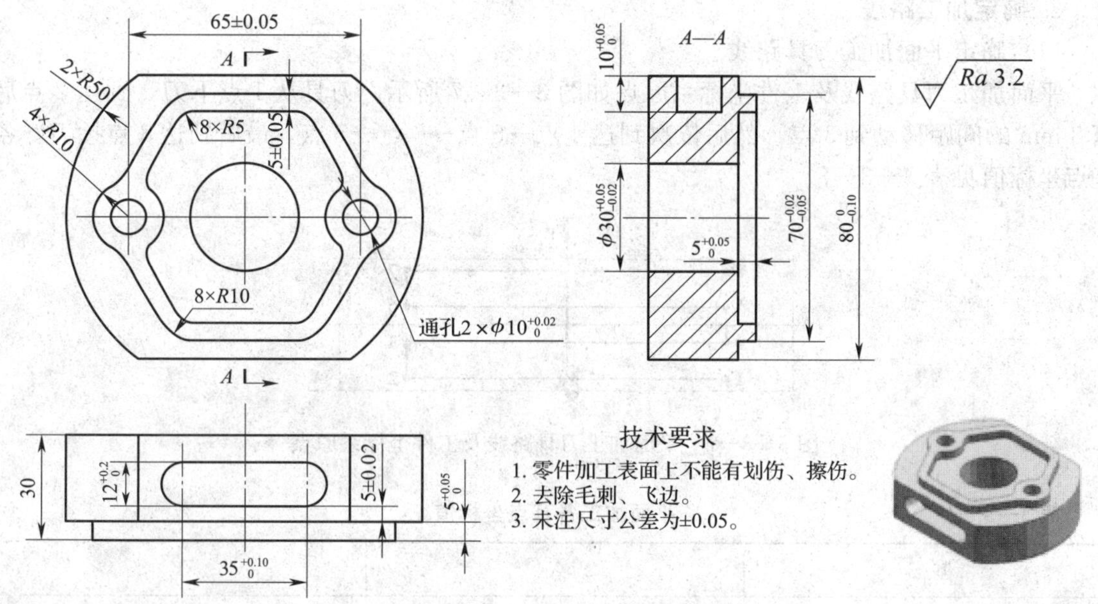

图 3—3—6　加工示例二零件图样

1. 零件图样分析

该零件主要加工表面包括平面、轮廓面、槽和孔。在 ϕ100 mm 圆柱表面上有两个平行平面，并且在其中一个平面上，有一个宽度为 12 mm，长为 35 mm 的腰形槽，平面和腰形槽有几何尺寸和位置尺寸要求；外轮廓为一近似正六边形，尺寸为 $70^{-0.02}_{-0.05}$，公差要求较严；另外，还有要求较高的 ϕ30 mm 孔及 ϕ10 mm 孔；零件尺寸标注完整，结构清晰。

2. 工艺设计

为满足加工示例二零件的加工要求，根据零件图样确定如下加工工步。

（1）加工第一个平面和平面上的键槽，然后翻转工件加工对面的平行平面。为了减少换刀次数，根据腰形槽宽度选择 ϕ10 mm 平底铣刀。

（2）加工近似正六边形外轮廓面。编程时，采用刀具半径补偿方式；加工时，通过设置不同的刀补值实现轮廓的粗、精加工；刀具选择 ϕ16 mm 平底铣刀，以满足外轮廓中存在的四个 R10 mm 凹圆弧的加工要求。

（3）加工近似正六边形内轮廓面。考虑到残料较多，加工时，安排粗、精加工刀具路线；粗加工选择 ϕ16 mm 平底铣刀，精加工选择 ϕ8 mm 平底铣刀。

（4）加工 ϕ30 mm 中心通孔。由于孔尺寸公差要求较严，加工时，首先选择 ϕ16 mm 平底铣刀进行粗加工，并留 0.15 mm 的加工余量；然后选择 ϕ30 mm 镗孔刀具进行精加工。

（5）加工两个 ϕ10 mm 通孔。考虑到两孔有一定的尺寸和位置公差要求，加工时，首先利用 ϕ3 mm 中心钻加工出两个定位孔，然后采用直径 ϕ9.8 mm 钻头进行钻孔，最后采用直径 ϕ10 mm 铰刀进行铰孔保证尺寸。

3. 确定加工路线

（1）确定平面加工刀具路线

平面加工刀具路线及工件坐标系原点如图 3—3—7 所示。刀具从 1 点下刀，到达 2 点后以 8 mm 的间距移动到 3 点，然后依次到达 4 点→5 点→6 点→7 点，最后到达 8 点抬刀。各基点坐标值见表 3—3—7。

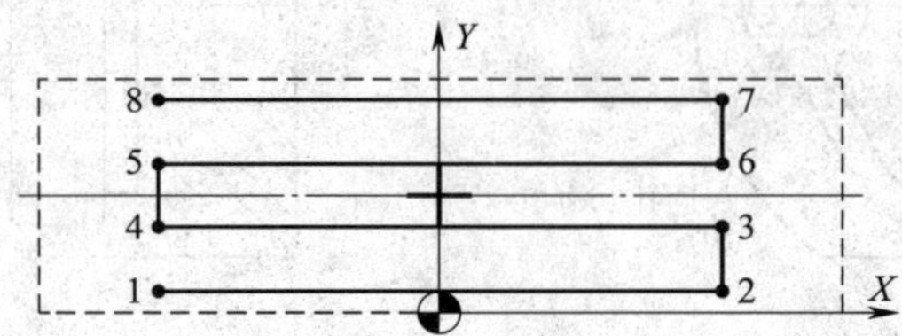

图 3—3—7　平面加工刀具路线及工件坐标系原点

表 3—3—7　　平面加工各基点坐标值

基点	X	Y
1	－35	3
2	35	3
3	35	11
4	－35	11
5	－35	19
6	35	19
7	35	27
8	－35	27

（2）确定腰形槽加工刀具路线

腰形槽加工刀具路线及工件坐标系原点如图 3—3—8 所示。刀具从 1 点下刀，由 1 点到 2 点建立刀具半径左补偿，以半径 $R5.5$ mm 圆弧切入到 3 点，然后依次到达 4 点→5 点→6 点→3 点，从 3 点到 7 点圆弧切出，最后由 7 点到 1 点取消刀补并抬刀。各基点坐标值见表 3—3—8。

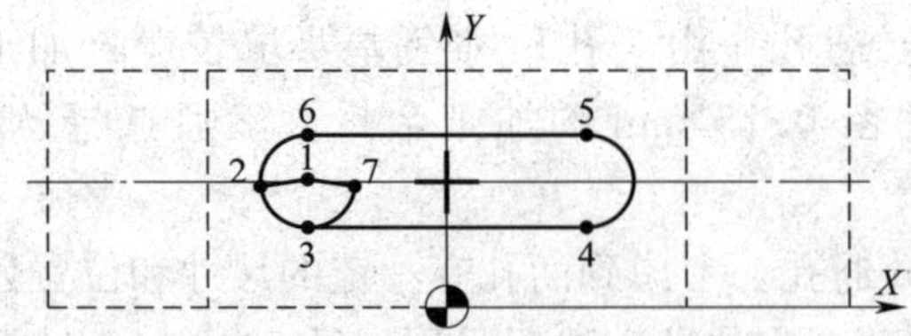

图 3—3—8　腰形槽加工刀具路线及工件坐标系原点

表 3—3—8　　腰形槽加工各基点坐标值

基点	X	Y
1	-17.5	16
2	-23.479	15.5
3	-17.5	10
4	17.5	10
5	17.5	22
6	-17.5	22
7	-12.479	15.5

想一想

腰形槽加工时，工作坐标系原点为何如此选择？

（3）确定外轮廓加工刀具路线

外轮廓加工刀具路线及工件坐标系原点如图 3—3—9 所示。刀具从 1 点下刀，由 1 点到 2 点建立刀具半径左补偿，以 $R10$ mm 圆弧切入到 3 点，然后依次到达 4 点→5 点→6 点→…→3 点，从 3 点到 7 点圆弧切出，最后由 7 点到 1 点取消刀补并抬刀。部分基点坐标值见表 3—3—9。

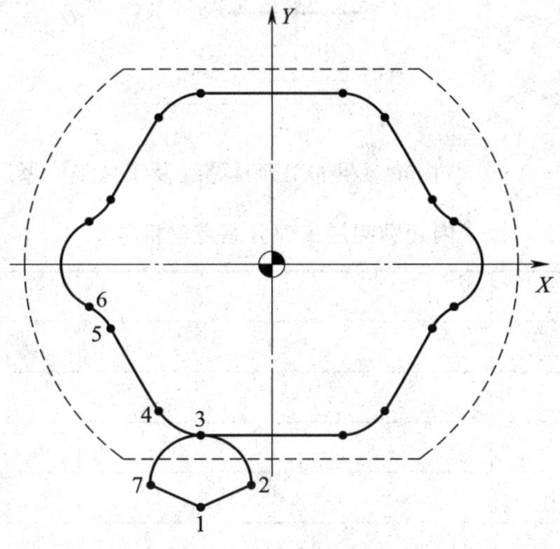

图 3—3—9　外轮廓加工刀具路线及工件坐标系原点

表 3—3—9　　外轮廓加工部分基点坐标值

基点	X	Y
1	-14.434	-50
2	-4.434	-45
3	-14.434	-35
4	-23.094	-30
5	-33.052	-12.752
6	-37.106	-8.876
7	-24.434	-45

（4）确定内轮廓加工刀具路线

1）内轮廓粗加工刀具路线。内轮廓粗加工刀具路线及工件坐标系原点如图 3—3—10 所示。刀具从 1 点下刀至深度，然后依次到达 2 点→3 点→4 点→1 点→5 点→6 点→…→5 点并抬刀。部分基点坐标值见表 3—3—10。

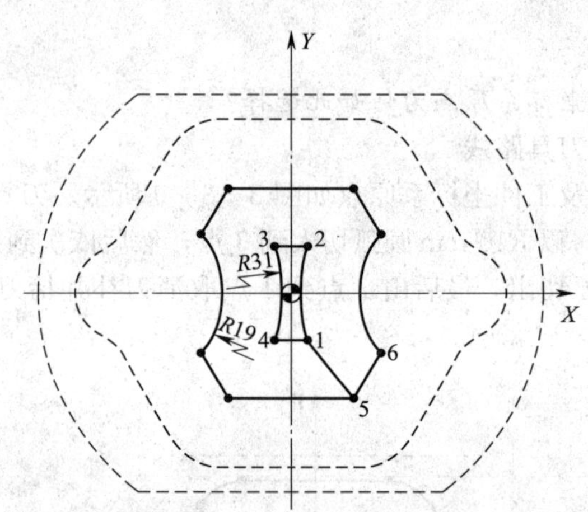

图 3—3—10　内轮廓粗加工刀具路线及工件坐标系原点

表 3—3—10　　内轮廓粗加工部分基点坐标值

基点	X	Y
1	2.835	-9
2	2.835	9
3	-2.835	9
4	-2.835	-9
5	12.124	-21
6	17.509	-11.673

2）内轮廓精加工刀具路线。内轮廓精加工刀具路线及工件坐标系原点如图 3—3—11 所示。刀具从 1 点下刀至深度，由 1 点到 2 点建立刀具半径左补偿，以圆弧半径 $R5$ mm 切入到 3 点，然后依次到达 4 点→5 点→6 点→7 点→…→3 点，从 3 点到 8 点圆弧切出，最后由 8 点到 1 点取消刀补抬刀。部分基点坐标值见表 3—3—11。

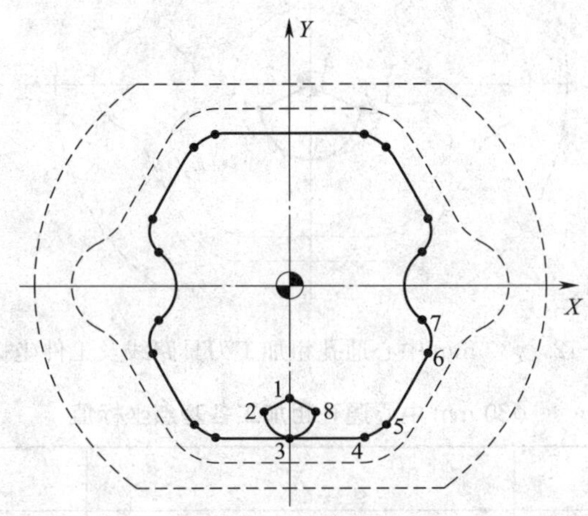

图 3—3—11　内轮廓精加工刀具路线及工件坐标系原点

表 3—3—11　　内轮廓精加工部分基点坐标值

基点	X	Y
1	0	-22
2	-5	-25
3	0	-30
4	14.434	-30
5	18.764	-27.5
6	26.773	-13.629
7	25.795	-7.419
8	5	-25

（5）确定 $\phi30$ mm 中心通孔粗加工刀具路线

$\phi30$ mm 中心通孔粗加工刀具路线及工件坐标系原点如图 3—3—12 所示。刀具从 1 点下刀至深度，由 1 点到 2 点建立刀具半径左补偿，以 $R10$ mm 圆弧切入到 3 点，然后执行圆弧加工到达 3 点后，从 3 点到 4 点圆弧切出，最后由 4 点到 1 点取消刀补并抬刀。各基点坐标值见表 3—3—12。

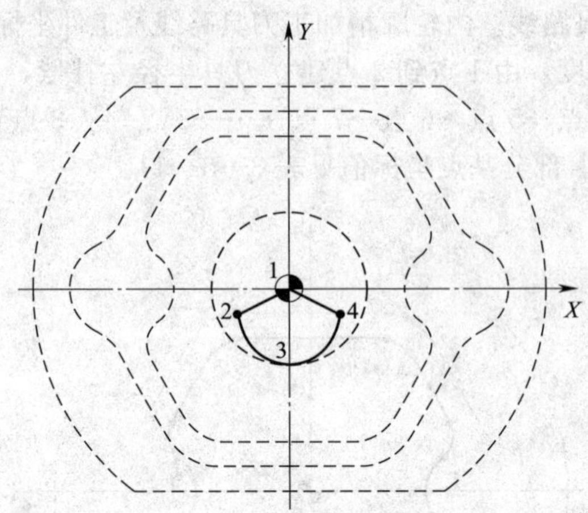

图 3—3—12　ϕ30 mm 中心通孔粗加工刀具路线及工件坐标系原点

表 3—3—12　　ϕ30 mm 中心通孔粗加工各基点坐标值

基点	X	Y
1	0	0
2	-10	-5
3	0	-15
4	10	-5

（6）确定两 ϕ10 mm 通孔加工刀具路线

两 ϕ10 mm 通孔加工刀具路线及工件坐标系原点如图 3—3—13 所示。各基点坐标值见表 3—3—13。

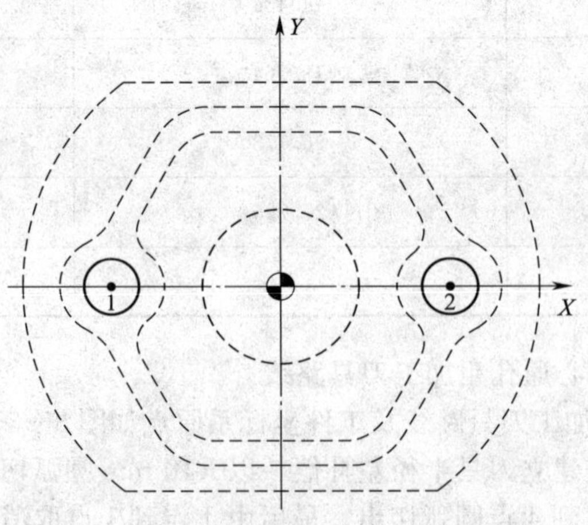

图 3—3—13　两 ϕ10 mm 通孔加工刀具路线及工件坐标系原点

表 3—3—13　　两 ϕ10 mm 通孔加工各基点坐标值

基点	X	Y
1	-37.5	0
2	37.5	0

4. 确定切削用量

根据应用示例二的加工实际情况，切削用量选择见表 3—3—14。

表 3—3—14　　加工示例二切削用量选择

序号	名称	规格（mm）	切削速度（m/min）	主轴转速（r/min）	进给速度（mm/min）
1	平底铣刀	ϕ10	20	640	64
2	平底铣刀	ϕ16	20	400	40
3	平底铣刀	ϕ8	20	800	80
4	镗刀	ϕ30	20	215	8
5	中心钻	ϕ3	20	2120	55
6	钻头	ϕ9.8	20	650	32
7	铰刀	ϕ10	6	190	40

5. 装夹

根据加工示例二零件的形状，采用平口钳和垫铁进行装夹。

6. 填写加工工艺卡

加工示例二零件数控铣削工艺卡见表 3—3—15。

表 3—3—15　　加工示例二零件数控铣削工艺卡

<table>
<tr><td rowspan="2">单位名称</td><td rowspan="2" colspan="2">×××</td><td colspan="2">产品名称或代号</td><td colspan="2">零件名称</td><td>零件图号</td></tr>
<tr><td colspan="2">×××</td><td colspan="2">加工示例二</td><td>图 3—3—6</td></tr>
<tr><td>工序号</td><td colspan="2">程序编号</td><td colspan="2">夹具名称</td><td colspan="2">使用设备</td><td>车间</td></tr>
<tr><td>×××</td><td colspan="2">3002</td><td colspan="2">平口钳</td><td colspan="2">立式数控镗铣床</td><td>数控中心</td></tr>
<tr><td>工步号</td><td colspan="2">工步内容</td><td>刀具号</td><td>刀具规格（mm）</td><td>主轴转速（r/min）</td><td>进给速度（mm/min）</td><td>铣削层深度（mm）</td></tr>
<tr><td>1（3）</td><td colspan="2">平面加工</td><td>T01</td><td>ϕ10</td><td>640</td><td>64</td><td>2.5</td></tr>
<tr><td>2</td><td colspan="2">腰形槽加工</td><td>T01</td><td>ϕ10</td><td>640</td><td>64</td><td>2.5</td></tr>
<tr><td rowspan="2">4</td><td colspan="2">外轮廓粗加工</td><td>T02</td><td>ϕ16</td><td>400</td><td>40</td><td>2.5</td></tr>
<tr><td colspan="2">外轮廓精加工</td><td>T02</td><td>ϕ16</td><td>400</td><td>40</td><td>2.5</td></tr>
<tr><td rowspan="2">5</td><td colspan="2">内轮廓粗加工</td><td>T02</td><td>ϕ16</td><td>400</td><td>40</td><td>2.5</td></tr>
<tr><td colspan="2">内轮廓精加工</td><td>T03</td><td>ϕ8</td><td>800</td><td>80</td><td>2.5</td></tr>
</table>

续表

<table>
<tr><td rowspan="2">单位名称</td><td rowspan="2">×××</td><td colspan="2">产品名称或代号</td><td colspan="2">零件名称</td><td>零件图号</td></tr>
<tr><td colspan="2">×××</td><td colspan="2">加工示例二</td><td>图 3—3—6</td></tr>
<tr><td>工序号</td><td>程序编号</td><td colspan="2">夹具名称</td><td colspan="2">使用设备</td><td>车间</td></tr>
<tr><td>×××</td><td>3002</td><td colspan="2">平口钳</td><td colspan="2">立式数控镗铣床</td><td>数控中心</td></tr>
<tr><td>工步号</td><td>工 步 内 容</td><td>刀具号</td><td>刀具规格
(mm)</td><td>主轴
转速
(r/min)</td><td>进给
速度
(mm/min)</td><td>铣削层深度
(mm)</td></tr>
<tr><td rowspan="2">6</td><td>镗孔粗加工</td><td>T02</td><td>ϕ16</td><td>400</td><td>40</td><td>2.5</td></tr>
<tr><td>镗孔精加工</td><td>T04</td><td>ϕ30（镗刀）</td><td>215</td><td>8</td><td>0.15</td></tr>
<tr><td rowspan="3">7</td><td rowspan="3">孔加工</td><td>T05</td><td>ϕ3（中心钻）</td><td>2 120</td><td>55</td><td>1.5</td></tr>
<tr><td>T06</td><td>ϕ9.8（钻头）</td><td>650</td><td>32</td><td>4.9</td></tr>
<tr><td>T07</td><td>ϕ10（铰刀）</td><td>190</td><td>40</td><td>0.1</td></tr>
<tr><td>编制</td><td>审核</td><td>批准</td><td></td><td colspan="2">年 月 日</td><td>共 页 第 页</td></tr>
</table>

7. 程序编制

加工示例二零件数控铣削加工程序见表 3—3—16。

表 3—3—16 加工示例二零件数控铣削加工程序

<table>
<tr><td rowspan="3">数控铣削程序卡</td><td>编程原点</td><td colspan="3">工件上表面的中心</td><td>编程系统</td><td>FANUC</td></tr>
<tr><td>零件名称</td><td>加工示例二</td><td>零件图号</td><td>3—3—6</td><td>材料</td><td>45 钢</td></tr>
<tr><td>机床型号</td><td>TOM-L6645</td><td>夹具名称</td><td>平口钳</td><td>实训车间</td><td>数控中心</td></tr>
</table>

工步 1（3）平面加工参考程序

程序		注释
程序段号	O0100；	程序名
N010	G00 G17 G21 G40 G49 G80 G90 G54；	初始化
N020	G91 G28 Z0；	返回机床参考点
N030	T01 M06；	ϕ10 mm 平底铣刀
N040	G90 G43 Z20.0 H01；	建立刀具长度补偿
N050	X-35.0 Y3.0；	快速定位到下刀位置
N060	M03 S640；	主轴正转 640 r/min
N070	Z5.0；	快速下降到 Z5
N080	G01 Z0 F64；	下降到 Z0
N090	M98 P0101 L4；	调用子程序 0101
N100	G90 G00 Z20.0；	抬刀至安全高度
N110	M09；	冷却液关
N120	M05；	主轴停止
N130	G91 G49 G28 Z0；	取消刀具长度补偿并返回参考点

续表

程序		注释
N140	M30；	程序结束
子程序		
程序段号	O0101；	子程序名
N010	G91 G01 Z－2.5 F64；	下降到深度
N020	G90 X35.0；	到2点
N030	Y11.0；	到3点
N040	X－35.0；	到4点
N050	Y19.0；	到5点
N060	X35.0；	到6点
N070	Y27.0；	到7点
N080	X－35.0；	到8点
N090	G00 Y3.0；	回到进给下刀位置
N100	M99；	子程序结束
工步2腰形槽加工参考程序		
程序段号	O0200；	程序名
N010	G00 G17 G21 G40 G49 G80 G90 G54；	初始化
N020	G91 G28 Z0；	返回机床参考点
N030	T01 M06；	ϕ10 mm平底铣刀
N040	G90 G43 Z20.0 H01；	建立刀具长度补偿
N050	M08；	冷却液开
N060	M03 S640；	主轴正转640 r/min
N070	X－17.5 Y16.0；	快速定位至（－17.5，16）到1点
N080	Z5.0；	快速下降到Z5
N090	G01 Z0 F20；	下降到Z0
N100	M98 P0201 L4；	调用子程序0201
N110	G90 G00 Z20.0；	抬刀至安全高度
N120	M09；	冷却液关
N130	M05；	主轴停止
N140	G91 G49 G28 Z0；	取消刀具长度补偿并返回参考点
N150	M30；	程序结束
子程序		
程序段号	O0201；	子程序名
N010	G91 G01 Z－2.5 F20；	下降到深度
N020	G90 G41 X－23.479 Y15.5 D01 F64；	建立刀具半径左补偿（粗刀补值5.1 mm，精刀补值4.99 mm），到2点
N030	G03 X－17.5 Y10.0 R5.5；	到3点

续表

程序		注释
N040	G01 X17.5；	到 4 点
N050	G03 X17.5 Y22.0 R6.0；	到 5 点
N060	G01 X－17.5；	到 6 点
N070	G03 X－17.5 Y10.0 R6.0；	到 3 点
N080	G03 X－12.479 Y15.5 R5.5；	到 7 点
N090	G40 G01 X－17.5 Y16.0；	取消刀具半径左补偿，到 1 点
N100	M99；	子程序结束

工步 4 外轮廓粗、精加工参考程序

程序段号	O0300；	程序名
N010	G00 G17 G21 G40 G49 G80 G90 G54；	初始化
N020	G91 G28 Z0；	返回机床参考点
N030	T02 M06；	ϕ16 mm 平底铣刀
N040	G90 G43 Z20.0 H02；	建立刀具长度补偿
N050	M08；	冷却液开
N060	M03 S400；	主轴正转 400 r/min
N070	X－14.434 Y－50.0；	快速定位至（－14.434，－50）进刀位置
N080	Z5.0；	快速下降到 Z5
N090	G01 Z－5.0 F40；	下降到深度（粗加工分层切削，Z 分别取－2.5、－5.0；或采用子程序调用）
N100	G41 X－4.434 Y－45.0 D02；	建立刀具半径左补偿（粗刀补值 8.1 mm，精刀补值 7.98 mm）
N110	G03 X－14.434 Y－35.0 R10.0；	到 3 点
N120	G02 X－23.094 Y－30.0 R10.0；	到 4 点
N130	G01 X－33.052 Y－12.752；	到 5 点
N140	G03 X－37.106 Y－8.876 R10.0；	到 6 点
N150	G02 X－37.106 Y8.876 R10.0；	轮廓加工
N160	G03 X－33.052 Y12.752 R10.0；	轮廓加工
N170	G01 X－23.094 Y30.0；	轮廓加工
N180	G02 X－14.434 Y35.0 R10.0；	轮廓加工
N190	G01 X14.434；	轮廓加工
N200	G02 X23.094 Y30.0 R10.0；	轮廓加工
N210	G01 X33.052 Y12.752；	轮廓加工
N220	G03 X37.106 Y8.876 R10.0；	轮廓加工
N230	G02 X37.106 Y－8.876 R10.0；	轮廓加工
N240	G03 X33.052 Y－12.752 R10.0；	轮廓加工

续表

程序		注释
N250	G01 X23.094 Y－30.0；	轮廓加工
N260	G02 X14.434 Y－35.0 R10.0；	轮廓加工
N270	G01 X－14.434；	轮廓加工
N280	G03 X－24.434 Y－45.0 R10.0；	轮廓加工
N290	G40 G01 X－14.434 Y－50.0；	取消刀具半径左补偿
N300	G00 Z20；	抬刀至安全高度
N310	G91 G49 G28 Z0；	取消刀具长度补偿并返回参考点
N320	M09；	冷却液关
N330	M05；	主轴停止
N340	M30；	程序结束

工步 5.1 内轮廓粗加工参考程序

程序段号	O0400；	程序名
N010	G00 G17 G21 G40 G49 G80 G90 G54；	程序初始化
N020	G91 G28 Z0；	返回机床参考点
N030	T02 M06；	ϕ16 mm 平底铣刀
N040	G90 G43 Z20.0 H02；	建立刀具长度补偿
N050	M08；	冷却液开
N060	M03 S400；	主轴正转 400 r/min
N070	X2.835 Y－9.0；	快速定位至（2.835，－9）进刀位置
N080	Z5.0；	快速下降到 Z5
N090	G01 Z－5.0 F40；	下降到深度（分层切削，Z 分别取－2.5、－5.0；或采用子程序调用）
N100	G02 X2.835 Y9.0 R31.0；	到 2 点
N110	G01 X－2.835；	到 3 点
N120	G02 X－2.835 Y－9.0 R31.0；	到 4 点
N130	G01 X2.835；	到 1 点
N140	G01 X12.124 Y－21.0；	到 5 点
N150	G01 X17.509 Y－11.673；	到 6 点
N160	G02X17.509 Y11.673 R19.0；	轮廓加工
N170	G01 X12.124 Y21.0；	轮廓加工
N180	G01 X－12.124；	轮廓加工
N190	G01 X－17.509 Y11.673；	轮廓加工
N200	G02 X－17.509 Y－11.673 R19.0；	轮廓加工
N210	G01 X－12.124 Y－21.0；	轮廓加工

续表

程序		注释
N220	G01 X12.124；	轮廓加工
N230	G00 Z20.0；	抬刀至安全高度
N240	M09；	冷却液关
N250	M05；	主轴停止
N260	G91 G49 G28 Z0；	取消刀具长度补偿并返回参考点
N270	M30；	程序结束

工步 5.2 内轮廓精加工参考程序

程序段号	O0500；	程序名
N010	G00 G17 G21 G40 G49 G80 G90 G54；	初始化
N020	G91 G28 Z0；	返回机床参考点
N030	T03 M06；	ϕ8 mm 平底铣刀
N040	G90 G43 Z20.0 H03；	建立刀具长度补偿
N050	M08；	冷却液开
N060	M03 S800；	主轴正转 800 r/min
N070	X0 Y-22.0；	快速定位至（0，-22）进刀位置
N080	Z5.0；	快速下降到 Z5
N090	G01 Z-5.0 F20；	下降到深度
N100	G41 G01 X-5.0 Y-25.0 D03 F80；	建立刀具半径左补偿
N110	G03 X0 Y-30.0 R5.0；	到 3 点
N120	G01 X14.434；	到 4 点
N130	G03 X18.764 Y-27.5 R5.0；	到 5 点
N140	G01 X26.773 Y-13.629；	到 6 点
N150	G03 X25.795 Y-7.419 R5.0；	到 7 点
N160	G02 X25.795 Y7.419 R10.0；	轮廓加工
N170	G03 X26.773 Y13.629 R5.0；	轮廓加工
N180	G01 X18.764 Y27.5；	轮廓加工
N190	G03 X14.434 Y30.0 R5.0；	轮廓加工
N200	G01 X-14.434；	轮廓加工
N210	G03 X-18.764 Y27.5 R5.0；	轮廓加工
N220	G01 X-26.773 Y13.629；	轮廓加工
N230	G03 X-25.795 Y7.419 R5.0；	轮廓加工
N240	G02 X-25.795 Y-7.419 R10.0；	轮廓加工
N250	G03 X-26.773 Y-13.629 R5.0；	轮廓加工
N260	G01 X-18.764 Y-27.5；	轮廓加工

续表

程序		注释
N270	G03 X－14.434 Y－30.0 R5.0；	轮廓加工
N280	G01 X0；	轮廓加工
N290	G03 X5.0 Y－25.0 R5.0；	圆弧切出
N300	G40 G01 X0 Y－22.0；	取消刀具半径左补偿
N310	G00 Z20.0；	抬刀至安全高度
N320	M09；	冷却液关
N330	M05；	主轴停止
N340	G91 G49 G28 Z0；	取消刀具长度补偿并返回参考点
N350	M30；	程序结束

工步 6.1 镗孔粗加工参考程序

程序段号	O0600；	程序名
N010	G00 G17 G21 G40 G49 G80 G90 G54；	初始化
N020	G91 G28 Z0；	返回机床参考点
N030	T02 M06；	ϕ16 mm 平底铣刀
N040	G90 G43 Z20.0 H02；	建立刀具长度补偿
N050	M08；	冷却液开
N060	M03 S400；	主轴正转 400 r/min
N070	X0 Y0；	快速定位至（0，0）进刀位置 1
N080	Z5.0；	快速下降到 Z5
N090	G01 Z－5.0 F40；	下降到 Z－5
N100	M98 P0601 L10；	调用子程序 0601
N110	G90 G00 Z20.0；	抬刀至安全高度
N120	M09；	冷却液关
N130	M05；	主轴停止
N140	G91 G49 G28 Z0；	取消刀具长度补偿并返回参考点
N150	M30；	程序结束

子程序

程序段号	O0601；	子程序名
N010	G91 G01 Z－2.5 F40；	下降到深度
N020	G90 G41 G01 X－10.0 Y－5.0 D02；	建立刀具半径左补偿，到 2 点
N030	G03 X0 Y－15.0 R10.0；	到 3 点
N040	G03 J15.0；	轮廓加工
N050	G03 X10.0 Y－5.0 R10.0；	圆弧切出，到 4 点
N060	G40 G01 X0 Y0；	取消刀具半径左补偿，到 1 点

续表

程序		注释
N070	M99；	子程序结束
工步 6.2 镗孔精加工参考程序		
程序段号	O0700；	程序名
N010	G00 G17 G21 G40 G49 G80 G90 G54；	初始化
N020	G91 G28 Z0；	返回机床参考点
N030	T04 M06；	ϕ30 mm 镗铣刀
N040	G90 G43 Z20.0 H04；	建立刀具长度补偿
N050	M08；	冷却液开
N060	M03 S215；	主轴正转 215 r/min
N070	X0 Y0；	快速定位至（0，0）进刀位置
N080	G76 X0 Y0 Z-35.0 R5.0 Q2.0 F8；	精镗孔
N090	G80；	取消循环指令
N100	G90 G00 Z20.0；	抬刀至安全高度
N110	M09；	冷却液关
N120	M05；	主轴停止
N130	G91 G49 G28 Z0；	取消刀具长度补偿并返回参考点
N140	M30；	程序结束
工步 7.1 孔加工（定位孔）参考程序		
程序段号	O0800；	程序名
N010	G00 G17 G21 G40 G49 G80 G90 G54；	初始化
N020	G91 G28 Z0；	返回机床参考点
N030	T05 M06；	ϕ3 mm 中心钻
N040	G90 G43 Z20.0 H05；	建立刀具长度补偿
N050	M08；	冷却液开
N060	M03 S2120；	主轴正转 2120 r/min
N070	X-37.5 Y0；	快速定位至（-37.5，0）进刀位置
N080	G81 X-37.5 Y0 Z-5.0 F55；	钻第一个孔
N090	X37.5；	钻第二个孔
N100	G80；	取消循环指令
N110	G90 G00 Z20.0；	抬刀至安全高度
N120	M09；	冷却液关
N130	M05；	主轴停止
N140	G91 G49 G28 Z0；	取消刀具长度补偿并返回参考点
N150	M30；	程序结束

续表

<table>
<tr><th colspan="2">程序</th><th>注释</th></tr>
<tr><td colspan="3">工步 7.2 孔加工（钻孔）参考程序</td></tr>
<tr><td>程序段号</td><td>O0900；</td><td>程序名</td></tr>
<tr><td>N010</td><td>G00 G17 G21 G40 G49 G80 G90 G54；</td><td>程序初始化</td></tr>
<tr><td>N020</td><td>G91 G28 Z0；</td><td>返回机床参考点</td></tr>
<tr><td>N030</td><td>T06 M06；</td><td>ϕ9.8 mm 钻头</td></tr>
<tr><td>N040</td><td>G90 G43 Z20.0 H06；</td><td>建立刀具长度补偿</td></tr>
<tr><td>N050</td><td>M08；</td><td>冷却液开</td></tr>
<tr><td>N060</td><td>M03 S650；</td><td>主轴正转 650 r/min</td></tr>
<tr><td>N070</td><td>X-37.5 Y0；</td><td>快速定位至（-37.5，0）进刀位置</td></tr>
<tr><td>N080</td><td>G73 X-37.5 Y0 Z-35.0 Q5.0 F32；</td><td>钻第一个孔</td></tr>
<tr><td>N090</td><td>X37.5；</td><td>钻第二个孔</td></tr>
<tr><td>N100</td><td>G80；</td><td>取消循环指令</td></tr>
<tr><td>N110</td><td>G90 G00 Z20.0；</td><td>抬刀至安全高度</td></tr>
<tr><td>N120</td><td>M09；</td><td>冷却液关</td></tr>
<tr><td>N130</td><td>M05；</td><td>主轴停止</td></tr>
<tr><td>N140</td><td>G91 G49 G28 Z0；</td><td>取消刀具长度补偿并返回参考点</td></tr>
<tr><td>N150</td><td>M30；</td><td>程序结束</td></tr>
<tr><td colspan="3">工步 7.3 孔加工（铰孔）参考程序</td></tr>
<tr><td>程序段号</td><td>O1000；</td><td>程序名</td></tr>
<tr><td>N010</td><td>G00 G17 G21 G40 G49 G80 G90 G54；</td><td>初始化</td></tr>
<tr><td>N020</td><td>G91 G28 Z0；</td><td>返回机床参考点</td></tr>
<tr><td>N030</td><td>T07 M06；</td><td>ϕ10 mm 铰刀</td></tr>
<tr><td>N040</td><td>G90 G43 Z20.0 H07；</td><td>建立刀具长度补偿</td></tr>
<tr><td>N050</td><td>M08；</td><td>冷却液开</td></tr>
<tr><td>N060</td><td>M03 S190；</td><td>主轴正转 190 r/min</td></tr>
<tr><td>N070</td><td>X-37.5 Y0；</td><td>快速定位至（-37.5，0）进刀位置</td></tr>
<tr><td>N080</td><td>G81 X-37.5 Y0 Z-35.0 F40；</td><td>铰第一个孔</td></tr>
<tr><td>N090</td><td>X37.5；</td><td>铰第二个孔</td></tr>
<tr><td>N100</td><td>G80；</td><td>取消循环指令</td></tr>
<tr><td>N110</td><td>G90 G00 Z20.0；</td><td>抬刀至安全高度</td></tr>
<tr><td>N120</td><td>M09；</td><td>冷却液关</td></tr>
<tr><td>N130</td><td>M05；</td><td>主轴停止</td></tr>
<tr><td>N140</td><td>G91 G49 G28 Z0；</td><td>取消刀具长度补偿并返回参考点</td></tr>
<tr><td>N150</td><td>M30；</td><td>程序结束</td></tr>
</table>

8. 加工操作

（1）工件装夹

根据加工零件的形状，采用平口钳和垫铁进行装夹。

（2）装刀与对刀

根据加工顺序，依次完成所用刀具的装夹与对刀。

 想一想

腰形槽加工时，如何进行对刀操作？

（3）精度控制

在加工过程中，当程序停止，应对加工尺寸进行严格的检测。当尺寸出现偏差时，根据偏差情况，对刀具半径补偿量或者程序加以修正后，再次执行加工程序，然后再次检测，直到满足图样要求。

零件图样如图 3—3—14 所示，材料 45 钢，毛坯尺寸 100 mm×80 mm×31 mm。试在配置 FANUC 0i 系统的数控铣床/加工中心上，完成该零件的加工任务。

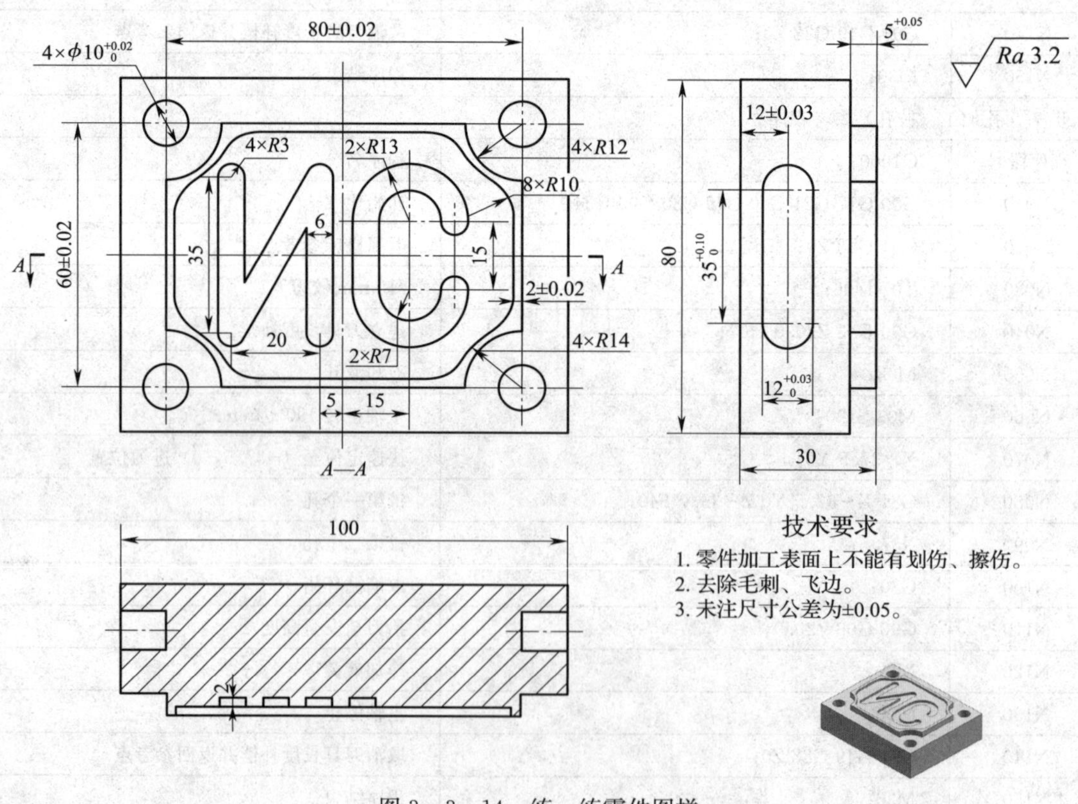

图 3—3—14　练一练零件图样

第四章

数控电火花加工

第一节 电火花加工概述

一、电火花加工及其加工原理

电火花加工又称放电加工（EDM），作为一种特种成形工艺方法，电火花加工有别于传统的切削加工，它直接利用电能、热能对工件实施成形加工，尤其对那些具有特殊性能（硬度高、强度高、脆性大、韧性好、熔点高等）的金属材料和结构复杂、工艺特殊的工件实现成形加工特别有效。

电火花加工的基本原理如图 4—1—1 所示。它是利用工具电极和工件之间脉冲性火花放电产生的局部瞬时高温来蚀除多余的金属材料，以达到对工件尺寸、形状及表面质量等要求。

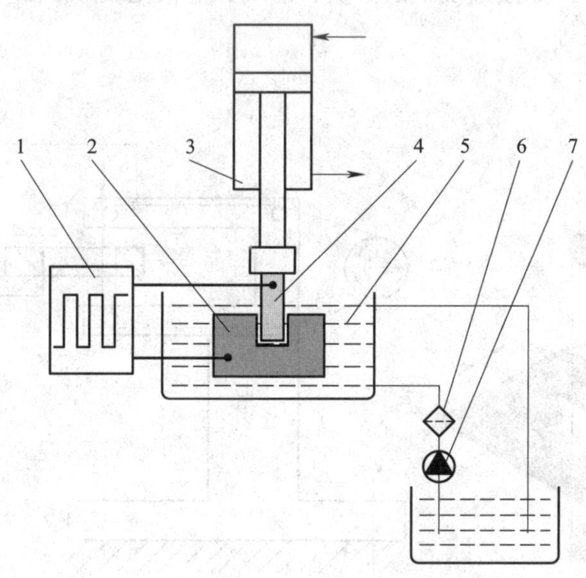

图 4—1—1 电火花加工基本原理图

1—脉冲电源 2—工件 3—自动进给装置 4—工具电极 5—工作液 6—过滤器 7—泵

记一记

一次脉冲放电过程大致可分为五个连续阶段：电离→放电→热膨胀→抛出蚀除物→消电离。

随着工具电极逐步接近并进入工件，脉冲放电不断进行，伴随工件材料的蚀除，工具电极的轮廓形状便被拷贝在工件上。

二、电火花加工分类及设备

1. 电火花加工分类

随着电火花加工技术的发展及应用范围的不断扩大，电火花加工工艺方法逐渐增多，根据电火花设备使用情况，电火花加工可分为三大类：电火花成形加工、电火花线切割加工和其他类型电火花加工。

（1）电火花成形加工

采用成形工具电极进行仿形电火花加工的方法，主要用于模具型腔及型腔尖角、窄槽部位的加工。

（2）电火花线切割加工

与电火花成形加工的原理一样，电火花线切割加工是基于电极丝与工件之间脉冲放电时的电火花腐蚀原理。图 4—1—2 所示为电火花线切割加工示意图，加工时，高速往复运动的金属丝作为工具电极，安装在工作台上的工件按预定轨迹在水平面内做进给运动，从而加工出各种形状复杂的零件，如注塑模中的镶块、滑块、电火花成形加工用电极，冷冲压模具中的凸模、凹模、凸凹模等。

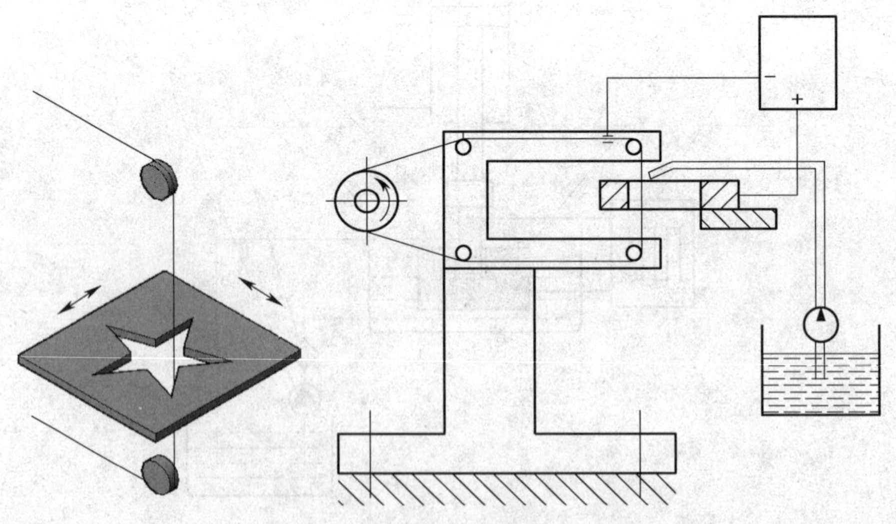

图 4—1—2　电火花线切割加工示意图

（3）其他类型电火花加工

其他类型电火花加工包括电火花成形磨削、电火花同步回转加工、电火花表面强化和刻字等工艺方法。

2. 电火花加工设备

（1）数控电火花成形机床

数控电火花成形加工机床主要由控制系统、伺服进给系统、工作液循环系统、机床本体、灭火系统等几大部分组成，如图 4—1—3 所示，其各部分的主要作用见表 4—1—1。

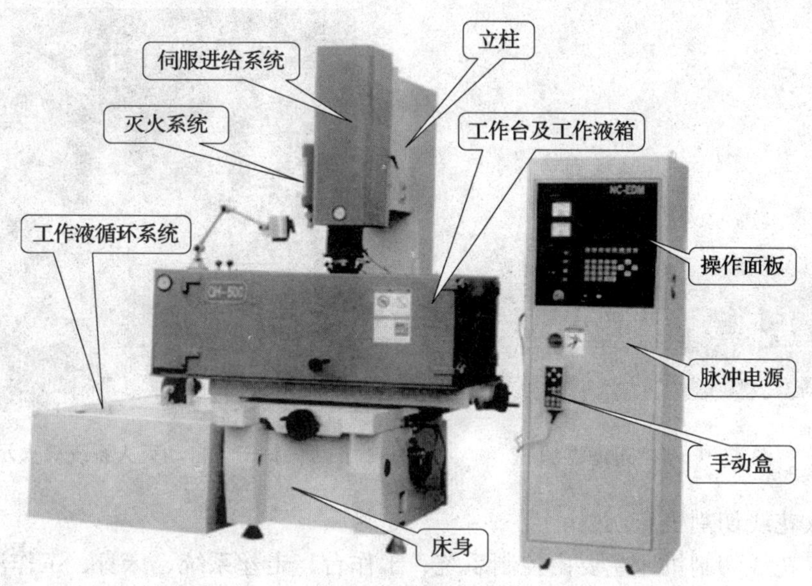

图 4—1—3　数控电火花成形加工机床

表 4—1—1　**数控电火花成形机床各组成部分作用**

组成部分	主要作用
控制系统	控制系统是数控电火花成形机床最主要的部分之一。数控电火花成形加工的精度、加工的表面质量、加工速度、加工的正常运行、加工间隙的控制调节、数据的控制传输等都由该系统完成。电火花成形机床控制系统主要由脉冲电源、操作面板、手控盒等组成
伺服进给系统	伺服进给系统是数控电火花成形机床的主要构成部分之一，主要由自动进给调节装置、导向装置、锁紧电极、电极调向装置及输液、出液装置等组成。它控制着电极的自动升降，其自动进给调节装置的运动、控制的精度会直接影响到模具的加工精度
工作液循环系统	工作液循环系统主要给液体介质提供循环动力，带走加工中产生的金属细屑和高温分解出的炭黑等电蚀产物，以利于控制电火花加工精度和加工表面质量，并有利于液体介质本身的冷却。另外，在电火花成形机床上还安装有过滤器（其滤芯如图 4—1—4 所示），以过滤加工杂质，改善电火花放电环境
机床本体	机床本体是用来确立电极与工作台、工件之间的相互位置的基础结构，主要由床身、立柱、工作台及工作液箱等组成。机床本体要求有足够的刚度和强度，工作台与立柱导轨面间应有一定的垂直度要求，工作台是工件放置的平台，其平面度要求较高

续表

组成部分	主要作用
灭火系统	电火花成形机床放电加工过程中，瞬间产生很高的温度，而液体介质最常用的是可燃性液体煤油。为避免火灾危险的发生，机床上都安装有灭火系统，并附有防火标志。通常电火花成形机床上有两套灭火装置，一套是自动灭火装置（见图4—1—5），当出现火情时，自动灭火器会自动启动灭火系统进行灭火；另一套是人工灭火器，必要时可人工操作进行灭火

图4—1—4　过滤器滤芯

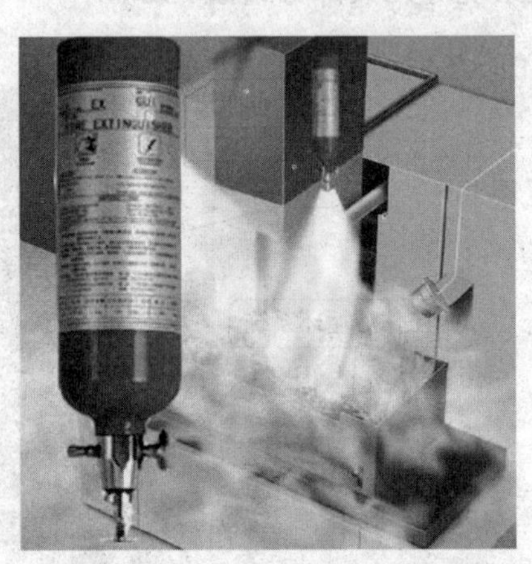

图4—1—5　自动灭火系统灭火示意

（2）电火花线切割机床

数控电火花线切割机床主要由控制系统、工作台、走丝系统、床身、工作液循环系统及脉冲电源六部分组成，典型的电火花线切割机床外观如图4—1—6所示，其各部分的主要作用见表4—1—2。

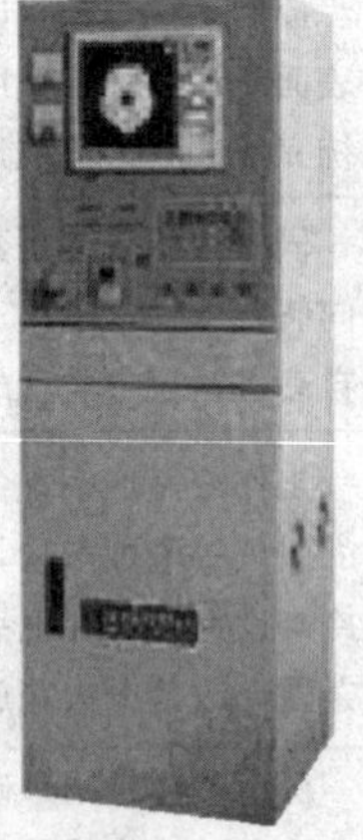

图4—1—6　典型的电火花线切割机床

表 4—1—2　　数控电火花线切割机床各组成部分作用

组成部分	主要作用
控制系统	线切割机床控制系统由输入输出设备、数控装置、电气控制系统组成。输入设备有键盘、鼠标、软驱、手控盒等，也可以通过USB接口连接外部设备实现数据传输。输出设备多为显示器，可显示图形、代码、加工参数等。数控装置用于数据的储存、运算、指令传输等
工作台	工作台用来装夹被加工工件，可在程序或计算机控制下相对于固定的丝架移动，完成对工件的加工。工作台由滑板、导轨、丝杠运动副和齿轮传动副四部分组成。为了保证机床精度，对导轨的精度、刚度和耐磨性都有较高的要求。另外，为了保证工作台的定位精度和灵敏度，传动丝杠和螺母之间必须消除间隙
走丝系统	走丝系统由导轮、丝架、储丝及走丝机构等组成。导轮对电极丝起定位和导向作用；储丝及走丝机构是线切割机床的关键部件，电极丝整齐地绕在储丝筒上，由电动机带动储丝筒旋转实现电极丝的运转
床身	作为机床的支撑体，是安装其他部件的基础，通常采用箱式结构
工作液循环系统	在电火花线切割加工过程中，需要稳定供给有一定绝缘性能的工作液，以冷却电极丝和工件，排除电蚀物，保证线切割加工持续进行。在电火花线切割加工中，工作液对切割速度、表面粗糙度、加工精度等加工工艺指标的影响很大。在电火花线切割加工中工作液是循环使用的，工作液循环系统由工作液箱、工作液泵、流量控制系统、连接导管和上下水嘴组成，如图 4—1—7 所示。对高速走丝机床，通常采用浇注式供液方式；而对低速走丝机床，除了采用浇注式供液方式，有些也采用浸泡式供液方式
脉冲电源	高频脉冲电源可把工频交流电流转换成一定频率的单向脉冲电流，以供给电火花放电间隙所需的能量。其性能参数对电火花加工的生产率、表面质量、加工速度、加工过程的稳定性和工具电极损耗等技术经济指标有很大影响

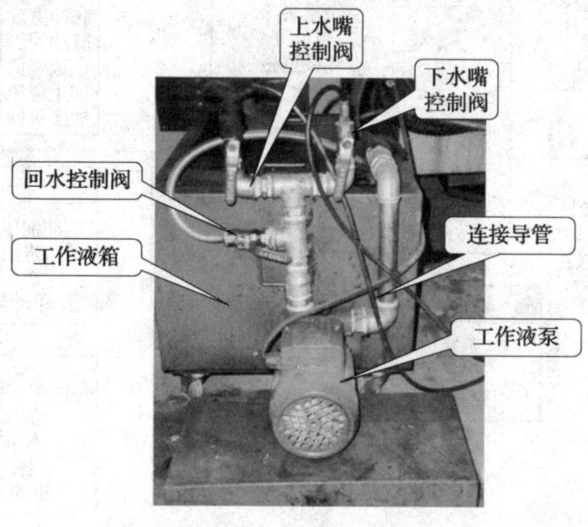

图 4—1—7　工作液循环系统

第二节　电火花成形加工

一、成形加工工艺

电火花成形加工广泛应用于难加工材料及复杂形状零件的加工，特别是在模具制造中占有十分重要的地位，成为型孔、型腔加工的有效手段。

记一记

电火花成形加工模具型孔时的优点主要表现在：模坯可在淬硬后进行加工，从而避免热处理变形的影响；冲模间隙均匀，刃口耐磨，从而提高了模具的质量；不受材料硬度影响，可加工硬质合金模具；对于型孔复杂的凹模，可不采用镶拼结构，从而简化了模具结构，提高了模具强度。

1. 型孔加工工艺

电火花型孔加工主要涉及的加工领域包括冲裁模加工、拉深模加工、拉丝模加工、粉末冶金模加工等，其中以冲裁模中的凹模、卸料板、固定板的加工最为常见。模具零件电火花型孔加工的基本工艺路线如图 4—2—1 所示。

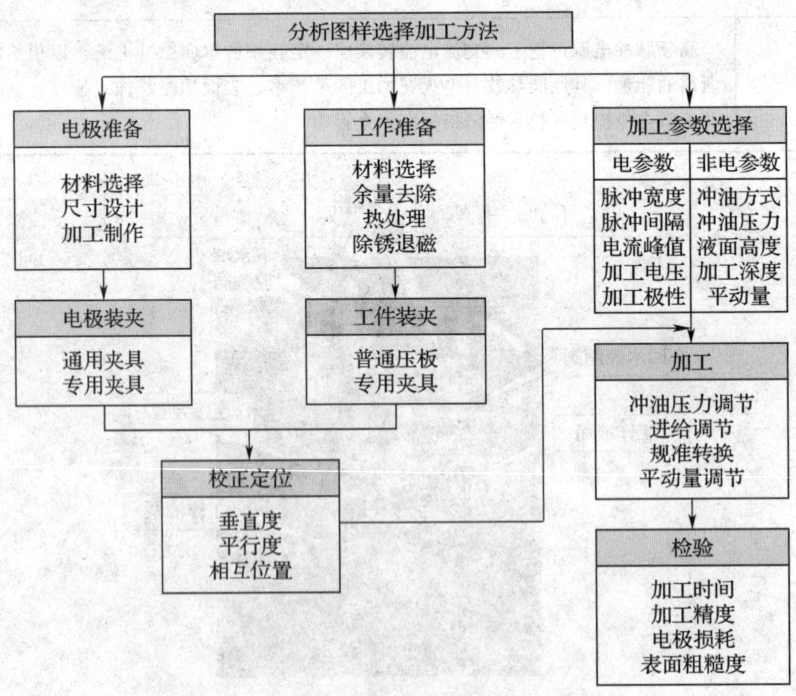

图 4—2—1　电火花型孔加工的基本工艺路线

（1）型孔电极的设计与制造

电火花成形加工零件的尺寸精度主要靠工具电极来保证，因此对工具电极有着比较高的要求。假设工件型孔尺寸为 D，工具电极相应尺寸为 d（见图 4—2—2），单面电火花放电间隙为 δ，则 $D=d+2\delta$。

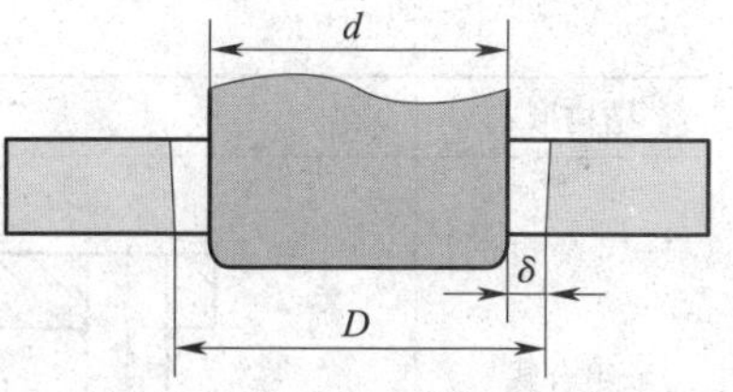

图 4—2—2　工具电极相应尺寸示意图

放电间隙 δ 主要取决于电参数和机床精度。当选择的电参数恰当且加工过程稳定时，δ 的误差将很小，这样就可以用尺寸精确的工具电极加工出比较精确的零件型孔。另外，在设计电极前应首先了解电加工机床的特性及脉冲电源各规准的加工工艺指标。

1）电极设计。电极设计是指根据零件型孔的加工要求，确定电极材料、结构形式、尺寸及技术要求等。根据电火花成形加工原理，任何导电材料都可作为电极。常用电极材料的种类和性能见表 4—2—1。

表 4—2—1　**常用电极材料的种类和性能**

电极材料	电火花成形加工性能		机械加工性能	使用说明
	加工稳定性	电极损耗		
紫铜	好	较小	较差	常用电极材料，但磨削加工困难
石墨	尚好	较小	尚好	常用电极材料，但机械强度较差，易崩角
铸铁	一般	中等	好	常用电极材料
钢	较差	中等	好	在选择电参数时应注意加工的稳定性，可以凸模作电极
黄铜	好	大	尚好	电极损耗太大，较少采用
铜钨合金	好	小	尚好	价格贵，多用于深孔、直壁孔、硬质合金孔加工
银钨合金	好	小	尚好	价格昂贵，用于精密及有特殊要求的加工场合

注：在实际应用中，应根据加工对象、加工要求及采用的工艺方法、脉冲电源等众多因素综合考虑。

电极的结构形式通常根据零件型孔的大小及复杂程度、电极的加工工艺性等来确定。通常采用的电极结构形式包括整体式、组合式和镶拼式，相关说明见表 4—2—2。

表 4—2—2　**常用的电极结构形式**

结构形式	图例	相关说明
整体式		采用整块材料加工而成，是最常用的结构形式。对于较大体积的电极，可在端面开孔或挖空，以减轻质量。对于体积小、易变形的电极，可在有效长度上部将截面尺寸增大

续表

结构形式	图例	相关说明
组合式		将多个电极组合在一块固定板上，一次穿孔及完成各型孔的加工，用于多型孔凹模（如级进模等）。生产率高，各型孔位置精度好，但对电极的定位要求较高
镶拼式		把一个复杂电极分解为几个几何体分别加工，然后镶拼在一起，装在一块固定板上。通常在整体加工有困难时采用

注：电极无论采用何种结构，都应有足够的刚度，以提高加工过程的稳定性。电极与主轴连接后，其重心应尽量靠近主轴中心线，对于质量较大的电极这一点尤为重要。

电极尺寸主要包括截面尺寸和长度尺寸。电极截面轮廓应比所加工型孔单边均匀地缩小一个放电间隙。以冲裁模为例，其电极截面尺寸的设计见表 4—2—3。

表 4—2—3　　电极截面尺寸的设计

设计情况	设计方法	设计说明
按凹模尺寸和公差设计	根据凹模尺寸和放电间隙直接算出电极截面上的相应尺寸	为了保证刃口表面粗糙度（一般为 $Ra0.8\ \mu m$），最后必须用精规准修出，此时的单面放电间隙一般为 0.01～0.03 mm。为了保证凹模的精度，电极的尺寸精度不应低于型孔的尺寸精度。通常，电极尺寸的公差可取凹模型孔尺寸精度的 1/2～2/3
按凸模尺寸和公差设计	（1）凸、凹模的双面配合间隙等于双面放电间隙（$Z=2\delta$）时 电极与凸模截面尺寸完全相同 （2）凸、凹模的双面配合间隙大于双面放电间隙（$Z>2\delta$）时 电极截面轮廓为凸模截面轮廓每边外偏 $(Z-2\delta)/2$ （3）凸、凹模的双面配合间隙小于双面放电间隙（$Z<2\delta$）时 电极截面轮廓为凸模截面轮廓每边内偏 $(Z-2\delta)/2$	

注：凸、凹模的尺寸及公差往往只标注一个，另一个与之配作，以保证配合间隙。

电极长度尺寸取决于零件型孔的有效深度及复杂程度、电极材料、装夹形式及制造工艺等一系列因素。以冲裁模凹模型孔为例，其电火花成形加工用电极长度的计算见表 4—2—4。

表 4—2—4　　电极长度的计算

示意图	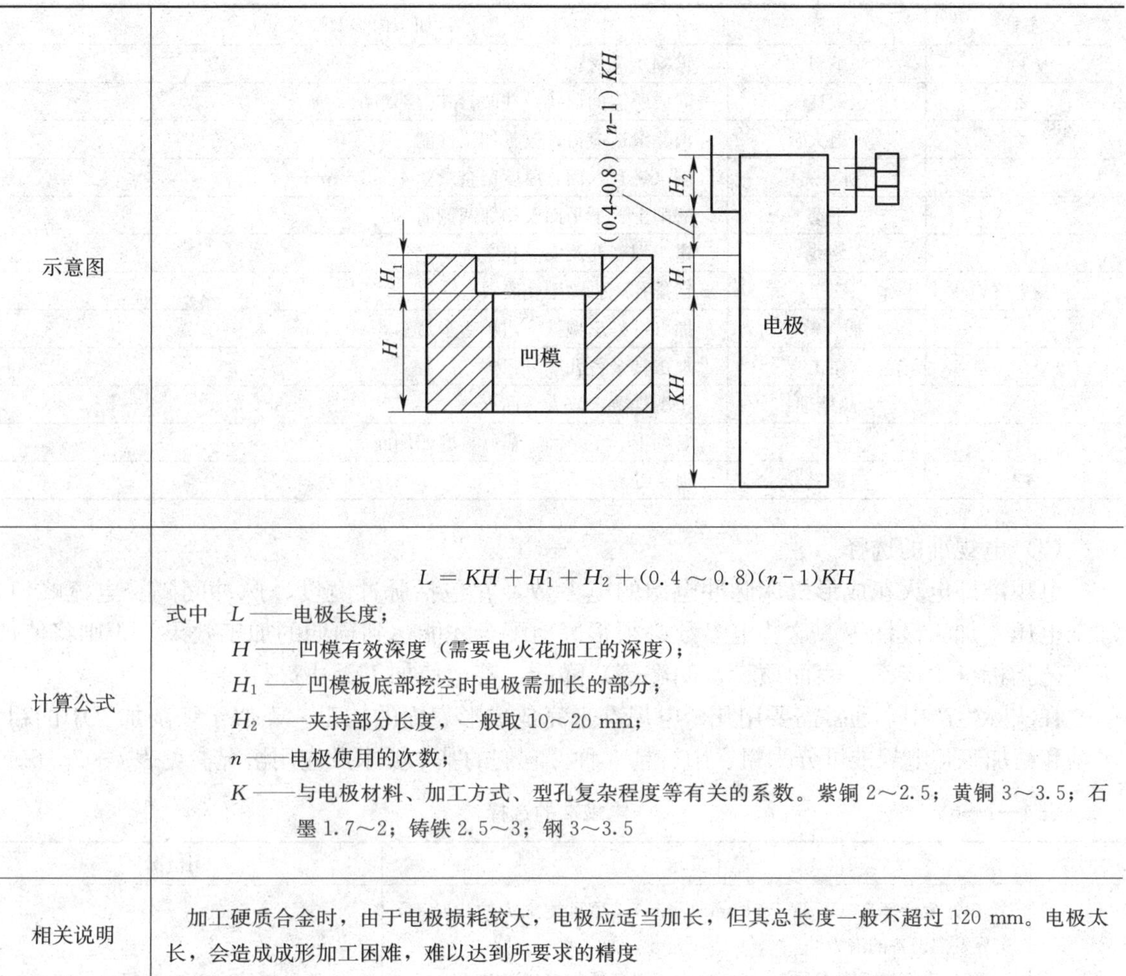
计算公式	$L = KH + H_1 + H_2 + (0.4 \sim 0.8)(n-1)KH$ 式中　L——电极长度； H——凹模有效深度（需要电火花加工的深度）； H_1——凹模板底部挖空时电极需加长的部分； H_2——夹持部分长度，一般取 10～20 mm； n——电极使用的次数； K——与电极材料、加工方式、型孔复杂程度等有关的系数。紫铜 2～2.5；黄铜 3～3.5；石墨 1.7～2；铸铁 2.5～3；钢 3～3.5
相关说明	加工硬质合金时，由于电极损耗较大，电极应适当加长，但其总长度一般不超过 120 mm。电极太长，会造成成形加工困难，难以达到所要求的精度

2）电极制造。通常情况下，采用电火花线切割来加工型孔用工具电极，但也可用普通机械加工加成形磨削的加工方案。以冲裁模制作为例，采用成形磨削法加工电极时，电极材料大都选用铸铁和钢，将铸铁电极与凸模连接在一起，而钢电极则与凸模做成一个整体进行成形磨削。电极与凸模连接在一起成形磨削后，电极的轮廓尺寸与凸模完全相同，这只能适用于凸、凹模的配合间隙等于放电间隙的情况。如果配合间隙小于放电间隙，则应用化学腐蚀法缩小电极尺寸；若配合间隙大于放电间隙，则可用电镀法扩大电极尺寸，一般建议，单面扩大量在 0.06 mm 以下时采用表面镀铜，单面扩大量大于 0.06 mm 时采用表面镀锌。

（2）零件坯料的准备

坯料准备是零件在电火花成形加工型孔之前的全部工序，以冲裁模凹模型孔加工为例，其常用工序见表 4—2—5。

表 4—2—5　　常用的凹模模坯准备工序

序号	工序	加工内容及要求
1	下料	锯割所需材料
2	锻造	锻成所需的形状，并改善其内部组织
3	退火	消除锻造应力，改善加工性能
4	刨（铣）	刨（铣）六面，厚度留余量 0.4～0.6 mm
5	平磨	磨削上、下平面及相邻两侧面
6	划线	钳工划型孔及安装孔线
7	钳工	钻排孔，去除型孔废料
8	插（铣）	插（铣）出型孔，留单边余量 0.3～0.5 mm
9	钳工	加工其余各孔
10	热处理	按图样要求淬火、回火
11	平磨	磨削上、下平面，最好再磨四侧面
12	退磁	退磁处理

（3）电规准的选择

电规准即电火花成形机床脉冲电源的电参数，它包括脉冲宽度、脉冲间隔、电流峰值、加工电压、加工极性等。这些电参数必须很好地配合才能达到预期的加工效果，否则将使加工工艺指标（生产率、表面质量、间隙等）降低，甚至使加工无法进行。

在实际生产中，通常需要用几个电规准来完成成形表面的加工。类似于切削加工中的粗、半精和精加工，电规准可分为粗、中、精 3 种。它们的基本要求及应用情况参见表 4—2—6。

表 4—2—6　　电规准的选择

种类	基本要求	应用情况
粗规准	（1）生产率高（不低于 50 mm^3/min），尽可能加大输出功率，充分发挥设备的潜力 （2）表面粗糙度 Ra 宜小于 10 μm，以免增加精加工时间 （3）电极损耗不应太大，否则不仅增加精加工时间，还会使有尖角的型孔难以加工 （4）放电间隙应尽可能小，其单面间隙值不宜超过 0.1 mm，以减少后续精加工电极的蚀除量 （5）加工过程稳定	一般采用较大的电流峰值、较长的脉冲宽度（型孔加工时 t= 20～200 μs）、较低的频率，并采用负极性加工，以获得较大的单个脉冲能量
精规准	（1）在满足模具要求的表面粗糙度 Ra=1.25～0.32 μm 的前提下，有较大的放电间隙范围，以加工不同配合间隙的模具 （2）加工后的刃口斜度应满足凹模的要求（在 10′以内） （3）在保证表面粗糙度和配合间隙的前提下，应尽可能提高生产率 （4）加工过程稳定	一般采用较小的电流峰值（一般在 0.5～2A）、高频率、短脉冲宽度（t=2～6 μs），以获得较小的单个脉冲能量
中规准	介于粗、精规准之间，用于减少精加工余量，提高加工速度，稳定加工	一般采用 6～20 μs 的脉冲宽度，加工表面粗糙度可达 Ra=10～2.5 μm

2. 型腔加工工艺

(1) 工艺特点

型腔表面通常为三维曲面，不仅有侧面形状和尺寸精度要求，而且对其加工底面的形状和尺寸也有精度要求。与电火花成形加工型孔相比，型腔表面电火花成形加工有着自身的工艺特点，见表4—2—7。

表4—2—7 型腔表面电火花加工工艺特点

工艺特点	相关说明
盲孔加工	底部通常凹凸不平，蚀除物排除比较困难，深腔加工尤为明显，必须在工艺上采取措施进行强迫排屑，如冲油、抽油等
要求电极损耗低	电极向工件的进给受到工件结构的限制，电极损耗不能像电火花穿孔加工那样通过电极进给获得补偿，因此，通常要求尽量小的电极损耗
蚀除量大	型腔的加工余量一般较大，尤其在不预加工的情况下，更需要蚀除大量的金属材料，因此，高生产率和低电极损耗成为型腔加工时对电源粗规准的首要要求
对机床要求不同	为了满足修光侧面、控制加工深度、更换和修整电极的需要，电火花机床通常备有平动头、深度测量装置、电极重复定位装置等附件 另外，可根据需要选用专门用于型腔加工的电火花成形机床，或选用型孔、型腔加工通用电火花成形机床，或选用数控电火花成形机床

(2) 工艺方法

型腔电火花成形加工的工艺方法通常有：单电极加工法、单电极平动加工法、多电极更换加工法和分解电极加工法等。

1) 单电极加工法。单电极加工法是指用一个电极加工出所需型腔。该法可以直接加工形状简单、精度要求不高的型腔。

为了提高电火花成形加工效率，并满足型腔较高的精度要求，加工前，通常先采取机械加工方法进行预加工，留出电火花加工余量，待型腔热处理（如淬火、回火等）后，再用电加工的方法完成型腔加工。

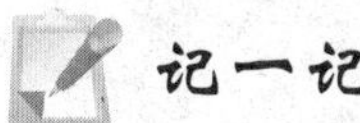

记一记

电加工余量要适当、均匀。一般情况下，侧面单边余量为0.1～0.5 mm，底面余量留0.2～0.7 mm。型腔复杂时，余量可适当小些。

2) 单电极平动加工法。单电极平动加工法是指用一个电极完成型腔的粗、半精（中）、精加工，如图4—2—3所示。它广泛用于型腔加工。加工时，先采用低损耗（电极相对损耗小于1%）、高生产率的电规准对型腔进行粗加工；然后，启动平动头作平面圆周运动，进行侧面“仿形”加工，按中、精的顺序逐级转换电规准，并依次加大电极的平动量，以补偿前后两个规准之间放电间隙差和表面粗糙度差及材料余量，最终将型腔加工完毕。需要提醒的是，该法难以获得高精度的型腔，特别是清棱、清角的型腔。

需要指出的是，电极在粗加工过程中容易引起表面龟裂，影响型腔的表面粗糙度。为弥补这一缺点，可考虑采用精度较高的重复定位夹具，在粗加工后将电极取下，经均匀修光后再重复定位装夹，用平动头完成型腔的最终加工。

3）多电极更换加工法。多电极更换加工法就是用多个电极依次更换加工同一个型腔的方法，如图 4—2—4 所示。每个电极加工时采用不同的电规准，把上一规准的放电痕迹去除。一般来说，用两个电极分别进行粗、精加工即可满足加工要求，只有当型腔精度和表面质量要求很高时采用三个或更多个电极进行加工。各个电极的尺寸须根据所对应的电规准和放电间隙确定。

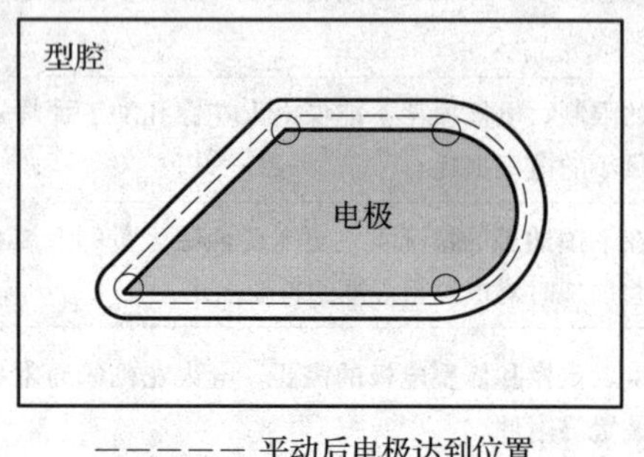

图 4—2—3　单电极平动加工法示意图

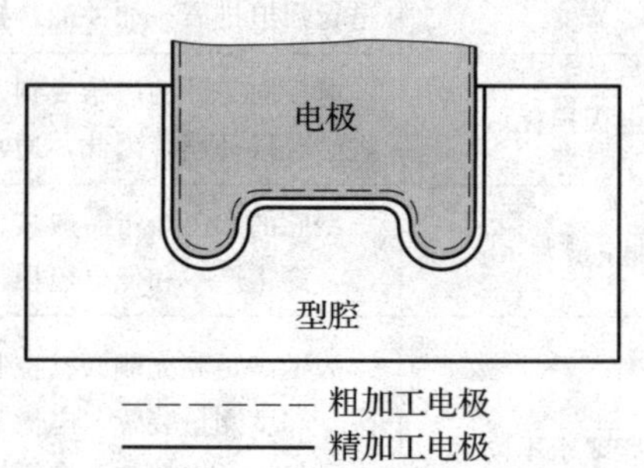

图 4—2—4　多电极更换加工法示意图

多电极更换加工法加工的型腔仿形精度高，尤其适用于尖角、窄缝多的型腔加工。但同时对电极的一致性、制造精度、定位精度等提出了更高要求。

4）分解电极加工法。分解电极加工法其实是单电极平动加工法和多电极更换加工法的综合应用。它是根据型腔的几何形状把电极分成主型腔电极和副型腔电极分别制造。电加工时，先用主型腔电极加工出型腔的主体，后用副型腔电极加工出型腔的尖角、窄缝等。

为提高加工速度和加工质量，可根据主、副型腔的不同加工条件，选择不同的加工规准。同时，可以简化电极的制造和修整。当然，需要设法解决主型腔电极和副型腔电极的精确定位问题。

近年来，在型腔电火花成形加工中，一种基本思路类似于数控铣削的创成加工得到了重视和发展，其基本原理是用形状简单的圆柱体电极（相当于铣刀）对工件进行成形加工。加工时，工具电极按照加工程序给定的轨迹移动，对工件进行“铣削”加工，如图 4—2—5所示。无须复杂的电极加工，大大缩短模具制造周期，是创成加工的最大特点。另外，加工时放电面积小，加工稳定性好。

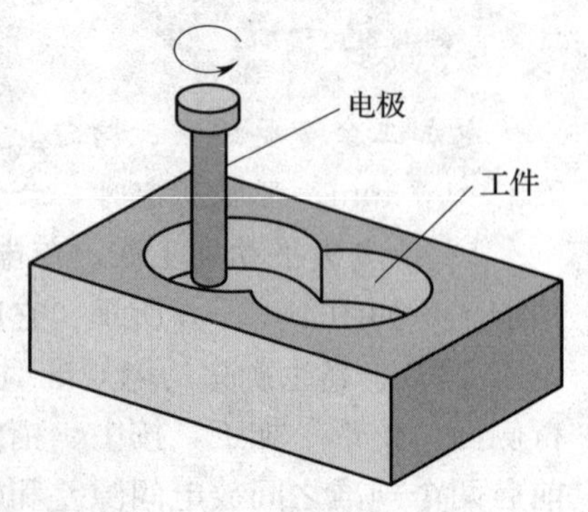

图 4—2—5　创成加工示意图

（3）电极的设计与制造

由于电火花成形加工是利用电腐蚀原理将工具电极的形状精确地复制到工件上，所以，对模具型腔加工而言，其加工精度与工具电极的精度密不可分。为了保证电极的精度，必须重视电极设计和制造的每一环。

1）型腔电极设计。根据零件腔体（如型腔模）电火花加工的工艺特点，在型腔电极设计时，必须选择合适的电极材料、合理的几何尺寸以及较好的加工工艺性。

目前应用最多的电极材料是石墨和紫铜，而黄铜、铸铁、钢等，因电加工时损耗较大，而不适于型腔加工。其实，铜钨合金和银钨合金是较理想的电极材料，但由于价格较贵，一般在特殊型腔加工时才考虑采用。

确定电极的加工形式、电极尺寸、排气孔和冲油孔等是电极设计考虑的主要内容。根据零件结构和加工工艺不同，型腔电极可采用整体式、镶拼式、组合式和分解式等多种结构形式，有关内容见表 4—2—8。

表 4—2—8 型腔电极结构形式

结构形式	图例	说明
整体式		电极用整块材料加工，是一种最常用的结构形式。特别适合尺寸较小，不太复杂的型腔加工
镶拼式	Ⅱ Ⅲ Ⅰ	将电极分成几块，加工完后再镶拼在一起，形成一个整体电极。适合做成整体较为困难，不易加工的电极
组合式		将多个电极装夹在一起，同时完成各个型腔的加工。“多腔模”可考虑采用此法加工
分解式	Ⅰ Ⅱ	将复杂形状的电极分解成若干简单形状的电极，对型腔进行若干次分别加工成形

属于盲孔加工的型腔加工，排气、排屑条件较差，控制不好将会严重影响加工状态的稳定性，甚至使加工无法进行。所以，大、中型型腔模加工电极设计时，往往都通过设置排气、排屑孔和冲油槽来改善加工条件，如图 4—2—6 所示。

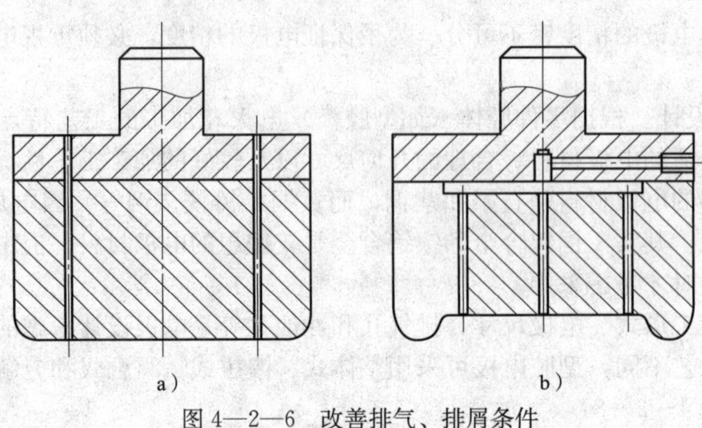

图 4—2—6　改善排气、排屑条件

a）设排气排屑孔　b）设冲油孔

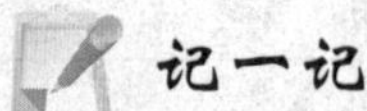
记一记

一般情况下，冲油孔开设在不易排屑的拐角、窄缝处，而排气孔则开在蚀除面积较大及电极端部凹入的位置。排气孔和冲油孔一般取 ϕ1～1.5 mm。

与机械加工相似，电火花成形加工型腔的工艺过程，也是从粗到精的加工过程。电极尺寸的确定，是电极设计的重要内容。应根据所加工型腔的大小与形式、放电间隙及电极损耗而确定。具体内容可查阅相关资料，这里不再赘述。

目前，人们通常还是采用单电极平动加工法，通过平动量的改变来达到修光型腔的目的。因此，在电极设计时，只要在技术要求上注明电极的缩放量即可。缩放量的确定是顺利完成加工的关键，缩放量要根据所决定的放电间隙，再加上一定的比例常数而定。一般来说，电极尺寸“宁小勿大”。这样做，可以在尺寸上留有调整余量，经过平动调节或稍加修整，便可保证加工要求。

需要指出的是，平动加工法得到的型腔，四角会产生圆角，底部会产生平台。因此，平动量不宜太大，一般为 0.1～0.3 mm，因而电极的缩放量应为 0.1～0.3 mm。

2）型腔电极制造。型腔电极的制造方法很多，主要包括普通机械加工、数控加工、电火花线切割加工，甚至采用电铸、精锻、挤压成形等。它们通常可根据电极材料、型腔形状及制造精度等来决定。常用材料电极的制造方法及相关说明见表 4—2—9。

表 4—2—9　　常用材料电极的制造方法

电极材料	制造方法及相关说明
石墨	基本上采用机械加工方法，然后进行修整抛光。由于石墨性脆，机械加工时容易产生粉尘，因此，在加工前通常先在煤油中浸泡若干天
紫铜	主要采用机械加工方法，并配合钳工修光来达到要求。也可采用线切割、锻造等代替机械加工，然后钳工精修。切削加工时，要用肥皂水作为工作液，同时采用小的进给量，以改善加工
铜钨合金、银钨合金	通常选用硬质合金刀具作切削加工成形。磨削加工时，宜选用粒度不太细的白刚玉砂轮，以免砂轮堵塞，并要加磨削液

二、编程简介

数控电火花成形加工编程就是根据零件加工需要，将工具电极需要的运动动作、相关加工用参数、相应的机床操作，用设备能接受的“语言”编排好“命令”。为了便于设备接受这些“命令”（加工指令），必须按照一定的规则和格式来编制数控电火花成形加工程序。

总体来讲，数控电火花成形加工与其他数控加工指令类似，且有些可以通用。以 ISO 标准数控电火花成形加工指令代码为例，通过不同的指令字符及其后的数据确立了每个指令字符的含义，其常用编程地址及意义见表 4—2—10。

表 4—2—10　　常用编程地址及意义

地址	意义	地址	意义
N、O	顺序号、程序名	L	子程序调用次数
G	准备功能	M	辅助功能
X、Y、Z、U、V、W	表示轴移动	ON、OFF、IP、SV、SE	加工参数的具体指定
I、J、K	圆弧的中心坐标	C	加工条件号
T	机械设备控制	P	子程序调用
D、H	偏移量指定	RA	旋转角度

同样，ISO 标准通过准备功能和辅助功能代码来指令电火花成形加工中的各种运动和操作，常用 G 代码和常用辅助代码分别见表 4—2—11 和表 4—2—12。

表 4—2—11　　常用 G 代码一览表

代码	功能	代码	功能
G00	快速移动，定位指令	G54	选择工件坐标系 1
G01	直线插补，加工指令	G55	选择工件坐标系 2
G02	顺时针圆弧插补指令	G56	选择工件坐标系 3
G03	逆时针圆弧插补指令	G57	选择工件坐标系 4
G17	*XOY* 平面选择	G58	选择工件坐标系 5
G18	*XOZ* 平面选择	G59	选择工件坐标系 6
G19	*YOZ* 平面选择	G80	移动轴直到接触感知
G30	按指定轴向抬刀	G81	移动到机床的极限
G31	按路径反方向抬刀	G82	移到原点与现位置的一半处
G32	伺服回原点（中心）后再抬刀	G86	定时加工
G40	取消电极补偿	G90	绝对坐标指令
G41	电极左补偿	G91	增量坐标指令
G42	电极右补偿	G92	指定坐标原点

表 4—2—12　　常用辅助代码一览表

代码	功能	代码	功能
M00	暂停指令	J	圆心 Y 坐标
M02	程序结束	K	圆心 Z 坐标
M05	忽略接触感知	X	X 轴指定
M08	R 轴旋转功能打开	Y	Y 轴指定
M09	R 轴旋转功能关闭	Z	Z 轴指定
M98	子程序调用	U	C 轴指定
M99	子程序结束	L	子程序重复执行次数
T84	启动工作液泵	P	指定调用子程序号
T85	关闭工作液泵	N	程序号
S	R 轴转速	C	加工条件号
I	圆心 X 坐标	H	补偿代码

数控电火花成形加工运动轨迹较为单一，通常是一个从粗到精的加工过程，且多数为沿 Z 轴负方向加工。当然，出于需要，也可以进行侧面加工，或者进行多轴联动加工等。一般来说，数控电火花成形机床编程相对于其他数控机床的编程较为简单。现以一典型编程实例加以说明。

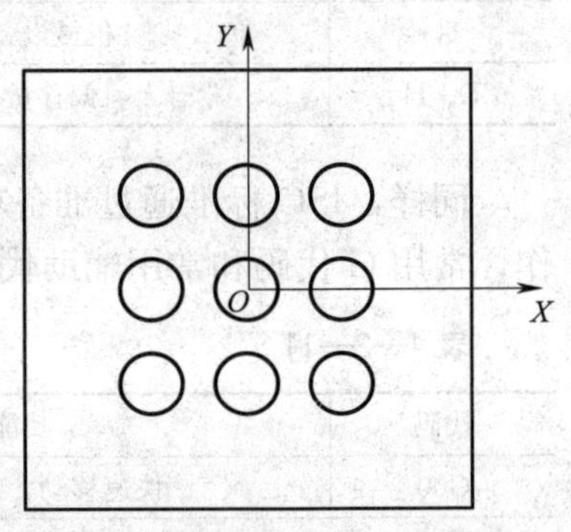

图 4—2—7　多孔零件

如图 4—2—7 所示为多孔零件，每个孔的形状及大小完全一样，行距、列距均为 15 mm，孔深 2 mm。为简化编程，考虑采用子程序调用及子程序嵌套，将其中一个孔的加工程序作为子程序，其他孔的加工通过调用该子程序来完成，其流程如图 4—2—8 所示，具体加工程序及说明见表 4—2—13。

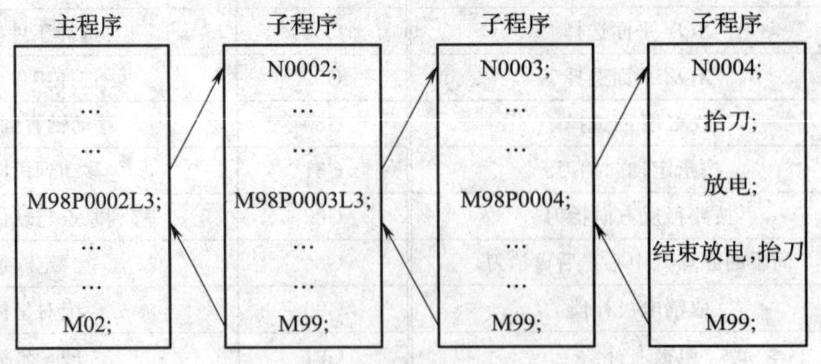

图 4—2—8　子程序嵌套流程图

表 4—2—13　　多孔零件加工程序及说明

程序	说明
G54；	选择坐标系
G90；	绝对编程
G17；	选择 *XOY* 平面作为加工平面
T84；	打开油泵
G00 Z1.0；	定位至安全高度，安全高度为 1
G00 X15.0 Y15.0；	定位至 X15.0，Y15.0
M98 P0002 L3；	调用 0002 子程序
T85；	油泵关闭
M02；	程序停
N0002；	0002 子程序
M98 P0003 L3；	调用 0003 子程序
G91；	增量方式编程
G00 Y-15.0；	沿 *Y* 轴负方向移动 15.0 mm
G90；	绝对方式编程
G00 X15.0；	*X* 方向定位至 X15.0
G90；	绝对方式编程
M99；	子程序结束
N0003；	0003 子程序
M98 P0004；	调用 0004 子程序
G91；	增量方式编程
G00 X-15.0；	沿 *X* 轴负方向移动 15.0 mm
G90；	绝对方式编程
M99；	子程序结束
N0004；	0004 子程序
G30 Z+；	*Z* 轴正方向抬刀
G01 Z-1.973；	放电加工，*Z* 轴负方向留 0.027 mm 的放电间隙
M05 G00 Z1.0；	结束放电，抬刀
M99；	子程序结束

想一想

根据加工程序，孔加工顺序如何？

第三节　电火花线切割加工

一、加工工艺

电火花线切割加工因其众多突出优点而获得广泛应用，为模具制造、新产品试制及精密零件的加工开辟了一条新的工艺途径。

1. 基本工艺路线

电火花线切割机床是通过控制电极丝的中心轨迹来实现零件轮廓加工的。加工外轮廓时，电极丝中心轨迹应在所加工图形的外侧；加工内轮廓时，电极丝中心轨迹应在图形的内侧。

记一记

零件轮廓与电极丝中心轨迹间的距离，等于电极丝半径和放电间隙之和。

电火花线切割非常适合于冲裁模零件加工，调整放电间隙，只需一次编程就可以实现凸模、凸模固定板、凹模及凹模卸料板等零件的切割。

采用数控电火花线切割方法加工零件的基本工艺路线如图 4—3—1 所示。

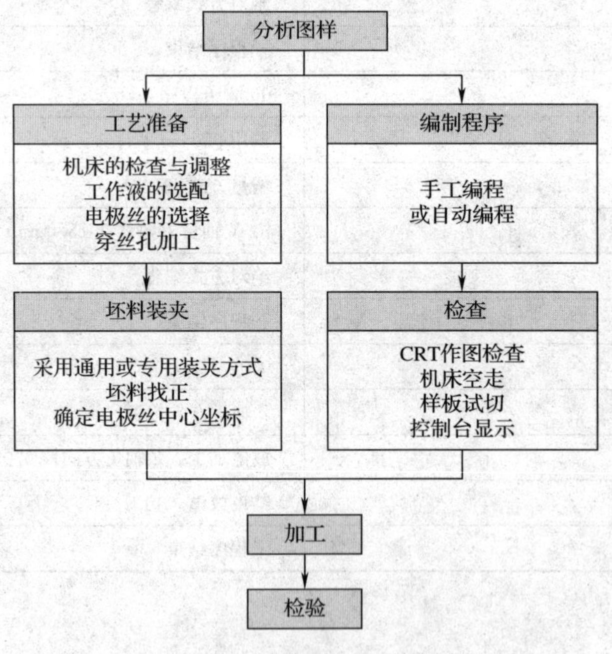

图 4—3—1　基本工艺路线

根据加工工艺路线图，采用数控电火花线切割机床加工零件，主要包括下列内容。

(1) 对零件图样进行分析和审核。

(2) 机床的检查和调整、工作液的选择与配制、电极丝的选择与垂直度校正、坯料加工及穿丝孔加工、电参数的选择等。

(3) 加工程序的编制。根据具体情况，可以选择手工编程或自动编程。

(4) 坯料的装夹与校正、电极丝中心位置的确定、加工过程中的进给速度的调整等。

(5) 零件加工质量的检验。

需要指出的是，在制定电火花线切割加工工艺时，合理选择线切割起点及其切割路线也很重要。一般情况下，最好将工件与其夹持部分分割的线段安排在切割总程序的末端（见图 4—3—2），以提高工件刚度，减小变形，从而保证加工精度。

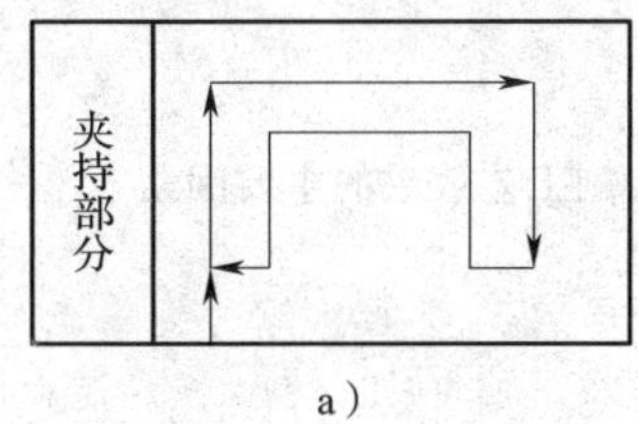

a）

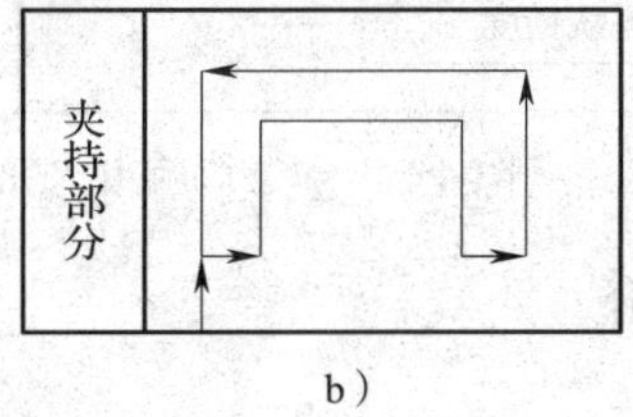

b）

图 4—3—2 切割路线的选择

a）不合理 b）合理

另外，在电火花线切割加工过程中，还必须对可能出现的断丝、短路、突然断电等故障进行及时排除。

2. 电极丝初始位置的确定

在电火花线切割加工中，必须正确确定电极丝的初始位置，即电极丝相对应工件基准面、基准线或基准孔的坐标位置。

对于加工要求较低的工件，可通过目测来确定电极丝和工件之间的相互位置，也可以借助放大镜进行观测。还可以采用火花法，即利用电极丝与工件在一定间隙下发生放电的火花，来确定电极丝的坐标位置。对于加工要求较高的零件，可采用电阻法，利用电极丝与工件基准由绝缘到短路接触的瞬间，两者间电阻突变的特点来确定电极丝相对工件基准的坐标位置。

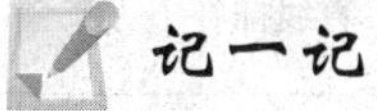

记一记

数控电火花线切割机床，一般具有电极丝自动找中心坐标位置的功能，其原理如图 4—3—3 所示。设 P 为电极丝在穿丝孔中的起始位置，先沿 X 坐标向右进给，当与孔边 A 点接触后，立即反向进给并开始计数，直至和孔边的另一点 B 接触时，再反向进给二分之一距离，移动到 AB 间的中点位置 C；然后再向上沿 Y 坐标进给。重复上述过程，最后自动停止在穿丝孔的中心点 O。

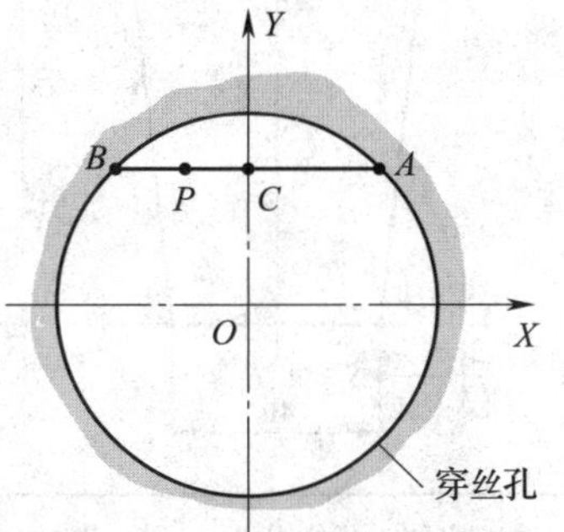

图 4—3—3 电极丝自动找中心原理

3. 工艺效果及影响因素

对于电火花线切割加工，通常采用切割速度、加工精度及加工表面粗糙度来衡量加工工艺效果。影响电火花线切割加工工艺效果的主要因素如图 4—3—4 所示。

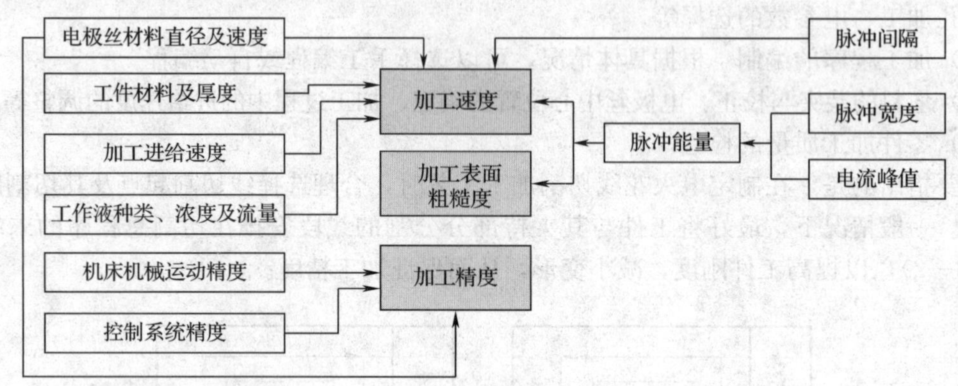

图 4—3—4　影响电火花线切割工艺效果的主要因素

二、编程简介

1. 数控线切割机床加工程序

电火花线切割主要用于冷冲压模具零件的制造，有时也用于切割具有复杂的二维和三维型面的零件及样板等。电火花线切割加工之前，必须编制好相应的加工程序。数控线切割机床的加工程序有固定程序段格式和可变程序段格式之分，其中，固定程序段格式有无间隙补偿程序（3B）和间隙补偿程序（4B）两种格式。表 4—3—1 所列为 3B 指令编写的程序。

表 4—3—1　　　用 3B 指令编写的电火花线切割加工程序

加工轨迹	加工程序	注释
60, D, C, R50, 90, A, B, 10, S, 40	BBB10000GYL2	直线插补引入 S→A
	BBB40000GXL1	直线插补 A→B
	B1B9B90000GYL1	直线插补 B→C
	B3000B40000B6000GXNR1	逆圆插补 C→D
	B1B9B90000GYL4	直线插补 D→A
	BBB10000GYL4	直线插补引出 A→S

注：①加工指令分为 12 种。其中，直线 4 种（L1～L4）；顺圆 4 种（SR1 ～SR4）；逆圆 4 种（NR1～NR4）。
②其他内容请参阅有关资料。

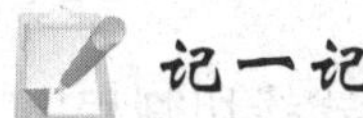

3B指令代码是我国自行开发的一种程序代码，具有简单易学、易于实现自动编程等优点，为大多数线切割机床所支持。

可变程序段格式的指令格式符合ISO标准，与数控铣床的指令格式基本相同，但也有其特殊性。表4—3—2所列为FW电火花线切割机床加工指令代码。

表4—3—2　　FW电火花线切割机床加工指令代码一览表

代码	功能	代码	功能
G00	快速移动定位指令	G60	上下异形OFF
G01	直线插补加工指令	G61	上下异形ON
G02	顺时针圆弧插补指令	G74	四轴联动打开
G03	逆时针圆弧插补指令	G75	四轴联动关闭
G04	延时指令	G80	移动轴直到接触感知
G05	X镜像	G81	移动到机床的极限
G06	Y镜像	G82	移到原点与现位置的一半处
G07	Z镜像	G90	绝对坐标指令
G08	X—Y交换	G91	增量坐标指令
G09	取消镜像和X—Y交换	G92	指定坐标原点
G11	打开跳转（SKIP ON）	I	圆心X坐标
G12	关闭跳转（SKIP OFF）	J	圆心Y坐标
G20	英制	K	圆心Z坐标
G21	公制	L***	子程序重复执行次数
G25	回最后设定的坐标系原点	P****	指定调用子程序号
G26	图形旋转打开（ON）	M00	暂停指令
G27	图形旋转关闭（OFF）	M02	程序结束
G28	尖角圆弧过渡	M05	忽略接触感知
G29	尖角直线过渡	M98	子程序调用
G30	取消过切	M99	子程序结束
G31	加入过切	N****	程序号
G34	减速加工	O****	程序号
G35	取消减速加工	R	转角功能
G40	取消电极补偿	T84	启动工作液泵
G41	电极左补偿	T85	关闭工作液泵
G42	电极右补偿	T86	启动运丝机构
G50	取消锥度	T87	关闭运丝机构
G51	左锥度	X	轴指定
G52	右锥度	Y	轴指定
G54	选择工件坐标系1	U	轴指定
G55	选择工件坐标系2	V	轴指定
G56	选择工件坐标系3	A	指定加工锥度
G57	选择工件坐标系4	C	加工条件号
G58	选择工件坐标系5	D***	补偿码
G59	选择工件坐标系6	H***	补偿码

2. 编程示例

现以图 4—3—5 所示凸凹模数控线切割加工程序为例，了解 ISO 格式线切割程序。假设采用直径 0.1 mm 的钼丝作为电极丝，单边放电间隙为 0.01 mm。加工程序见表 4—3—3。

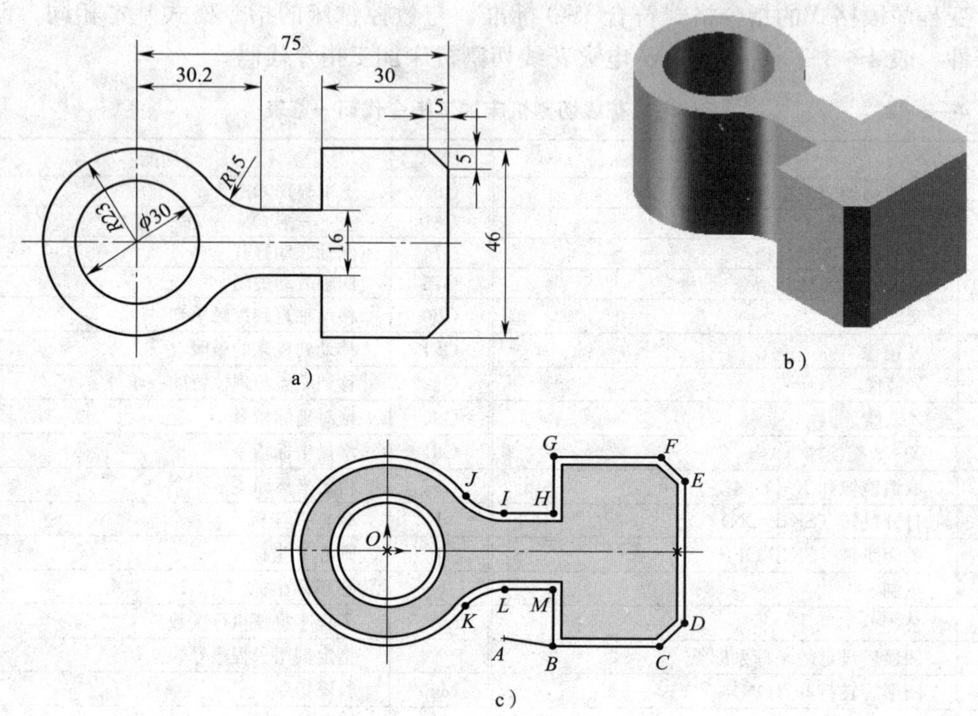

图 4—3—5　凸凹模数控线切割加工

a）零件图　b）实样图　c）电极丝（中心）路线

表 4—3—3　凸凹模 ISO 格式线切割程序

程序段号	程序内容	注释
N10	T84 T86 G90 G92 X0.000 Y0.000；	
N20	G01 X14.940 Y0.000；	
N30	G02 X14.940 Y0.000 I－14.940 J0.000；	
N40	G01 X0.000 Y0.000；	
N50	M00；	机床暂停，拆丝
N60	G00 X30.249 Y－23.000；	空走
N70	M00；	穿丝
N80	G01 X44.940 Y－23.060；	
N90	G01 X70.025 Y－23.060；	

续表

程序段号	程序内容	注释
N100	G01 X75.060 Y－18.025；	
N110	G01 X75.060 Y18.025；	
N120	G01 X70.025 Y23.060；	
N130	G01 X44.940 Y23.060；	
N140	G01 X44.940 Y8.060；	
N150	G01 X30.249 Y8.060；	
N160	G02 X18.356 Y13.957 I0.000 J14.940；	
N170	G03 X18.356 Y－13.957 I－18.356 J－13.957；	
N180	G02 X30.249 Y－8.060 I11.893 J－9.043；	
N190	G01 X44.940 Y－8.060；	
N200	G01 X44.940 Y－23.060；	
N210	G01 X30.249 Y－23.000；	
N220	T85 T87 M02；	程序结束

注：切割凸凹模时，不仅要切割外表面，而且还要切割内表面，因此要在凸凹模型孔的中心 *O* 处和圆角中心 *A* 处钻穿丝孔。加工时，先切割型孔，切割完成后拆丝，移动机床到 *A* 点再重新穿丝，然后再按 *A*→*B*→*C*→*D*→*E*→*F*→*G*→*H*→*I*→*J*→*K*→*L*→*M*→*B*→*A* 的顺序切割。

在实际生产中，线切割加工通常采用手工编程与自动编程相结合的方法。与手工编程相比，自动编程具有速度快、质量好的特点。编程人员只需根据零件图样的要求画出图形，进行参数设定和加工条件设定，自动编程系统就会根据图样自动生成线切割加工程序。

当然，自动编程离不开线切割自动编程系统。需要指出的是，不同的系统采用的图形自动编程方法不尽相同，有的提供一些标准零件的线切割加工程序，如齿轮加工程序、凸轮加工程序等，有的可调用 AutoCAD 等 CAD 软件生成的图形进行自动编程。

如图 4—3—6 所示为 FW 型数控线切割机床自动编程加工工艺流程，主要环节包括分析图样、绘制图样、自动编程、放电加工、零件检验，其主要内容见表 4—3—4。

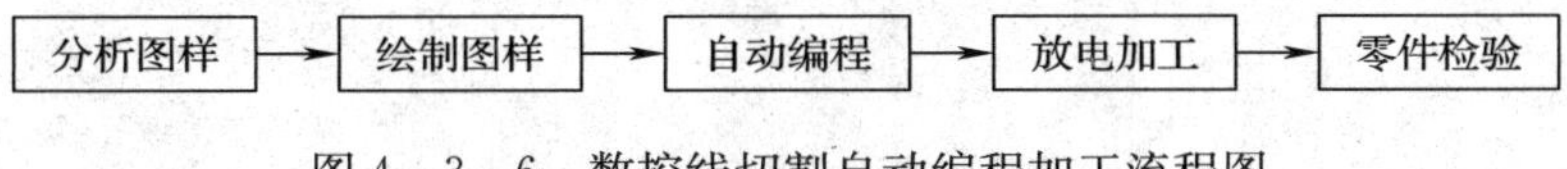

图 4—3—6 数控线切割自动编程加工流程图

表 4—3—4 数控线切割自动编程加工的主要内容

步骤	主要内容
分析图样	根据图样对工件的形状、尺寸、技术要求进行分析，然后确定加工路线、装夹方式、穿丝点、切入点、切割方向等
绘制图形	进入线切割自动编程系统的 CAD 绘图界面（在手动屏或其他屏按 F8 进入主画面后按 F1），绘制切割图形轮廓并保存

续表

步骤	主要内容
自动编程	按 F2 进入自动编程模式（画面分成三栏：图形文件选择、参数设定选择和放电条件选择） 选择图形文件（图形文件选择栏显示当前目录下所有的图形文件名） 设定相应参数（一般包括偏置方向、切割次数、暂留量、过切量、脱离长度、锥度角、倾斜方向和后处理文件等） 设定放电条件（在条件号栏中填入范围为 C000～C999 加工条件，在偏置量栏中输入范围为 H000～H999） 然后，按 F1 绘出图形（当然要设置好穿丝孔、切入点和切割方向）。满意后生成加工程序（按 F3 生成国际通用的 ISO 格式的 NC 程序，按 F4 生成 3B 格式的 NC 程序，按 F5 生成 4B 格式的 NC 程序）。程序生成后，根据提示按 F9 存盘，并输入文件名。根据提示返回到启动第一屏即可准备加工
放电加工	把坯料安装于工作台面，穿丝后找正位置，然后进行放电加工 加工过程中，要注意防止中间废料掉落产生问题（可在工件加工 2/3 左右时，采用强磁铁吸引等方法来解决）
零件检验	加工完毕后，应对工件的精度进行检验，如果尺寸超差，应查明原因，并在下次加工时修改其偏移量等

注：自动编程的具体内容因系统不同而异。

记一记

CAXA 线切割软件的图形绘制部分由 CAXA 电子图板完成，在此基础上添加线切割功能模块完成轨迹绘制及代码生成功能，其在绘图功能、操作的方便性等方面都占有优势，已成为数控线切割编程软件中使用最普遍的 CAD/CAM 软件。

附　录

附表 1　　FANUC 系统数控车床常用准备功能指令表

G 指令	组别	功能	程序格式及说明
G00▲	01	快速点定位	G00 X＿ Z＿；
G01		直线插补	G01 X＿ Z＿ F＿；
G02		顺时针方向圆弧插补	G02 X＿ Z＿ R＿ F＿；
G03		逆时针方向圆弧插补	G02 X＿ Z＿ I＿ K＿ F＿；
G04	00	暂停	G04 X1.5；或 G04 U1.5；或 G04 P1 500；
G17	16	选择 *XY* 平面	G17；
G18▲		选择 *ZX* 平面	G18；
G19		选择 *YZ* 平面	G19；
G20▲	06	英制输入	G20；
G21		公制输入	G21；
G27	00	返回参考点检测	G27 X＿ Z＿；
G28		返回参考点	G28 X＿ Z＿；
G30		返回第 2、3、4 参考点	G30 P3 X＿ Z＿；或 G30 P4 X＿ Z＿；
G32	01	螺纹切削	G32 X＿ Z＿ F＿；（F 为导程）
G34		变螺距螺纹切削	G34 X＿ Z＿ F＿ K＿；
G40▲	07	刀尖半径补偿取消	G40；
G41		刀尖半径左补偿	G41 G01 X＿ Z＿；
G42		刀尖半径右补偿	G42 G01 X＿ Z＿；
G50▲	00	坐标系设定或最高限速	G50 X＿ Z＿； G50 S＿；
G52	14	局部坐标系设定	G52 X＿ Z＿；
G53		选择机床坐标系	G53 X＿ Z＿；
G54▲		选择工件坐标系 1	G54；
G55		选择工件坐标系 2	G55；
G56		选择工件坐标系 3	G56；
G57		选择工件坐标系 4	G57；
G58		选择工件坐标系 5	G58；
G59		选择工件坐标系 6	G59；

续表

G 指令	组别	功能	程序格式及说明
G65	00	宏程序非模态调用	G65 P_L_＜自变量指定＞；
G66	12	宏程序模态调用	G66 P_L_＜自变量指定＞；
G67▲		宏程序模态调用取消	G67；
G70	00	精车循环	G70 P_Q_；
G71		粗车循环	G71 U_R_； G71 P_Q_U_W_F_；
G72		平端面粗车循环	G72 W_R_； G72 P_Q_U_W_F_；
G73		多重复合循环	G73 U_W_R_； G73 P_Q_U_W_F_；
G74		端面切槽循环	G74 R_； G74 X（U）_Z（W）_P_Q_R_F_；
G75		径向切槽循环	G75 R_； G75 X（U）_Z（W）_P_Q_R_F_；
G76		螺纹复合循环	G76 PmraQ_R_； G76 X（U）_Z（W）_R_P_Q_F_；
G90	01	内、外圆切削循环	G90 X_Z_F_； G90 X_Z_R_F_；
G92		螺纹切削循环	G92 X_Z_F_； G92 X_Z_R_F_；
G94		端面切削循环	G94 X_Z_F_； G94 X_Z_R_F_；
G96	02	恒定线速度	G96 S200；（200 m/min）
G97▲		每分钟转数	G97 S800；（800 r/min）
G98	05	每分钟进给	G98 F100；（100 mm/min）
G99▲		每转进给	G99 F0.1；（0.1 mm/r）

关于准备功能的说明：

（1）G 指令有 A、B 和 C 三种系列，本表所列为 A 系列的 G 指令。

（2）当电源接通或复位时，CNC 进入清零状态，这时的开机默认指令在表中以符号“▲”表示。但是原来的 G21 或 G20 仍保持有效。

（3）组别 00 中 G 指令都是非模态指令。

（4）当指定了未在系统说明书中指定的 G 指令，显示 P/S010 报警。

（5）不同组的 G 指令在同一程序段中可以指令多个。如果在同一程序段中出现了多个同组的 G 指令，则仅执行最后指定的那个 G 指令。

（6）G 指令按组号显示。对于表中没有列出的功能指令，请参阅有关厂家的编程说明书。

附表 2　　FANUC 系统数控车床辅助功能指令表

序号	代码	功能	序号	代码	功能
1	M00	程序暂停	7	M30	程序结束
2	M01	程序选择停止	8	M08	冷却液开
3	M02	程序结束	9	M09	冷却液关
4	M03	主轴正转	10	M98	调用子程序
5	M04	主轴反转	11	M99	返回主程序
6	M05	主轴停转			

注：不同的机床生产厂家对有些 M 代码定义了不同的功能，但有部分 M 代码，在所有机床上都具有相同的意义。

附表 3　　FANUC 系统数控铣床/加工中心常用准备功能指令表

G 代码	组	功能	G 代码	组	功能
▲G00	01	快速定位	G33	01	螺纹切削
G01		直线插补	G37	00	自动刀具长度测量
G02		顺圆插补/螺旋线插补	G39		拐角偏置圆弧插补
G03		逆圆插补/螺旋线插补	▲G40	07	刀具半径补偿取消
G04	00	暂停	G41		刀具左补偿
G05.1		超前读多个程序段	G42		刀具右补偿
G07.1		圆柱插补	▲G40.1	18	法向方向控制取消
G08		预读控制	G41.1		法向方向控制左侧接通
G09		准确停止	G42.1		法向方向控制右侧接通
G10		可编程数据输入	G43	08	刀具长度正补偿
G11		可编程数据输入方式取消	G44		刀具长度负补偿
▲G15	17	极坐标指令取消	G45	00	刀具位置偏置加
G16		极坐标指令	G46		刀具位置偏置减
▲G17	02	*XY* 平面选择	G47		刀具位置设定（2 倍）
G18		*XZ* 平面选择	G48		刀具位置设定（减半）
G19		*YZ* 平面选择	▲G49	08	刀具长度补偿取消
G20	06	英制输入	▲G50		比例缩放取消
▲G21		公制输入	G51		比例缩放有效
▲G22	04	存储行程检测接通	▲G50.1	22	可编程镜像取消
G23		存储行程检测断开	G51.1		可编程镜像有效
G27	00	返回参考点检测	G52	00	设定局部坐标系
G28		返回参考点	G53		机床坐标系
G29		由参考点返回	▲G54	00	工件坐标系 1
G30		返回第 2、3、4 参考点	G54.1		选择附加工件坐标系
G31		跳转功能	G55		工件坐标系 2

续表

G代码	组	功能	G代码	组	功能
G56	00	工件坐标系 3	G82	09	钻孔循环
G57		工件坐标系 4	G83		深孔钻循环
G58		工件坐标系 5	G84		攻右旋螺纹循环
G59		工件坐标系 6	G85		镗孔循环
G60	00/01	单方向定位	G86		镗孔循环
G61	15	准确停止方式	G87		反镗孔循环
G62		自动拐角倍率	G88		镗孔循环
G63		攻螺纹方式	G89		镗孔循环
▲G64		切削方式	▲G90	03	绝对值编程
G65	00	宏程序调用	G91		增量值编程
G66	12	宏程序模态调用	G92	00	工件坐标系设定
▲G67		宏程序模态调用取消	G92.1		工件坐标系预置
G68	16	坐标旋转有效	▲G94	05	每分钟进给
▲G69		坐标旋转取消	G95		每转进给
G73	09	深孔钻循环	G96	13	恒线速度
G74		攻左旋螺纹循环	▲G97		每分钟转速
G76		精镗孔循环	▲G98	10	固定循环返回初始点
▲G80		固定循环取消	G99		固定循环返回 R 点
G81		钻孔循环，锪镗孔循环			

注：带▲号的 G 代码为开机默认代码。

附表 4　FANUC 数控铣床/加工中心常用辅助功能指令表

代码	功能	代码	功能
M00	程序暂停	M07	喷雾
M01	程序选择暂停	M08	冷却液开
M02	程序结束	M09	冷却液关
M03	主轴正转	M30	程序结束，光标返回程序头
M04	主轴反转	M98	调用子程序
M05	主轴停转	M99	子程序结束并返回主程序
M06	刀具交换		